脉络

小我与大势

吴军 著

中信出版集团 | 北京

图书在版编目（CIP）数据

脉络：小我与大势 / 吴军著. -- 北京：中信出版社，2024.4
ISBN 978-7-5217-6475-8

Ⅰ.①脉… Ⅱ.①吴… Ⅲ.①管理学－通俗读物 Ⅳ.① C93-49

中国国家版本馆 CIP 数据核字 (2024) 第 061784 号

脉络——小我与大势
著者：　吴军
出版发行：中信出版集团股份有限公司
（北京市朝阳区东三环北路 27 号嘉铭中心　邮编　100020）

承印者：　河北鹏润印刷有限公司

开本：880mm×1230mm 1/32　印张：13.75　字数：289 千字
版次：2024 年 4 月第 1 版　印次：2024 年 4 月第 1 次印刷
书号：ISBN 978-7-5217-6475-8
定价：88.00 元

版权所有·侵权必究
如有印刷、装订问题，本公司负责调换。
服务热线：400-600-8099
投稿邮箱：author@citicpub.com

谨献给

吴梦华、吴梦馨和张彦

历史
History
•

当下
Now
•

社会
Society
•

未来
Future

目 录

序言 我对重要问题的思考　　　　　　　　　　VII

1 历史
History

我与历史	004
人类从历史中吸取教训了吗	013
真实的历史是什么样的	021
真正有意义的历史	030
文明的贡献	039
历史上只发生过一件事	046
文明史上的那些闪光点	058
不用回到过去	070

当下
Now 2

今天比古代到底好了多少	080
什么是财富	093
教育的不公平	108
信仰的自由和文明的冲突	128
地球村：缩短的距离	138
国界和关税	156

社会
Society
3

社会和人的变化	180
思想并不总是进步的	196
财产,而非良知,是自由的基础	212
个体生命的意义	226
永远输钱的股民和永远失望的球迷	235
人性的贪婪	241
人类的虚伪是否源于生存的要求	247
可能并不存在的双赢	261
文明的距离只有 30 米	273
人不是上帝	279

未来
Future 4

虚拟经济	300
新的不平等：技术的不平等	317
元宇宙和虚拟世界	331
互联网 3.0 和数据信托	348
人类不要太把自己当回事	362
并不存在 B 计划	378
外星人长什么样	389
永生之谜	404

后记　脉络纵横：历史、现实与未来　　　　　　　　419

序 言

我对重要问题的思考

一直以来,很想写一本书讲讲我长期以来对历史、当下、社会和未来的思考,但是这件事我一直没有做,主要有这样四点顾虑。

首先,我的思考是否有价值。我的读者数量不少,但是要大家花时间来读我的想法,我是没有信心的。毕竟人的生命是由时间构成的,如果我的书浪费了别人的时间,我会很过意不去。

其次,我的思考讲出来是否合适。并非所有有价值的话都要讲出来,事实上,很多实话和大道理是很伤人的。但是如果要我不说实话,那我的文字就没有价值,也就更没有写的必要了。在过去的十年多里,我会偶尔在很小范围的朋友圈子中分享我对一些问题的看法,但仅限于此。在大众面前,我总是讲鼓励的话,对于比较残酷的事实,我是不讲的,因为即便那些都是事实，也会有人觉得不中听。

再次，鼓励的话很容易引起大家的共鸣，但是告诉大家事实真相还会如此吗？根据我的经验，世界上自以为是的人要远比虚怀若谷的人多得多。当一个人考试得了90分时，你如果对他讲，你做得不错，对了90%，他会沾沾自喜；如果你警示他，有10%的错误，而且这个错误率要比同班同学高很多，他会出于面子、出于自尊，拒绝接受，甚至会反唇相讥，讲你的很多不是之处，或者讲其他同学不如自己的地方。就像有的读者，他们一方面花钱买书阅读，另一方面，读完后又把作者和书贬低一番。这种做法看似矛盾，其实反映了不少人的心态，即通过贬低对方抬高自己。因此，这么多年里，我不断告诫自己，不要自讨没趣。

最后，我是否能够有条理地，用不长的篇幅把我所知道的有关这个世界真实的情况讲出来。这件事我也没有把握。虽然我写过不少书，但那些都是针对某一个特定主题的，而我对朋友讲的话，则是非常具有针对性的。把我最有普遍意义的想法整理出来，对我来讲依然是个挑战。

不过，最终我还是决定写这样一本书，原因也有四个。

首先，我得到了很多朋友的鼓励，他们希望我把那些曾经让他们受益的想法写出来，告诉更多的人。比如一位朋友听了我对世界历史、政治和经济的分析，在几年前投资了一些海外最有价值且成长最快的市场，今天已经是那些市场上最有影响力的投资人了。还有一些朋友听了我对行业发展的判断，成为那些行业的领头羊。当然，更多的人是读了我的一些书以后，加入某个行业，或者改变了自己的人生轨迹。他们都在鼓励我把我的想法，特别是把想法形成的过程写出来。

其次，出版社的期许。这些年，我在中信出版集团和人民邮电出版社出了不少书，他们希望我还能有新作。对于特定主题的图书，市场上总是不缺的，但是对于个人经历和思想的书，市面上其实不多，因此他们希望我能够帮助他们弥补这个不足。起初几次，我都是婉言谢绝，但是后来想想，他们的期许是有道理的，至少作为对于读者的回报，我应该谈谈我的想法。

再次，从2016年起，我在得到平台开设了"硅谷来信"专栏，谈论我的所见所闻。虽然没有机会讲我的想法，以及想法形成的过程，但是至少了解了读者朋友的需求。在创作那些内容时，我也进行了进一步的思考，因此，写作一本有关我的想法的书，多少是有了些积累。

最后，作为有幸经历了不同时代，在不同国家和城市生活过，到过世界上绝大部分主要国家的历史见证者，同时也作为这个时代的幸运儿，我在离开这个世界之前应该写两本书：一本讲述我的经历，一本讲述我的想法。这两本书不仅代表我，也代表这个时代和我有着类似经历的人。我现在还没有到往后看的年龄，我还在往前看，所以现在还不是谈经历的时候。人的思想在中年以后就基本上确定了，虽然我还在不断学习、不断更新我的想法，但是大致的思想已经形成，可以分享出来了。因此我决定先写这样一本谈想法的书。

至于书的内容，就分为四个部分，即历史、当下、社会和未来。

作为一个注重逻辑的人，我总是希望我的书有一些清晰的主线——既能够帮助我组织内容，也能够帮助读者阅读。对于世界的思考，我也需要一些主线进行整理。思考再三，我把我的想法用时间和空间两条主线串联起来：在时间的主线上，就是历史、当下和未来；在空间的主线上，就是外在的和内在的，也就是当下和社会。

关于历史，我会谈谈我对历史的看法，或者说史观。一个人对历史的看法通常就是他对现实和社会的看法。一个觉得历史是少数英雄创造的人，在现实中会屈服于权威，会把自己的失败归结于自己的资源不足。反之，一个觉得历史自有其规律，每个个体都在影响历史发展的人，会为自己所做的事情感到自豪。当然，讲史观需要具体的例证，因此我们不会空谈道理，而是会和大家分享那些对我有很大触动的历史上的人和事。

关于当下和社会，我会更多地谈现实中的问题，以及社会上不好的一面与人性中的弱点。今天的社会比任何时代都好，这是毋庸置疑的，但是今天的社会依然不完美，这是我们必须面对的事实。唱赞歌，不是作家的任务；发现问题，特别是大部分人看不到的深层次的问题，才是作家的责任。类似地，人类虽然成熟，但不完美，这一点我在多年前写《文明之光》时就已经表达过了。只有了解人类幼稚甚至自私之处，了解人性的弱点，包括我们自身的弱点，才能对社会有一个公允的看法，才能知道我们自己该如何与他人、与社会相处。

关于未来，大部分内容是我非常大胆的猜想，至于是否能够变成现实，我也没有十足的把握，仅供大家参考。不过，我所提出的猜想都是有依据的，既包括很多已知的数据，也有我和很多专家学者讨论的结果。比如我对于未来虚拟经济重要性的看法，就是有数据作为依据的；我对于更遥远未来的很多看法，也是我和凯文·凯利（科技作家）、马丁·里斯（英国皇家学会前主席）等人共同的想法。

本书在创作和出版的过程中，得到了郑婷女士，以及中信出版集团总出版人赵辉、主编杨博惠，编辑范虹轶、李雪、左亚琦和李瑶的大力支持和协助。在本书出版之际，我向他们表示最衷心的感谢。在写作过程中，我也得到了家人的支持和鼓励，在此我对她们由衷地表示感谢。

历史
History

历史很重要。乔治·奥威尔说，谁控制了过去，谁就控制了未来。控制未来是几乎每一个人都想做到的事情，但是这件事很难，因为控制过去并不容易。历史是我们这个星球和我们这个智能物种的过往经历的总和。照理讲，那些事情都是真实存在过的，不会因今天人们的看法而有所改变。但是历史书却不尽然，它们夹杂了太多的主观因素，里面有些内容是道听途说的，有些是用春秋笔法刻意强调或隐瞒的——这些并非史家们刻意为之，而是他们受限于自己生活的环境和看问题的视角。不幸的是，几乎所有人了解历史都不得不依靠那些史书的记载，被误导是很正常的事情。

那么我们能否生活在没有历史的纯净时空中呢？这件事也是做不到的。我们的生活离不开传统，而传统就是历史的一部分。换句话说，我们在一定程度上生活在历史中。从古至今，不断有人尝试着彻底抛弃传统，构建一个全新的、完美的世界，其结果就是造成各种现实的灾难。

历史既然是我们难以抛弃的，我们就不得不面对真实的历史。所幸的是，近百年来，历史学家将历史学做了一个转向，即不再构建那些自欺欺人的历史，而是通过历史学研究和考古发现，以及对于古代资料的分享，逐渐还原出一个真实的历史。这倒不是为了推翻过去的结论，而是让我们能够客观公正地看待过去，知道我们是从哪里来的、我们是谁，我们又将向何处去。

我与历史

我写的书，大约 1/3 和历史有关，因为历史很重要。我对历史的态度经历了三个阶段的变化，从对历史故事的兴趣，到对历史规律的探寻，再到通过历史学会看待世界的方法。

我认识历史的三个阶段

我对于历史的兴趣源于我的父亲。他是一个历史爱好者，并且有机会在"文革"时期读到很多别人借不到的历史书——除了"二十四史"，居然还有《第三帝国的兴亡》之类的西方历史学家写的书，以及《拿破仑传》这样的人物传记。当时他的业务工作并不忙，也不需要阅读科技文献，于是有比较多的时间读各类历史书。然后，他会讲一些有趣的历史故事给我听。我发现历史故事要比现实中的故事，甚至比小说中的故事好听得多，当时我也不明白为什么会有这样的感觉，后来才知道，不好听的历史故事都被过滤掉了，或者被人们遗忘了。总之，在没有太多书可读的年代，历史满足了我对故事的需求。等我能够开始读一些书之后，我便会优先选择读历史故事，而不是小说。我知道，很多人和我一样，喜欢历史故事超过喜爱当代小说，原因是前者更有趣，而且似乎还暗藏着知识和智慧。今天，历史故事依然占据着评书的绝大部分，并且为影视剧贡献了大量题材。当然，影视作品中的历史和真实的历史完全是两回事。

很多年后，我回过头来看，就发现不仅历史故事不真实，就是有些正史的记录也存在许多矛盾之处。事实上，史家们在将希望我们看到的事情展示给我们看，从而影响我们的价值观和历史观。比如，一方面，大家看了历史故事，就不免要为屈原、诸葛亮、岳飞等人的结局惋惜，我自己就是如此；读了历史书，就会对唐、宋、明的亡国，以及鸦片战争和甲午战争的失败惋惜。另一方面，大家也会对朱元璋成功北伐建立明朝而高兴。这正是史家们所希望的。今天，你依然会看到身边的人或者一些媒体讨论这类问题，比如"如果关羽没有失荆州，诸葛亮隆中对的战略是否能实现"，"如果岳飞不死，南宋能否收复北方失地"，等等。当然，讨论之后不免流露出惋惜之情，因为诸葛亮和岳飞代表正统，曹操和金兀术是他们的敌人。不仅普通民众如此，过去的很多学者也这样思考历史问题。比如著名学者郭沫若写了篇长文《甲申三百年祭》，里面充满了对李自成失败的惋惜："假使初进北京时，自成听了李岩的话……清人断不至于那样快的便入了关。又假使李岩收复河南之议得到实现……清兵在第二年决不敢轻易冒险去攻潼关……假使免掉了这些错误，在种族方面岂不也就可以免掉了二百六十年间为清朝所宰治的命运了吗？"[1] 这种心情可以理解，但是这样看待历史，真就有些把历史当戏文了。今天，这样看待历史的人依然很多。

我认识历史的第二个阶段，是试图寻找历史规律，指导自己行动的阶段。到高中以后，我就开始读一些正史，读多了之后，总以为自己能够总结出同龄人或者不知道历史的人掌握不了的规律。比如，在读到欧阳修的《新五代史·伶官传》时，觉得他那一句"忧劳可以兴国，逸豫可以亡身"讲得真好，并且在很长的时间里用它来鞭策自己。在当时，我觉得这无疑是欧阳修等人从历史中总结的一个重要规律。国家兴盛是因为国君勤勉，衰落是因为后来的国君懒惰，这似乎是再明白不过的道理了。但是后来几十年的人生经历让我明白，没有正确目标的辛劳，只会陷入越忙越穷、越穷越忙的陷阱。后来我担任了职权不低的管理者，才认识到授权常常比亲力亲为要好得多。特别是在做投资之后，我更深刻地体会到，少操作是获得高回报的关键，频繁操作反倒效果不好。因此，今天我不断和大家讲，要做减法、做减法，因为今天很多人的问题不是做事太少，而是做事太多。

1　郭沫若. 甲申三百年祭 [M/OL]. 北平: 野草出版社. https://upload.wikimedia.org/wikipedia/commons/b/ba/NLC511-023031404021465-12337_%E7%94%B2%E7%94%B3%E4%B8%89%E7%99%BE%E5%B9%B4%E7%A5%AD.pdf.

我在年轻的时候，不明白很多事情该如何看待、该如何做，因此有从历史中找答案的想法也很正常。但后来现实教育我，历史书中的建议，或者古代圣贤的箴言不可太当真。比如我读到《孟子·公孙丑章句上》后，了解了"闻过则喜"这个典故的来历，又看到在中国历史上有很多闻过则喜的故事，真相信道德高尚的人应该是这样的。我曾经这样要求自己，但发现自己很难做到，至于身边的人，我就几乎没见到过谁是这样的，倒是一句俗语"伸手不打笑脸人"说得十分准确。

傻傻地总结历史规律的人不止我一个，在历史上，更是有学者穷其一生来研究历史的规律。最典型的例子就是司马光编《资治通鉴》。这位学富五车、做事极为严谨的学者，试图把为君之道以及历史兴亡的经验教训都总结出来，供后世的君主学习参考。结果是，后世的昏君、暴君一点儿没有减少，随后几个朝代的发展可能还不如宋朝。我后来才知道，所谓的历史规律，大多是根据结果倒推原因的。时代变了，那些所谓的规律大多不管用。至于为什么不管用，我们在后面还会讲。

那么历史的发展到底有没有规律可言呢？其实还是有的，但绝不是包括司马光在内的大部分人所想象的那样。历史有自己发展的轨迹，这个轨迹很难人为地改变，再强有力的人也做不到。因此，像司马光那样指望皇帝能成为明君，然后一切历史的悲剧就能避免，显然是太天真的想法了。比如我们今天知道，古典文明（即罗马帝国和秦汉帝国）的终结是由很多客观原因造成的，包括气候、人类迁徙、文明自身的脆弱性、政治制度自身的问题等，这些因素不是任何人可以逆转的。讲到这里可能有人会问，历史上那些有为之人总还是起到了很多积极作用吧？其实，一个人有为、无为，抑或有害，常常是后人根据结果给他贴的标签。很多事，在当时的环境下，换个人可能也会那么做。这话听起来有点绝对，但事实就是如此，这叫作历史的必然性。

不仅历史人物左右不了历史，很多所谓的重大历史事件，放在较长的时间段来看，其实影响力也不是那么重大。我经常举甲午战争的例子。在当时，日本吸收了西方的经验进行了改革，而清政府没有顺应历史潮流，所以甲午战争后，日本完胜成为世界强国，清朝完败，割地赔款，受尽屈辱。因此，总有人觉得那场战争决定了两国不同的命运，也总有人不断总结那前后几十年两国的经验教训。但是100年之后再回头看，中国经济发展早已全面超越日本，双方在世界上的地位基本上回到了战争之前各自应有的位置。换句话说，那场战争的经验教训其实对后来两国的发展帮助不大。

我认识历史的第三个阶段是在美国读书期间。当时大学里中文书很少，却有一套"二十四史"，而且没有人借阅。我有空就借几本读一读，读多了之后我发现一件事，即每一个朝代都会对前朝的得失做总结，其结论似乎也能自洽，但是后一个朝代还是会犯同样的毛病。这就让我对所谓的总结历史经验教训更加怀疑了。当时我还读了西方早期历史学家，包括塔西佗、李维等人写的历史书,也发现了同样的问题,就是那些看似能够自洽的结论换到另一个历史时期就不管用了。再后来,我读了很多近几十年来新一代历史学家写的书,才觉察到古代历史学家的问题所在:他们看到的历史的宽度和长度很有限,因此他们得到的结论很难具有普遍意义,对今天就更没有指导意义了。逐渐地,在新的历史学家的帮助下,我有了一种新的看待历史的方法和角度,或者说有了一种新的史观。

对历史的看法,决定了对现实和未来的看法

今天的历史学家和一个世纪前的有什么不同呢?我们不妨来看两个具体的例子。

同样是讲中国历史,费正清的《中国新史》和布尔努瓦的《丝绸之路》就和之前的"二十四史"完全不同,它们不再是讲一个个人物的故事,或者一个个具体的历史事件,而是从宏观的角度讲中国的发展过程,以及中国在世界文明中的地位和作用。费正清用经济作为主线,布尔努瓦用贸易作为主线,通过他们的讲述,你会发现中华文明自有其发展的特点,在世界文明中自有其地位,这些不是哪一个人决定的,也不会因为哪一个王朝灭亡就不存在了。

再说说世界历史,今天很多人读的还是斯塔夫里阿诺斯的《全球通史》。实事求是地讲,这本书虽然很经典,但有点过时——

不是内容过时，而是史观过时。相比之下，杰里·本特利、赫伯特·齐格勒的《新全球史》则要好太多了。《全球通史》的主要问题是，它依然站在西方人的视角看待历史，且不说里面对于中国历史的描述有很多硬伤，就说它以公元1500年划分古代和近代的做法就是完全按照欧洲历史的时间节点来的。《新全球史》则不同，它是将各地区文明放在平等的位置展开讲述的，特别讲述了各文明之间的交流和相互影响，正是这种交流和影响，才形成了我们今天世界的特点。2022—2023年，我在得到开设"世界文明史"课程，就有人问我，之前已经有了威尔·杜兰特大部头的《世界文明史》，你为什么还要做这样一门课？我说杜兰特是上一代的历史学家，他完全是站在欧洲的角度看待世界文明的，翻开那十几卷的巨著，里面只有极少的章节介绍东方文明，因此，我要学习本特利和齐格勒，全面地介绍世界文明，特别是它们之间的关系。

  我对历史看法的改变，不仅是因为读到了最新的历史研究成果，更是因为随着年龄的增长和阅历的增加，对世界的认识发生了重大的改变。最终我发现，一个人看待历史的态度，或者说史观，比总结什么历史规律更为重要。因为一个人看待历史的方法和角度，其实就是他看待现实与未来的方法和角度。历史不过是一些验证自己思想的数据，如果一个人对于现实的看法得不到历史数据的验证，通常是大错特错的。反过来，在历史上被验证的经验，在现实中却未必管用。这就印证了投资界常说的一句话：

过去的表现不代表未来的表现，但是过去表现不好的投资人或者基金，未来几乎也都做不好。

那么什么样的史观是合适的呢？不同的人有不同的想法，不可强求。过去，总有人会就英雄史观和大众史观争论不休，而且似乎双方都能找出一些理由。当然，也有人会和稀泥，把两者结合起来。这一点我们后面会讲到，这里就不展开说了。但是根据我对于历史的了解，我更赞同另一种看法，也是近几十年来才有的看法，就是文明史观。简而言之，历史上除了"文明"二字，别无他物——其他的事情都是表象，都是相互中和的噪声，都是随机变化、难以预测，而且也不需要预测的。今天一些历史学家和社会学家认为，人类在大约一万年的文明史上，只发生了两件最有意义的事情，一件事是近代的工业革命，另一件事则是远古时期开启文明的农业革命。除此之外，其他事情的意义都不大，它们只是互相抵消的噪声而已，当然，这是站在较长的时间维度、较大的空间维度上来看。

如果接受了这种史观，我们就会用一种新的视角去判断人和事。但凡对文明进步有益的事情，哪怕小，也是有意义的；但凡对文明有贡献的人，都是值得尊敬的。然而在今天，认同英雄史观或者大众史观的人依然占大多数。很多人总觉得，自己想做点大事，但是觉得自己身份低微，没有资源，做不到，一心想要往上爬，获得资源，以为有了权力就能施展抱负。这些人其实从内心认同英雄史观。在西方世界，大部分人则反过来，自己做了一点点事情，就觉得该获得整个社会的肯定，获得比自己的贡献更多的报酬，甚至觉得自己不做事情，社会也该照顾他们。这些人想法的依据，就是所谓的历史由大众创造，他们既然是大众的一员，就为创造历史有所贡献。其实无论是在历史上还是在现实中，大部分人在创造的同时也在消耗地球的资源和社会的资源。人类自一万年前开始农业革命，到工业革命开始之前，几亿人，后来是几十亿人劳作了一万年，积攒下来的财富屈指可数，文明成就也少得可怜。还有一些人，虽然位高权重，但其实是文明的破坏者，而不是创造者。

今天，我们站在历史的十字路口，我们这一代人将决定文明是继续快速发展，还是大家一起回到文明停滞、无尽循环的老路上。在历史上，前一种情况其实不多见，长期循环没有进步反而是常态。在今天，世界上大部分地区也是在不断循环的，没有进步。著名作家加西亚·马尔克斯写的《百年孤独》就反映出这种循环的困境。我们用什么态度看待历史，决定了我们用什么态度看待今天的社会。因此，从这个意义上讲，谁控制了过去，谁就控制了未来。

人类从历史中吸取教训了吗

有人曾经问我，人类从历史中吸取了什么教训？我回答说，人类几乎没有吸取任何教训。换句话说，人类从历史中学到的唯一教训，就是人类无法从历史中学到任何教训。当然有人会说，你说得不对，我们从小接受的教育是"以铜为镜，可以正衣冠；以古为镜，可以知兴替；以人为镜，可以明得失"，明明可以从他人、前人和古人身上吸取教训，你却说人类没有吸取教训，这不是危言耸听吗？

这种理解犯了两个逻辑错误。首先，我们说人类没有吸取教训，不等于个别人不能做到以人为镜、以史为鉴，但这样的人少之又少，代表不了人类，而大多数人，甚至社会整体确实没有吸取教训。其次，就算做到知兴替、明得失，也不等于真到了行动时就能把事情做对。

知之非艰，行之维艰

"以铜为镜"这句话出自《旧唐书·魏徵》。其背景是唐太宗时的名臣魏徵病逝后，太宗在哀痛之余对周围的侍臣们说："夫以铜为镜，可以正衣冠；以古为镜，可以知兴替；以人为镜，可以明得失。朕常保此三镜，以防己过。今魏徵殂逝，遂亡一镜矣！"唐太宗是文治武功都上乘的有为之君，也是个聪明人，懂得吸取历史教训的道理，并且在努力这么做。但是实事求是地讲，他努力做了，却做得很一般，至少有三件事做得很不好。

第一件事是征伐高句丽。他显然没有能吸取几十年前隋炀帝的教训，和隋炀帝一样，三次派大军征伐高句丽，包括一次御驾亲征，结果劳民伤财，均无功而返。当时唐朝即使有李勣（即徐懋功）、李道宗、薛万彻等一批名将，这件事也没有办成。只是当时唐朝政治清明，国运蒸蒸日上，才没有像隋一样灭亡。

第二件事是信丹汞之术，最后他死于丹药。这件事也是有前车之鉴的，秦始皇、汉武帝其实就是炼丹术的受害者。

当然，唐太宗在历史上最有争议的是第三件事——立储传递权力。在他之前，秦始皇、汉武帝都没有做好这件事。秦始皇原本有个不错的儿子扶苏，但是秦始皇不喜欢他，而喜欢既残忍又愚蠢的胡亥，于是迟迟不肯立太子，最后才有了"沙丘之变"。汉武帝倒是立了他与皇后卫子夫生的嫡长子刘据为太子。刘据为人宽仁温和，又有卫家、霍家两大家族支持，原本是不错的皇帝人选，但是武帝晚年多疑，使得周围的宠臣江充等人构陷太子，遂引发父子反目的"巫蛊之乱"，太子被逼死。随后朝中一些皇族和外戚打算立宠妃李夫人之子刘髆为太子，汉武帝不喜，遂诛杀了这一批高官，刘髆虽然没有受到牵连，却死在了汉武帝的前面。史书上没有记载他是怎么死的，但死的时候很年轻。最后，武帝只好传位给5岁的刘弗陵（汉昭帝），但又怕其母赵婕妤（钩弋夫人）将来专权，遂将其赐死。好好一个皇族家庭被搞得破烂不堪。唐太宗是一个愿意吸取教训的人，但是这件事做得比汉武帝更糟糕。他原本立了嫡长子李承乾为太子，但后来又因宠爱四子李泰，让太子觉得储君之位不保，于是出现了诸子夺嫡的局面。最终他的三子一弟（长子李承乾、四子李泰、五子李祐及七弟李元昌）因谋取帝位，或被杀，或被放逐。太宗自己也心灰意冷，连死的心都有了。最终在以大舅子长孙无忌为代表的关陇贵族们的劝说下，立了比较柔弱、对谁都无害的李治为太子。[1] 谁想李治宽容柔弱，导致皇后武则天废唐建周。如果不是武氏的子侄武三思、武承嗣等人太不成器，满朝文武没一个支持他们，恐怕李唐的江山就彻底变成武周的了。

如果说唐太宗不想吸取历史的教训显然有失公允，他是一个好学之人，也是一个有学问之人，处事也尽可能做到公平。唐太

---

[1] 《资治通鉴》载："承乾既废，上御两仪殿，群臣俱出，独留长孙无忌、房玄龄、李世勣、褚遂良，谓曰：'我三子一弟，所为如是，我心诚无聊赖！'因自投于床，无忌等争前扶抱，上又抽佩刀欲自刺，遂良夺刀以授晋王治。"

宗之所以没能吸取历史的教训，只是因为这件事太难了，他自己明知该怎么做却做不到。就拿立太子一事来说吧，秦始皇、汉武帝、唐太宗，甚至包括太宗的父亲高祖，做不好这件事都有一个他们无法解决的共同原因，就是在帝制时代，最高当权者和可能的继任者之间存在难以调和的矛盾。掌握了绝对权力的皇帝很担心继任者会提前掌握权力，哪怕那些继任者是自己的儿子。而越是英明神武，越是在年轻时就掌握大权并且有所作为的皇帝，越担心这一点。因此，即使后来的君王将前人的教训看得清清楚楚，等自己真碰到类似的情况时，也会重复同样的错误。

当然，应该吸取历史教训的不只是君王，而是每个人，至少是每个能读书、了解历史的人，但这一点大家其实也没有做到。孔子讲："危邦不入，乱邦不居。"这是他从春秋各国动荡中总结的一条经验教训。如果读书人真的能听从孔子的这条教诲，就不应该到施行暴政的国家做官，或者在末代的王朝做官，而应该首先保全自己。但事实上，对权力的追求让很多聪明人要去做飞蛾扑火的事情。汉末、唐末、元末和明末，无数位高权重的大臣被杀，历史的悲剧不断重复，后面的人显然没有长记性。

不长记性，不能从历史中吸取教训，在世界各国、各个领域都普遍存在。著名的通俗历史作家房龙写过一本名为《宽容》的书。这本书虽然名为宽容，讲述的却是欧洲不宽容的历史。在古典文明结束之后，中亚以西世界的历史几乎就是宗教史，而不宽容贯穿了 1000 多年，不断循环，甚至延续到今天。不宽容对所有人都没有好处,但是直到今天大家依然没有吸取教训。在金融史领域,有一本写得非常好的书就是约翰·戈登的《伟大的博弈》,它讲述了美国金融投资的历史。读完这本书之后大家会发现,整个西方金融史,就是一次次金融危机、一次次股灾和崩盘的历史。虽然人类总试图在吸取教训,并且在制度上做了很多的改进,但是同样的错误还会一次次再犯,不断循环。如果大家对比一下2008年的金融危机和1908年的经济危机,就会发现它们之间没有太大的差别,都是流动性的危机。当然它们的背后都是对于金融体制信心的危机,而最终解决问题的办法都是要注入流动性。唯一不同的是,100多年前是靠J.P.摩根个人的力量重塑信心,而100年后是靠美联储给大家重塑信心。

用当下信息,而非历史指导行动

为什么人类如此难以吸取教训呢?原因很多,但是下面三个原因是主要的。

首先,历史的很多规律很难总结,即使总结出一些所谓的规律,在后来条件稍微有所改变后,也变得没有太多的参考意义了。

有一点统计学知识的人都会知道这样一个常识,即使统计一下一件事发生或者不发生的概率,也要几百个样本才能得到具有95%以上置信度的结论。但是绝大部分历史事件不可能出现那么多次，甚至很多只出现一次。这样得到的所谓的规律其实就是巧合而已。

其次，由于一些天生的弱点，人即使知道什么是对的，也不会去做。比如大家都清楚一个道理，在一个经济体内，如果税率过高就会妨碍经济发展，因此通过高税率实现社会公平是做不到的；相反，通过降低税率让经济发展，整个社会变得富裕了，才能获得更多的税收去实现社会公平。这个道理在历史上从正向和反向都被不断验证过。今天，在同样发展水平的国家中，也是税率较低的国家发展得快。但是，绝大部分国家依然在设置越来越高的税率。为什么会是这样的结果呢？因为政客需要选票，同时民众希望明天就能获得更多的福利。获得选票和福利最简单的方法就是一方承诺更多的福利，另一方选举能提供更多福利的候选人上台，至于长远的经济发展，其实很少有人管。我们前面讲的唐太宗等君王处理不好接班人的问题，也是这个原因：一方面，他们都懂得国家长期的稳定需要平稳的权力交接；另一方面，真到自己可能丧失一些权力时，又舍不得放权，甚至会和继任者争权。

最后，很多人对于历史的结果找错了原因。换句话说，用错误的规律指导自己，自然会南辕北辙。我们不妨看这样两个例子。

第一个例子发生在中国历史上。在秦朝结束周分封制之后，中国还多次发生因为授予皇室子弟藩王实权而导致的地方叛乱甚至政权更迭。究其原因，几乎每一次都和当权者错误吸取前朝教训有关。西汉的建立者认为秦没有任用自家人是灭亡的原因之一，于是大肆分封刘姓诸王，结果导致"七国之乱"。建立西晋的司马氏认定曹魏失去政权的原因是曹氏宗亲没有足够的权力制约群臣，于是大肆分封司马诸王，导致了后来的"八王之乱"。到了明朝，开国的朱元璋不相信大臣，只相信自家子弟，分封了大量手握重兵的藩王，又导致"靖难之役"。今天我们回过头看，每个王朝灭亡的原因有很多，不是简单把权力交给自己的皇室子弟或者制约皇室子弟那么简单。但是在历史上，很多时候人们是在总结了一大堆错误结论后，继续犯错误，结果越做越错。

第二个是古罗马的例子。古罗马在五贤帝时代（公元96年—180年）之后，经历了"三世纪危机"，每过几年就会有军事强人政变上台，其中公元193年甚至被称为"五帝之年"，即一年出现了五个帝位的争夺者。当时的罗马皇帝们，每年不是在平乱，就是在平乱的路上。到了戴克里先当皇帝结束了"三世纪危机"后，他认为动乱的根源在于帝国疆域太大，一个皇帝管不过来，于是就搞了一个"四帝共治制"，即帝国有四个皇帝，就能把各地的将军们都管住了。戴克里先的做法让帝国暂时获得了和平，因为将军们确实都被管住了，没有人发动叛乱了。但他没有想到的是，在他之后，四个皇帝自己打了起来，帝国反而直接分裂了。回过头来看，戴克里先所得到的经验教训基本上是错的。后来英国著名历史学家爱德华·吉本在他的巨著《罗马帝国衰亡史》中对帝国衰亡的原因做了更准确的分析,他给出了四个原因:一是时间和自然的侵蚀,即自然地衰落;二是基督教和蛮族的侵蚀;三是过度建设;四是内部纷争。

戴克里先作为当事人显然没有看到这些更本质的原因,而当时罗马几任试图中兴的皇帝也没有看到。在找错原因后,自然不可能找到正确的答案。

今天,但凡做过科学研究的人都知道一个基本的道理:给看到的现象找一个逻辑上能够自洽的解释是一件很容易的事情,但是这种解释通常不是造成结果的原因,而找到真正原因和结果之间的逻辑关系,是很难的。对于受到很多因素影响的历史问题,总结规律就更难了。因此,今天绝大部分做事成功的人,更倾向于用当下得到的信息,而不是历史上发生的事情来指导行动,毕竟今天不可能完全重复历史。

真实的历史是什么样的

虽然我们很难以古为镜，但是了解历史、研究历史依然有意义。其最大的意义在于培养看待问题的视野和角度，学会分析问题的方法，也就是史观和方法论。那么为什么要研究历史，而不直接研究现实呢？因为现实的结果还看不到，在现实变成历史之前，我们无法知晓自己的判断对不对；而历史事件已经发生，我们知道答案，就可以对我们的想法进行检验。打一个比方，你如果学习了一种解题方法，解决了一个问题，然后对一下答案，就知道你是否真的做对了、那种方法是否真的有效。但是如果你不知道答案，你即使解决了问题，也不清楚是否做对了。因此，历史实际上是我们了解现实的训练数据。

摆脱对历史的刻板印象

当然，要想通过历史了解现实，需要知道真实的历史，而搞清楚真实的历史有时是非常难的，因为有记载的历史已经被过滤、歪曲或者粉饰过了。今天，书中讲的历史、民间传说的历史，和真实的历史通常是两回事，很多人从历史中得到的常识也多是错的。我们不妨来看两个例子。

第一个例子是关于中国历史的。

今天大部分人对于中国历史会有这样一个刻板印象：历史上有明君、昏君和暴君，有忠臣和奸臣，遇到明君和忠臣，就会有治世；遇到昏君或者暴君和奸臣，就会天下大乱。但是历史果真如此吗？其实所谓的明君、昏君、暴君，不过是后人根据结果，甚至是需要反推出来的。

在中国历史上，名声最坏的两个昏君和暴君当数商纣王和隋炀帝。"纣"和"炀"都是不好的词："纣"的本义是套车时拴在驾辕后面横木上的皮带、帆布带等，引申义为残忍；"炀"的本义是烤火，引申义为虐民残暴。但事实上，纣王并不比他的父辈和祖先更残暴，他的祖先武丁比纣王残暴得多，但因为当时国家在发展，所以他被誉为"中兴之主"。隋炀帝虽然杀了一些大臣，但是在中国历史上远不是残暴的君主，比如曹操、朱元璋，就比他残暴得多，但是口碑却比他好很多。商纣王和隋炀帝还有一个共同的恶名，就是好色。其实纣王一共也没有几个儿子，而他的对手周文王却有一大堆儿子，说纣王好色并无根据。隋炀帝与随后所谓明君的唐高祖李渊和唐太宗李世民相比，真的算不上好色。隋炀帝后妃不到 10 人，子女只有 9 个，而李渊和李世民，每个人的后妃都超过20人，比隋炀帝的两倍还多，他俩每个人的子女更是达40多人。因此谁更好色其实答案很清楚。至于其他的亡国之君，很多人不是不想做事情，但是国家已经糜烂不堪，他们也没有办法，甚至越做事情越糟糕，王莽、宋徽宗、崇祯等都是这种情况。

接下来让我们看看那些所谓的明君。大家熟悉的汉武帝在今天绝大多数人看来算是明君的典范了，否则他也不会被排进秦皇汉武、唐宗宋祖之列。但如果你要问汉武帝做了什么对历史发展有帮助的好事，其实仔细数一数很少。很多人都说，汉武帝打败了匈奴，确立了汉朝的历史地位，然后会讲出卫青、霍去病漠北之战成功、霍去病封狼居胥的故事。的确，卫青、霍去病的胜利是农耕民族对草原民族少有的胜利，不过，我们评价这些事，要在更大的范围、更长的时间看它们的影响。历史上真实的情况是，汉武帝花了无数的钱、死了无数的人，只是取得了对匈奴战争阶段性的胜利，然后兜了一圈又回到了原点。有人可能会说，不对啊，匈奴不是被彻底打败了吗？《汉书·匈奴传》上不是写"匈奴远遁，而幕南无王庭"了吗？这其实是班固给汉武帝留了点儿情面。我们熟知的卫青、霍去病取得了一系列对匈奴战争的胜利不假，但那只是汉匈战争的第一阶段，即从公元前127年的河南之战到公元前119年的漠北之战。但是我们都知道，看比赛不能只看上半场，要看整场的结局，那么汉武帝对匈作战下半场的结果是什么样的呢？

在漠北之战之后，汉朝和匈奴都无力再战。不过，从公元前112年到公元前90年，武帝时汉匈战争就进入了第二阶段，20多年里一共有6次战役。汉军一次小胜，两次无功而返，两次遭受重创。最后一次是公元前90年，国舅李广利率7万大军出塞，全军覆没，李广利自己都投降了匈奴，是完败。所以，在《汉书·昭帝纪》中记载："冬，匈奴入朔方，杀略吏民。"也就是说，由于汉武帝后期一系列的失败，匈奴人又回来了，连汉朝的地方官都给杀了。更惨的是，《昭帝纪》讲："承孝武奢侈余敝师旅之后，海内虚耗，户口减半。"也就是说，汉武帝消耗了汉初几代皇帝轻徭薄赋的累积，打光了全国一半的人口，又回到了原点。

正是因为这样的结果，司马光很看不起汉武帝，他在《资治通鉴·汉纪》中说："孝武穷奢极欲，繁刑重敛，内侈宫室，外事四夷，信惑神怪，巡游无度，使百姓疲敝，起为盗贼，其所以异于秦始皇者无几矣。"在司马光看来，汉武帝就是个亡国之君，本来他的结局是和秦始皇差不多的。好在他的儿子汉昭帝不是秦二世，辅政大臣霍光也不是赵高，才免于亡国。当然，司马光的政治立场是反对王安石变法的，不喜欢好大喜功挑起战争的皇帝，或许带有偏见，但是司马迁、班固等著名历史学家对汉武帝的评价也不高，就说明问题了。到了近代，大家对历史看得更理性了，对汉武帝的评价应该讲是更客观的。《中国通史》的作者、著名历史学家吕思勉评价汉武帝时是这么说的："文景以前，七十年的畜积，到此就扫地以尽，而且把社会上的经济，弄得扰乱异常。这都是汉武帝一个人的罪业。然而还有崇拜他的人。不过是迷信他的武功。我说：国家的武功，是国力扩张自然的结果，并非一二人所能为。"[1] 不只是中国学者这么认为，美国著名历史学家、汉学家费正清也这么看。他认为，秦汉帝国（他称之为"中华第一帝国"）衰败的原因，可以一直追溯到汉武帝时期。事实上，就连汉武帝自己到了临终前也意识到自己的问题，所以才下了中国历史上第一个罪己诏——《轮台诏》。

那么汉朝后来何以延续，匈奴又何以消失了呢？这要感谢汉武帝后面几个所谓平庸的皇帝。首先是汉武帝的儿子汉昭帝和其曾孙汉宣帝，他们改变了汉武帝几乎所有的经济政策，与民生息，这才让汉帝国得以保全。到汉宣帝时，他联合乌孙合击匈奴，匈奴从此分裂为南、北两部。南匈奴呼韩邪单于在公元前52年主动归汉。到汉元帝时，一个并不起眼的副校尉陈汤从西域各国借兵灭了北匈奴，杀掉了郅支单于。昭、宣二帝在历史上没有什么名气，今天的人用今天的标准来重新评价他们，称他们的统治时期为"昭宣中兴"，那是今天的事情，但这二帝在历史上确实没有被算成英明神武的皇帝。至于汉元帝，大家知道他也只是因为他有一个叫作王昭君的宫女。历史上对汉元帝的评价是"柔仁好儒"。但是就是这样一个"柔仁好儒"的皇帝，却比汉武帝更

1　吕思勉. 中国通史 [M]. 北京：新世界出版社，2015.

有效地解决了匈奴问题。

讲到这里，大家可能会有一个疑问，既然西汉已经解决了匈奴问题，怎么东汉时期这个问题又出现了？这就要拜西汉末年另一位好大喜功的政治家、新朝皇帝王莽所赐。本来匈奴已经臣服于汉朝，被封为王爵，然后它的单于再利用汉朝授予的王权号令草原。但是王莽一定要把单于的爵位降为侯爵，在他看来只是一个名称的改变，但是在单于那里，他就难以服众了。于是匈奴趁着西汉内乱就重新反叛了。最终把匈奴赶到西方，让匈奴政权消失的，反而是让诸葛亮非常看不起的东汉，而完成这件事的是东汉一位爱弄权的"奸臣"窦宪。

窦宪是外戚出身，为了专权，派刺客刺杀太后的幸臣刘畅，然后嫁祸刘畅的弟弟利侯刘刚。事情败露后，他被囚于宫内。窦宪为了免死，请求出击北匈奴以战功抵罪。窦宪和他的副将每人只带了4000人出发，但他联合了西域的几万人，彻底消灭了北匈奴，俘虏单于皇太后，单于自己逃窜不知所终，从此匈奴政权就不复存在了。而窦宪回去后，继续弄权，阴谋篡汉，结果被皇帝联合太监所杀。在历史上，窦宪的名声比卫青、霍去病差远了，后世也没人觉得他是什么名将，但就是这样一个节操有问题的外戚，解决了卫青和霍去病没有解决的问题，因此，《后汉书》的作者范晔对窦宪的评价很好。其实这并不是窦宪更有本事，也不是当时的汉和帝英明，而是如吕思勉所讲，这是积累了很多代人的功绩，是汉政权自然扩张的结果。

在过去，人们一谈到历史总有这样一个想法：如果有明君、贤臣、名将，国家就能搞好，百姓就能幸福。但其实个人的作用非常有限，经济的发展、历史的发展自有其规律。所谓明君贤臣，很多时候是事后历史学家根据结果对他们的评判。在历史上，清朝的皇帝几乎每一个都很努力，但结果却大不相同。自乾隆十三年后，包括乾隆在内，这些勤勉的皇帝都很难有所作为了，因为帝制已经走进了一个死胡同。

在中国的历史上有一个有趣的现象，通常不是那些英明神武，而是一些看似平庸，让国家和经济自然发展，让老百姓休养生息的皇帝，把国家管得非常好。除了我们前面提到的汉昭帝、汉宣帝，唐太宗之后的唐高宗，后唐庄宗之后的明宗李嗣源，明成祖后面的仁宗、宣宗，世宗嘉靖皇帝之后的穆宗隆庆皇帝，都是这样的皇帝。过去的历史教科书中不会讲到他们，而老百姓即使对他们有所了解，也不过是他们的花边新闻，比如唐高宗娶了武则天、明宣宗喜欢玩蟋蟀。但是今天的历史学家对他们的评价很高。

真实的历史与读到的历史相去甚远

第二个例子是关于法国历史的。

如果要问法国最有名的人是谁，大家肯定都会想到拿破仑。事实上，法国每一次评选历史上最有影响力的法国人，得票第一的都是拿破仑。美国、英国和德国也搞过类似的评比，但是每次得票第一的人通常是变化的。这样看来，拿破仑确实很特殊，当然绝大部分人记住他是因为他的赫赫战功。在法国，名气仅次于拿破仑的是"太阳王"路易十四，他不仅在位时间长，而且一个人挑战整个欧洲，还屡屡获胜。在很多人看来，这两个人奠定了法国今天的大国地位。

但历史上真实的情况是怎样的呢？拿破仑确实对于法国乃至欧洲的功劳很大，但那些功劳主要是因为他领导编纂了《拿破仑法典》，并且把平等、自由的思想带到欧洲，至于他的几十场战役的胜利，其实对法国和欧洲的格局没有什么影响。而法国的大国地位，也不是拿破仑和路易十四奠定的，而是几个被人们忽视的人，他们甚至被很多文学作品视为小丑。

奠定法国大国地位的前两个人是路易十三的枢机主教黎塞留和他的继任者马萨林，在大仲马的小说《三个火枪手》中，这两个人是大反角。但是，法国正是靠黎塞留在三十年战争中通过外交手段纵横捭阖，然后果断出兵支持新教阵营，才让法国成为当时欧洲大陆的第一强国，然后靠着马萨林和欧洲各国签署了《威斯特伐利亚和约》，才确定了法国今天的疆域。此后路易十四打了一辈子的仗，虽然胜多负少，但是得到的最终都失去了。对法国贡献极大的第三个人是被拿破仑称为阴谋家的塔列朗，这位传奇的外交家在法国彻底输掉了拿破仑战争之后，通过他的外交手段，维持了法国作为一个大国的体面以及法国在《威斯特伐利亚和约》中获得的疆域。

这一类的历史事实还有很多,我们举这两个例子是为了告诉读者朋友,真实的历史往往和大家读到的、理解的相去甚远。

真正有意义的历史

2023 年，通过我在得到平台开设的"世界文明史"课程，很多读者发现，古埃及的历史怎么和中国秦以后的历史那么像？古埃及的历史从大约公元前 3150 年上、下埃及统一，第一王朝建立算起，到公元前 332 年亚历山大的部将托勒密·索特尔在那里灭亡了第三十一王朝，建立起希腊化的托勒密王朝为止，前后经历了 28 个世纪、31 个王朝，除了少数王朝是地方性的，其余 20 多个都是统一的、全国性的王朝。中国从公元前 221 年秦统一全国，进入帝制时期，到 1912 年清帝退位，前后 21 个世纪，经历了 20 多个主要的王朝或者王朝时期[1]。无论是古埃及还是帝制时期的中国，都是一个王朝接着一个王朝不断循环，区别只不过是差出了一段时间、差出了一段距离。

---

[1] 中国自秦之后政权的数量有六七十个，有些很小，在历史上的存在时间很短，是否算政权专家看法不一。我们这里的主要依据是，中国历史上主要的统一王朝有 11 个，加上主要的地方政权一共有 24 或者 25 个。

历史总是在循环往复中不断向前

读者这个观察是准确的,而且不是巧合。作为农耕文明的两个代表,古埃及和古代中国都处于相对封闭而安全的地理环境中,有很大的相似性一点儿也不奇怪。古埃及南部和西部是沙漠,东北部和北部是海洋,只有一个西奈半岛和外界相连;中华文明的核心地区东部是大海,南边是高山,西边是戈壁,只有北边和草原相连,因此它们都能够在相对和平的环境中长期不受干扰地发展文明。在这样相对封闭、外来破坏力不算很强的安全环境中,政权的更迭主要由内部引起,这一点儿都不奇怪,回过头来看,就是一个个王朝的循环。相比之下,美索不达米亚或者地中海沿岸的国家,四周都无险可守,呈现出各个民族轮流登场的情况,也是必然。

我们把古埃及或者秦以后中国的历史,省略中间阶段,只看首尾,就会发现它们并不是一个按照时间轴不断进步的过程。

我们先来看看古埃及,它最宏大的工程,是第四王朝时期建造的吉萨金字塔,距今 4600~4500 年。吉萨金字塔有三座,其中最宏大的一座是大家熟知的胡夫金字塔,而它旁边的哈夫拉金字塔几乎和它一样大,甚至大部分人把它误以为是胡夫金字塔,只是人们通常记得第一而不知道第二,哈夫拉金字塔的名气要小很多。这两座金字塔在 19 世纪末埃菲尔铁塔落成之前是世界上最高的建筑,而且它们至今保持着最重单体建筑的冠亚军地位。值得一提的是，它们是在前后50年的时间内建成的，一个国家能够在如此短的时间里完成这样两项大工程，说明当时的国力之强。今天，各种考古学的发现表明，修建大金字塔的主力是自由民而不是奴隶，他们拖家带口地住在工地附近，并且领取报酬，还有啤酒喝，这可是4500年前的事。在那个年代能有这样的生活，说明当时的文明水平不低。今天绝大多数人对于4500年前距今有多远没有概念，不过我们都知道秦始皇统一中国是很久远的事情。事实上，胡夫法老和秦始皇相隔的时间，与我们和秦始皇相隔的时间差不多。秦始皇如果当时有机会仰望大金字塔，就如同我们今天仰望始皇陵一样。

接下来的2000多年里古埃及又发生了什么呢？如果把历史当作故事来看，它确实挺精彩的。比如，古埃及出现了人类历史上统治时间最长的法老佩皮二世，据记载他做了94年的法老——这有点不可思议，但是历史记录就是这么写的。再比如，古埃及有名的法老拉美西斯二世，是第十九王朝的法老，堪称英明神武的大帝，在他统治时期，古埃及的国力达到了巅峰。拉美西斯二世也活得特别长，统治了70多年，有点儿像中国的康熙皇帝。由于他身上有很多故事，因此他也成为今天好莱坞一些电影中的人物。当然，古埃及还发生了很多"重大事件"。比如，一位叫埃赫那顿（阿蒙霍特普四世）的法老进行过一次宗教改革，创立了一神教，按照很多历史学家的说法，后来的犹太教和基督教都受它的影响。再比如，古埃及曾经击退了海上民族的入侵，这个不知从何而来的海上民族可能导致了全世界青铜文明的衰落，至于它是怎么做到的，这中间有很多传奇故事。当然，如果我们想看一看科学与技术成就，它也有很多拿得出手的东西，比如，它创作出人类最古老的几何学著作，留下了不少医学典籍。但是，如果我们不看故事，只看结果，把古埃及的发展水平每100年做一个评估，发现它基本上是一条没有提高的水平线。换句话说，那些伟大的法老和重大的历史事件并没有改变古埃及历史的走向，没有让它快速进步，也没有让它的文明中断。事实上，古埃及从中王国时代也就是公元前2000年左右开始，就没有修建大型金字塔了；从公元前1000年开始，就没有修建什么大型神庙了。这一方面是因为法老们觉得没有必要，另一方面是国力支持不起了，这说明古埃及整体的国力没有什么提高。从古埃及留下的文字和壁画上看，后期农民们的生活水平和早期相比也没什么改进。这样的历史算不算有意义，大家不难判断。

中国的情况也是类似。在战国后期，各诸侯国的生产力已经可以生产出足够多的粮食，能够保障几十万大军长期作战。而到了清代中期，举全国之力用兵西北，也仅仅能维持20万人作战，而且后勤保障一直是问题。换句话说，国家的动员能力2000年来没有多少进步。由于秦之后的中华文明留下了更多的记载，距今的年代也较近，因此我们对它能够比对古埃及文明有更准确的了解。根据已故英国著名历史学家安格斯·麦迪森的研究，中国在公元元年前后，也就是西汉末年，人均GDP（国内生产总值）

已经有450美元了。[1] 这个数据有不少历史资料佐证。西汉前期著名政治家晁错在回复皇帝时讲:"今农夫五口之家,其服役者不过二人,其能耕者不过百亩,百亩之收不过百石。"(《汉书·食货志》)。晁错讲这句话的背景是向皇帝说明农民的疾苦,一个五口之家通常只有百亩耕地,一年收获100石粮食。晁错可能不知道的是,这样的收入水平,放到中国历朝历代都已经是非常好的了。当时的一石大约相当于今天的30千克,因此每家一年收成将近3000千克粮食。这个估值比清末时期高出很多。

18世纪末,英国特使马戛尔尼访华,看到了康乾盛世后期的情景。在他看来,那只不过是一个贫困的盛世,而且技术极为落后。100年后,日本人曾根俊虎来到中国(大约是1884年),写了本回忆录,里面记载的中国肮脏、混乱、极度贫困。也就是说,汉代绝大多数农家温饱不成问题,但是清末反而做不到了。当然,在中国2000年的发展过程中,曾经有过相对富裕的时期,比如马可·波罗笔下的中国就比当时的欧洲富庶得多。当然,有人可能会说他的话有夸大成分,缺乏佐证,但是稍微晚一点儿到达中国的摩洛哥穆斯林学者和旅行家伊本·白图泰的记载却是非常准确的。白图泰笔下的中国相当富庶,而且旅店业发达,对商人来讲非常方便。更重要的是,当时无力谋生的老人皆可向庙里

---

[1] 安格斯·麦迪森. 世界经济概论, 1–2030 AD [M]. 牛津: 牛津大学出版社, 2007; 世界银行数据库(https://data.worldbank.org)。

申请生活费和衣物。不过，总的来讲，整个中国帝制时期，人均 GDP 最高的时期也不过 600 美元左右，那就是所谓的盛世了。换句话说，那些盛世不过是饿不死人而已，富裕不到哪里去。

与文明进步有关的历史才有意义

大家如果有兴趣读一下中国的"二十五史"（"二十四史"加上《清史稿》），就会发现从第一部《史记》到最后一部《清史稿》，里面的内容大同小异，只是时间和朝代名称换了一下而已。如果你把某个朝代人物的传记放到另一个朝代的历史中，完全不会有违和感。

如果我们把视野放得宽一点就会发现，这种循环常常是古代文明的共同特点。我们今天生活在一个不断进步的社会里，很难想象如果在历史中循环徘徊是一种多么可悲的结果，但是过去的人却不得不忍受这种命运。为什么印度古代几乎没有历史的记录？为什么印度文化强调六道轮回？可能因为他们认为历史就是一代一代轮回，走不出去的，因此也就没有必要记录了，而他们所追求的便是走出这种轮回。就像黑格尔在《历史哲学》里所说，这种历史只是君主覆灭的一再重复而已，任何进步都不可能从中产生。

那么什么是有意义的历史呢？

在人类自农耕以来大约一万年的历史中，只有那些和文明进步相关的部分,才是有意义的。比如文字和书写系统的出现,复杂社会管理方式的出现,冶金术的发明,造纸术的发明,几何学的诞生,具有思辨色彩哲学的诞生,印刷术的发明,自然科学的产生,这些才构成了真正有意义的历史。

文字和书写系统出现的意义很大,它们让人类的知识和信息得以有效传承。在此之前,物种只能靠基因的传承,以及为了适应环境的细微变化来传递信息。但是这种传承方式不仅效率低,而且常常要以生命为代价。比如一些蜥蜴吃了有毒的昆虫死了,而某些蜥蜴因为厌恶昆虫的颜色没有吃而活下来了,后者避免毒昆虫的信息就通过基因传递下去了,而不能避免那些毒昆虫的基因信息就被过滤淘汰了。有了文字之后,情况就不同了,上一代人,甚至同一代人的经验,就能通过文字广为传播了。

以演绎推理为基础的几何学,以及以归纳总结为基础的自然科学的出现意义也很大。为什么这么说呢?在公理化的几何学出现之前,人类其实没有完全搞清楚原因和结果之间的关系,因此对于自然现象的解释基本上靠蒙,对与错都有很大的随机性,发现规律主要靠运气。几何学的出现,让人类能够从基本的假设出发,通过理性推导出新的知识,这样知识就能在之前的基础上做叠加。以观察和实验为基础的自然科学的出现,让人们懂得了如何系统性地总结知识,验证假设,取得进步。

人类在能够运用理性思考后,在短时间里产生了思想的大爆炸,这件事发生在轴心时代。轴心时代这个名称来自德国哲学家卡尔·雅斯贝尔斯,他发现在公元前8世纪到公元前3世纪之间,在北半球从东到西,出现了中国的老子、孔子,印度的佛陀,古波斯的琐罗亚斯德,犹太民族的耶利米、以赛亚,以及古希腊的毕达哥拉斯、苏格拉底、柏拉图和亚里士多德。他们是奠定了人类思想底色的思想家,他们的思想一直在影响我们的生活。

在随后的2000多年里,直到工业革命,是文明进步极为缓慢的2000年。如果我们用每年GDP的提升速度来衡量这2000年的进步,大约是平均每年万分之四。2008年金融危机的时候,有人问巴菲特,世界上最长经济停滞可能持续多长时间?巴菲特说,1000年,古典文明之后便是如此。其实巴菲特说少了,大约应该是2000年。在这2000年里,文明的成就自然是有的,比如出现了造纸术和印刷术,但这个级别的科技成就却少得可怜。更令人遗憾的是,它们的出现有很多偶然性,彼此之间没有什么联系,以至技术无法系统性地改变社会。

2000年的历史自然少不了大事件,但是真正对后世产生影响的其实很少。最近几十年,在历史学界兴起了一个新的趋势,就是从大历史(或者更准确地讲,叫作"宏历史"),也就是从宏观层面,从全世界范围,从几千年的文明进程来看待历史事件和历史人物。这其实是一种新的史观,我也非常赞同。站在更高的维度看历史,历史发现的脉络就能看得更清楚。当然,这并不是说那些历史学家和考古学家搞清楚一些历史的细节没有意义,事实上我们需要他们这么做,因为这样我们得到的历史信息才准确。但对绝大部分人来讲，对于历史脉络的把握要远比了解一些细节重要。只有把握了历史的脉络，才能知道我们从何而来，今天的世界为什么是这样的，才能体会文明进步的重要性，这样的历史才有意义。当我们找到历史的意义之后，才能成为明白人；在看当下、看未来时，才会明白我们生活和工作的目的，即都应该是为了建设文明。

文明的贡献

一谈到历史，很多人喜欢比较文明的长度，比如哪个文明是最古老的文明，或者曾经控制的疆域最大。这种比较其实意义没那么大，因为我们今天的生活和绝大多数古代文明没有直接关系。这一方面是因为很多文明是断断续续的，甚至夭折了；另一方面是因为很多早期文明的发展水平低，随后它们被周围更有发展能量的文明取代了。至于一个文明曾经控制的疆域和人口数量，和文明的贡献并不成比例。为了便于大家更好地了解这一点，我们不妨把人类主要的文明按照时间先后梳理一遍。

文明的长度并不决定历史的贡献

今天世界公认的，也是有考古证据支持的最古老的文明当数美索不达米亚文明，更准确地讲，当数那里的苏美尔文明，距今大约 6000 年。苏美尔人对世界文明的贡献很大，甚至是不可替代的。人类所掌握的最早的高科技，包括轮子和帆船，都是苏美尔人发明的。世界上最古老的文字，也是他们创造的。但是在大约4000年前，苏美尔人消失在了历史的长河中，我们至今无法确认他们是谁。在苏美尔文明之后，美索不达米亚文明又经历了古巴比伦文明、亚述文明、赫梯文明、新巴比伦文明等，但是我们很难把今天的文明和当时那里的文明建立起直接联系，除了后来全世界都受益于赫梯人的炼铁技术。有人可能会说，古巴比伦的《汉穆拉比法典》是世界上最早的成文法典，但是它对今天的法律没有太多的直接影响。至于当地人建造空中花园和通天塔的技术，也早已失传了，以至到了希腊古典时期，历史学家希罗多德在美索不达米亚会惊叹于那里的历史遗迹，而不是当时的建筑。不过，总的来讲，美索不达米亚文明相比于其他早期文明对今天的影响还算是大的，比如我们今天还在使用轮子、帆船、铁器，还在使用他们发明的六十进制，而且西方的字母语言也可以追溯到楔形文字。当然，有人会把最早的信贷系统和货币也归功于苏美尔人，但是今天的信贷和货币与苏美尔人的没有直接继承关系。

古埃及文明是举世公认的古老文明，距今大约有5000年的历史，甚至在苏美尔文明被发现之前它被认为是世界上最古老的文明。不过实事求是地讲，古埃及文明和今天真没有太多的直接关系。古埃及人发明了一种非常精确的太阳历，能够准确预测每年尼罗河水泛滥的时间，指导农业生产，但是今天的历法没有借鉴它。古埃及人编纂了人类最古老的几何学著作——《莱因德纸莎草书》，距今大约有 3700 年，但是今天公理化的几何学并不诞生于此。事实上，直到古希腊时期，古埃及人在几何学上的进步都不快，以至不懂得利用相似三角形的原理测量金字塔的高度，这件事还是当时来自古希腊的泰勒斯教会古埃及人的。古埃及人最让今人赞叹的就是建造了大金字塔、方尖碑、阿布·辛拜勒神庙等了不起的建筑，但是到了古埃及后期，它的工程水平不但没有进步，反而退步了。建造金字塔的技术对后来世界上的建筑也没有多大帮助。古埃及留下的另一个遗产是它的医学，特别是防腐技术。不过，根据今天对古埃及各种防腐药方的分析，发现里面没有多少有效成分。

从美索不达米亚和埃及往东，是另外两个重要的古老文明——古印度文明和古代中华文明。相比之下，古代中华文明更重要一些，因为它和美索不达米亚文明、古埃及文明一样，是原生态的文明，而古印度文明，按照英国已故历史学家阿诺德·汤因比的说法，是受到美索不达米亚文明影响的，属于派生的古代文明。早期中华文明有很多亮点，比如象形文字和青铜器，这些大家都不陌生，我们就不展开介绍了。总之，早期中华文明的影响一直延续至今，今天在很多东亚国家依然能找到其很多思想的痕迹。

关于古印度文明我们有一点需要澄清。南亚次大陆最早的文明，即印度河文明，虽然历史很长，但是与后来的古印度文明几乎没有关系，和今天的印度更没有关系。印度河文明的中心哈拉帕在今天的巴基斯坦，并不在印度境内。今天印度的主体民族，也不是创造印度河文明的后人。我们常说的古印度文明实际上是南下的雅利安人建立的吠陀文明，它的历史就要短得多了，只有3000多年。吠陀文明影响到南亚、东南亚后来的文化，但是对于今天那里的文明进步影响极其微小，其中最大的影响是种姓制度。在历史上，种姓制度有过积极的一面，但更多的是消极的一面，今天已经完全不合时宜了。

从美索不达米亚和埃及往西，是以希腊为中心的地中海文明，其代表是迈锡尼文明和克里特文明，汤因比在他的著作《历史研究》中用克里特国王米诺斯来命名早期的地中海文明。但是需要指出的是，后来辉煌的古希腊文明与迈锡尼文明和克里特文明完全是两回事，中间有几百年的断层，其间文明突然消失了，连文字记载也没有。后来希腊地区再出现文明时，文字已经完全不一样了。汤因比还列举了美洲的两个古老文明，但是它们和那里后来的文明也没有什么继承性，对今天世界的影响也很小。

3000年的文明贡献塑造了今天的世界

如果我们跳开地域的局限性，用一种全球眼光来看待文明，那么今天全世界所有文明真正的起点其实是我们前面提到的轴心时代文明，也就是从公元前8世纪到公元前3世纪发生在整个欧亚大陆的思想革命。换句话说，虽然人类的文明史有6000年，但是对今天真正有影响的时间不到3000年。

人类在这3000年里留下了很多文字记载，让我们对这3000年的历史比之前有多得多的了解，这反而让我们看得眼花缭乱。不过，如果我们以文明为主线梳理一下，就会发现各种人与各种事件要么作用被夸大，要么成为最终相互抵消的噪声。比如，中国古代的秦皇汉武、唐宗宋祖，作用就被夸大了。有人可能会不同意，说秦始皇统一了中国。没有错，这件事是很重要，但是秦始皇的作用不能绝对化，统一这件事在他曾祖昭襄王时就注定不可逆转了。再退一步讲，没有秦，还可能有其他诸侯国统一中国。因此，这些人、这些事了解得多一点或少一点对我们并不重要，有些重要的事情我们必须了解，比如下面这样一些事情。

第一，古希腊有了比较成熟的商业文明。恩格斯在《家庭、私有制和国家的起源》一书中高度赞扬了古希腊的商业文明，因为其他早期文明都是以血缘组织起来的部落、氏族和邦国，而希腊是一个例外。虽然希腊人早期也是通过部落和氏族管理社会的，但是很快它就发展出商业文明，大家靠商业利益而非血亲连接起来。经过一系列的政治改革，雅典出现了一种"全新的组织，这种组织是以已经用诺克拉里试验过的只依居住地区来划分公民的办法为基础的。有决定意义的已不是血族团体的族籍，而只是经常居住的地区了；现在要加以划分的，不是人民，而是地区了；居民在政治上已变为地区的简单的附属物了"[1]。那么这件事对我们有什么意义呢？今天的公民社会和民主政治可以追溯到古希腊文明。

第二，古希腊的科学和古罗马的法律，这些内容我在《文明之光》中已详细讲述，这里就不再赘述了。

第三，孔子的儒家思想。今天东亚社会的很多做法，都可以溯源到孔子的思想。孔子在历史上时而被奉为圣人，时而被打倒，但这都不重要，他的思想的影响力贯穿了 2000 多年，影响着世界 1/5 的人口是不争的事实。即便没有太受到孔子思想影响的西方，也把孔子作为"东方人文主义的鼻祖"，这是一个很高的评价。在美国最权威的世界有影响力的历史人物排行榜上[2]，孔子位列第五，仅次于穆罕默德、牛顿、耶稣和释迦牟尼。

第四，造纸术和印刷术，它们的意义非常重大，我们后面还会讲到。顺便说一句，在前面那个榜单中，蔡伦和谷登堡分别位列第七和第八，排在他们前面的是基督教会的实际建立者使徒保罗，排在他们后面的则是发现新大陆的哥伦布。

这样的人和事还有一些，我们在后面还会讲到，它们的影响

---

1 弗·恩格斯. 家庭、私有制和国家的起源：就路易斯·亨·摩尔根的研究成果而作 [M]// 马克思恩格斯全集：第二十一卷. 中共中央马克思恩格斯列宁斯大林著作编译局，译. 北京：人民出版社，1965:133.

2 Michael H. Hart, *The 100: A Ranking of the Most Influential Persons in History*. Michael Hart Citadel Press,1992. 本书中文版《影响人类历史进程的 100 名人排行榜》已由海南出版社于 2008 年出版发行。

是远被低估了的。我翻了好几种教科书，他（它）们占的篇幅并不多。除了这些人和事，还有一些民族的作用也远被低估了，因为它们没有创造所谓的宏大叙事，其中最被低估的可能就是苏格兰这个民族了。

苏格兰是一个很小的民族，直到今天它的人口才 524 万（2012 年）。[1] 但是一个民族对世界的贡献，常常和人口的多少无关。从 18 世纪后期到 19 世纪初，让人类走出历史循环，进入文明发展快车道的几件事，即苏格兰启蒙运动、工业革命、全球贸易，都源于苏格兰人的贡献。在历史上，苏格兰出了瓦特、贝尔这样的发明家，麦克斯韦这样的科学家，亚当·斯密这样的经济学家，以及哈奇森、大卫·休谟这样的思想家。我们今天常说的商业社会、公民社会，都是苏格兰启蒙运动的产物。20 世纪后，苏格兰人发现了青霉素，还发明了电冰箱等极大改善我们生活的产品，以及创造了希格斯理论这样重要的科学成就。因此，美国历史学家阿瑟·赫尔曼写了一本书，书名就叫《苏格兰：现代世界文明的起点》。丘吉尔也讲过，除了古希腊，世界上还没有哪个民族，人口如此之少，对世界的贡献却如此之大，这是有道理的。

---

[1] 参见：https://web.archive.org/web/20121219212143/http://www.scotlandscensus.gov.uk/en/censusresults/rel1asb.html。

历史上只发生过一件事

经济学家许小年先生曾经表达过这样一个观点,人类历史上只发生过一件事,就是近代化。这让很多人感到困惑,我们有考古证据支持的历史已经有6000年了,怎么会只发生了这一件事?其实这个观点并不是许小年的发明,而是今天历史学家发现的。当然历史学家的表述是,在人类的文明史上,最重要的事件只有一件,就是工业革命以及因此而产生的近代化。

为什么这么说呢?我们打一个比方大家就明白了。从前在非洲的丛林里有一群猴子,一只猴王取代了另一只猴王统治着那里,虽然每一次新猴王取代老猴王都让猴群惊讶不已,但那不能称为历史。后来有一天,几只猴子从树上下来,开始使用火种和工具,然后从非洲大陆走向世界,那才是真正的历史的进步。工业革命便是如此,人类从此开始走上了快速发展的道路。我们对比一下工业革命之前人类6000年的发展和工业革命之后200多年的发展,就很容易理解为什么说工业革命是人类历史上的分水岭了。我们不妨从四个视角来看这个问题。

第一个视角：经济和社会发展水平

历史学家和经济学家通常使用两个标准来衡量经济和社会发展水平，一个是人均 GDP 水平，另一个是获取能量的总量和利用水平。我们先来看看人均 GDP 水平。

根据著名历史学家安格斯·麦迪森对全球各个文明在不同历史时期所做的经济学研究发现，世界人均财富在长达 2000 年左右的时间里，是没有明显提高的。在古罗马，人均 GDP 就达到了 600 美元左右，到 18 世纪英国工业革命之前，西欧的人均 GDP 只上升到 800 美元[1]，而东欧和南欧地区还不如西欧。至于中世纪早期，经济发展水平和人均收入还不如罗马帝国时期。中国的情况也差不多，我们在前面讲到，西汉末年，人均 GDP 大约为 450 美元，在随后的 2000 年里，这个数字基本上没有太大变化。当然，在历史上的几个太平盛世，比如两宋时期，中国的人均 GDP 达到过 600 美元，但那只是暂时的提升，随后又降了下来。到 20 世纪 50 年代初，中国人均 GDP 为 450 美元左右，回到了西汉末年的水平。在 1979 年改革开放前，中国人均 GDP 也不过 800 多美元，如果按照当时美元和人民币的比价折算，还

1　都是以 1990 年的不变价计算的。

不到200美元。世界其他文明，情况也大抵如此。但是，经历了工业革命，情况就大不相同了。英国大约花了200年时间就让人均GDP从800美元增长到1万美元左右，而中国实现这个目标，需要的时间会更短[1]。因此，马克思和恩格斯在《共产党宣言》中讲："资产阶级争得自己的阶级统治地位还不到一百年，它所造成的生产力却比过去世世代代总共造成的生产力还要大，还要多。"[2] 这是非常公允的。

接下来我们来看看能量的获取。

任何一个物种要想实现繁衍，就需要获取的能量超过消耗的能量，如果想要发展，获取的能量就必须是所消耗能量的数倍。人类的祖先现代智人在全世界迁徙了大约10万年后，才在新月沃地开始了定居生活和农业革命。这一方面是因为那里地理条件、气候条件、植被覆盖适合农耕，另一方面也是因为经过了10万年的积累，人类才有能力制造一些简单的工具进行大规模生产，更有效地获取能量。根据美国学者伊恩·莫里斯的估算，在农耕开始之时，获取的能量需要是所消耗能量的两到三倍。如果按照一个人每天消耗2000卡路里的能量来估算，也就是需要获取6000卡路里。在人类进入文明社会时，获取能量的能力是每

---

[1] 今天需要达到人均GDP 23000美元，才相当于1990年的人均GDP 1万美元，中国目前还没有达到。

[2] 卡·马克思, 弗·恩格斯. 共产党宣言[M]// 马克思恩格斯全集：第四卷. 中共中央马克思恩格斯列宁斯大林著作编译局, 译. 北京：人民出版社, 1958:471.

天1万~1.2万卡路里，低于这个水平，人类是无法让一部分劳动力从事非农业工作的，比如冶金和城市建设。在五六千年前的美索不达米亚和古埃及，以及四五千年前的中国和古印度，大约就是这个水平。然而直到工业革命之前，人类获取能量的能力都不超过4万卡路里，也就是说几千年提高的速度并不快。这个结果其实也不难理解，因为在农耕时代，人类获取能量的主要方式就是种植和畜牧，也可以说是靠天吃饭，每年的收获几乎是固定的。虽然相比农业文明初期，在农业文明后期所使用的工具有所改进，畜力使用得更普遍，但是一个人毕竟无法干几个人的活儿。

到工业革命时，一切都改变了，仅仅经过200年的时间，人均消耗的能量便超过了20万卡路里。通常，哪个国家和地区完成了工业革命，哪里就能达到这个水平。虽然同样的能量可能会产生不同的产值，有些地区的工业高能耗、低价值，有些地区则是低能耗、高附加值的，但是单看获取能量的能力和能量的利用效果，工业革命之前和之后是完全不同的。

第二个视角：社会发展水平

我们都知道，不能简单地按照人均GDP来衡量一个社会的发展水平和文明程度的高低。衡量一个社会的发展水平还需要考虑其他一些重要因素，比如人均寿命、受教育程度，以及工作强度和劳动环境，等等。

我们先来看看人均寿命。在人类处于狩猎、采集阶段时，人均寿命其实并不短。如果一个人能够活过婴儿期，他大概率能活到 50 岁。但是到了农耕时代，特别是农耕时代的早期，人类的人均寿命反而大幅度降低了，很多人甚至活不到 20 岁，主要是因为劳累同时营养不良。这一方面是因为靠种田获得同样的能量所耗费的劳动力要远高于狩猎和采集，另一方面是因为大量人口在同一个地区定居会导致粪便污染和传染病的传播。当然，这里面还有很多其他原因，我在得到的课程"世界文明史"中有更详细的讲述，这里就不赘述了。虽然此后人类的人均寿命有所增加，但是各文明、各地区的人也都到不了 40 岁。中国古代有 400 多个皇帝，活过 60 岁的不到 50 人，人均寿命不到 40 岁。至于平民，寿命就更短了，因此古人才会有"人生七十古来稀"之叹。其他文明也差不多，图 1-1 显示的是全球各个地区在工业

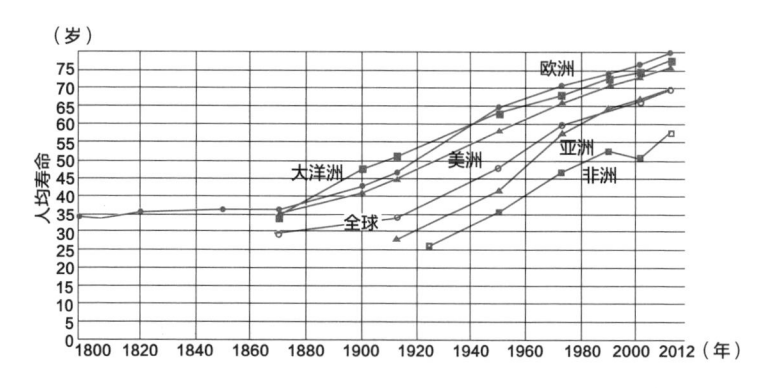

图 1-1 工业革命前后人均寿命的变化

数据来源：联合国人类发展指数（UN's Human Development Index）

革命前后人均寿命的变化，可以看出工业革命前全球的人均寿命还不到 30 岁。

到工业革命时，情况就改变了，哪个地区进入工业革命，哪个地区的人均寿命就迅速提升，然后在大约一个世纪的时间里翻了一番。

再说说受教育程度。人类发明文字和书写系统已经有 6000 年的历史了，但是在大约 95% 的时间里，绝大部分人并不识字。中国在古代虽然有科举制度，读书识字可以有很大的发展空间，但是绝大部分人都是文盲，这一方面是因为大部分人没有机会受教育，需要很早就参加劳动，另一方面也是因为常年务农没有读书识字的需求。在中世纪欧洲，即使是贵族，大部分也是文盲。在 1820 年的时候，全世界的识字率只有 12%，当时除了西欧和北美识字率超过一半，其他地区都很低。但是到 2016 年，全世界文盲率只有 16%，和 200 年前正好反了过来。[1]

最后说说劳动强度和工作环境。

自农耕时代开始以来，绝大部分人常年过着面朝黄土背朝天的生活，当时的人寿命短，和劳动强度过大也有很大的关系。

《明史》中记载了这样一件事，宣宗朱瞻基有一次去给父亲

---

1 参见：Max Roser and Esteban Ortiz-Ospina.Being able to read and write opens up the world of education and knowledge. When and why did more people become literate? How can progress continue? First published in 2013; last revision in September 20, 2018.https://ourworldindata.org/literacy。

上坟（谒陵），回来路过昌平时，看到农民们在田里很辛勤地干活，便让身边侍卫叫了一个农民过来问话，询问他们为何如此勤劳耕作。这位农民显然不知道朱瞻基的身份，于是就实话实说——我们春天播种，夏天耕耘，忙到秋天才能有收成。如果哪天偷懒了，这一年的生活就没有着落，连田租都交不起。因此，要养活老婆孩子，只能每天不停地干活。朱瞻基听到这里叹了口气，他这才明白，这些人这么拼命地干，并不是为了他的江山社稷，而只是要活下去而已。他又问道，那你们冬天可以休息吧？农民讲，到了冬天，就要给官府服徭役，一样辛苦。朱瞻基看了那些直不起腰的农民，感触良多，回去后就和大臣们讲，百姓生活不易，我们要爱惜民力啊。

明宣宗朱瞻基是历史上有名的好皇帝，他勤于政事，重视生产。为了了解民情，他还经常去民间私访，不讲排场，只带侍卫出行，不向地方摊派，不增加地方负担。在他的治理下，明朝进入了"仁宣之治"，但即使如此，百姓劳作负担也依然很重，生活依然辛苦。在中国古代其他时候，情况比"仁宣之治"时只会更糟糕。

不仅中国如此，在世界上任何国家，农业社会的劳动强度都很大。那么到了工业革命后，这些情况是否有所改善呢？事实上，英国在工业革命初期，劳动强度也非常大，甚至有大量雇用童工的现象。作家狄更斯笔下所描绘的英国社会便是如此，但那只是在工业革命的初期。很快，随着工业革命的完成，劳工们的劳动强度大大降低，工作环境也得到了极大改善。在19世纪50年代，英国完成了工业革命，劳工的劳动时间已经大大缩短了，工作环境也好了很多。当时已经开始实行每周6天、每天10小时工作制了，随后又逐渐变成了每天8小时工作制。到19世纪中期，英国进入了所谓的维多利亚"黄金时代"，劳工阶层可以享受不错的福利，周日可以穿着漂亮的服装去教堂，然后去集市上购物。随着工业革命在欧美各国逐渐完成，各国都采用了每周40小时工作制。在中国，改革开放后，特别是在中国准备加入WTO（世界贸易组织）时，也开始实行每周40小时工作制了。

第三个视角：人与人的关系

人类在进入新石器时代之后，就处于不平等的状态。虽然在古希腊的城邦里和罗马城内，公民们在政治权力上基本上是平等的，但也只是小范围且短时间的特例。欧洲从中世纪以来到工业革命之前，是有明确等级的。在亚洲，中国在辛亥革命之前，人们在法律上一直不平等，日本、越南和朝鲜等国的情况也类似。至于印度文明圈，那里自吠陀文明开始就不曾平等过，直到印度独立后才从法律上废除了等级制度。今天，全世界大部分国家的国民在法律上都是平等的，在生活中，也基本平等。那么人类是在什么时候获得平等权利的呢？基本上是在工业革命之后。当然有人可能会说，人类平等的诉求不是始于启蒙运动和法国大革命吗？确实如此，但是启蒙运动只是提出了一个想法，当时还不具备实现的条件。法国大革命打破了血统论，让公民和教士、贵族在法律上做到了平等，但是由于当时法国还没有开始工业革命，农民和小手工业者依然占大多数，因此少量拥有财富的人具有更高的社会地位。换句话说，虽然法国大革命试图用暴力的方式实现平等，但最终只是用经济上的不平等取代了出生的不平等而已。当然，这也是一个巨大的社会进步，因为经济上的不平等有可能改变，而出生的不平等无法改变。欧洲社会真正实现人与人的平等是在工业革命之后，广大劳工阶层有了一定的财产。当时英国开始了宪章运动，逐渐实现了平民和贵族、雇主和雇员之间的平等。英国著名历史学家和政治学家阿克顿勋爵讲，"财产，而非良知，是自由的基础"[1]，这句话非常有道理。只有当全社会每一个人都能够拥有一定的财产时，才能够谈平等和自由这些理想。而这件事在世界范围内实现，是在工业革命之后。

第四个视角：思维方式和方法论

我们都知道工业革命的标志性事件是瓦特发明蒸汽机。当然有人会讲，瓦特改进了蒸汽机应该更合适吧？其实发明和改进这

---

1 约翰·埃默里克·爱德华·达尔伯格－阿克顿.自由与权力[M].侯健，范亚峰，译.南京：译林出版社，2011.

两种说法都对。在瓦特之前，工匠纽科门就发明了一种原始的蒸汽机，因此对瓦特我们似乎应该用"改进"这个词。但是纽科门蒸汽机和今天的蒸汽机没有什么继承性，或者说，后来的蒸汽机是基于瓦特的发明，和纽科门无关。基于这个事实，用"发明"这个词似乎更准确一些。

纽科门蒸汽机是人类的第一种机械动力来源，但是一直没有普及，甚至没能走出英国，因为它效率太低、太笨拙，而且用途单一，只能用于矿井抽水。从纽科门到瓦特，中间隔了半个世纪。为什么在这长达半个世纪的时间里，没有人能找到办法改进它呢？一项技术的进步需要非常长的时间来积累经验，换句话说，当时人们获得信息和知识的过程非常漫长，常常要持续几代人。其间可能会出现一个很有经验、运气很好的工匠，做出了实质性的改进，但这种情况属于偶然性事件，没有必然性，因此在工业革命之前，技术的进步是极缓慢的。如果再考虑到有时技术还会失传，比如古罗马人建造万神殿穹顶的技术就失传了，中国宋代烧制汝、官、钧、定、哥五大名窑的技术也失传了，那么几百年、几千年没有进步是很正常的事情。

和之前的工匠不同，瓦特是通过科学原理直接改进蒸汽机，减少甚至摆脱了对经验的依赖。虽然各种励志故事喜欢把瓦特描绘成没有受过多少教育、自学成才的发明家，但这不是事实。事实上，瓦特从小家境优越，学习成绩优异，只是因为后来父亲破产，瓦特才失去了上大学的机会。由于他天资聪颖，善于修理各种机械，因此得以进入苏格兰的格拉斯哥大学，当上了修理仪器的技师。在格拉斯哥大学，他利用工作之便，系统地学习了力学、数学和物理学的课程，并与教授们讨论理论和技术问题，这也为瓦特改进蒸汽机奠定了理论基础。有一次，格拉斯哥大学的一台纽科门蒸汽机坏了，要送到伦敦去修理，瓦特得知后请求学校取回了这台蒸汽机，并自己把机器修好了，但是他觉得这种蒸汽机的效率实在太低了，决定改进它。瓦特仔细分析了效率低的原因，发现这种蒸汽机的活塞每推动一次，气缸里的蒸汽都要先冷凝，然后再加热，整个过程使得80%的热量都耗费在维持气缸的温度上面。此外，这种蒸汽机只能做直线运动，不能做圆周运动，于是，瓦特用他学到的科学理论，重新设计了一种蒸汽机，他将冷凝器与气缸分离开来，极大地提高了蒸汽机的效率。在这个过程中，大学里的物理学家与化学家约瑟夫·布莱克给予了瓦特理论上的指导。后来瓦特离开大学，在企业家的帮助下生产制造了他所设计的蒸汽机，并且不断改进，将蒸汽机变成了能够用于各种场合的动力来源，因此它也被称为万用蒸汽机。所以，最准确的说法应该是瓦特发明了万用蒸汽机，而这是在科学指导下实现的。

在瓦特之前，科学和技术是两回事。研究科学的是一群人，进行技术革新的是另外一群人；研究科学的目的是发现知识，而改进技术的目的是多生产东西。无论是从业者还是目的，科学和技术鲜有交集。瓦特是将科学和技术结合在一起，并且用科学指导技术的第一人，因此他改变了人类发明的方法，这让生产经验变得次要，而科学知识变得主要起来。在瓦特之后，富尔顿发明了蒸汽船，斯蒂芬森父子发明了火车。他们原本都不是机械领域的专家，甚至不是试图造蒸汽船和火车的第一人，但是他们的方法是对的，之前的工匠方法是错的，因此他们很快就成功了，并且引导人类进入了机械时代。在瓦特之后，成功的发明不再是偶然事件，而是有规律可循的。正是因为如此，人类的进步才被称为必然。

从工业革命再讲回到中国的发展。中国人真正吃饱肚子，全民富裕起来，只是最近几十年的事情，而这几十年，中国把三次工业革命，即以机械为核心的第一次工业革命、以电力和电器为核心的第二次工业革命，以及以信息技术为核心的第三次工业革命叠加在一起一同完成。今天，我们都在享受这几次工业革命的成果，享受现代文明，也在享受现代社会中人与人之间的平等关系。换句话讲，如果有很多秦始皇、汉武帝，但是没有工业革命，我们今天的生活不仅不会这么好，还会和万喜良、孟姜女一样悲惨。

当然，工业革命只是近代化的核心，除此之外，近代化还包括其他一些积极的组成部分，这些内容我们接下来再讲。

文明史上的那些闪光点

近代化除了工业革命,还有社会制度的进步,具体来讲,就是人文主义取代了神权主义,基于社会契约和个人平等自由的政治制度取代了君权神授的政治制度,科学世界观取代了迷信。这些是我们今天社会的基础,也是社会能取得快速进步的原因。在历史上有几件事促使了上述三个转变,它们是人类文明史上最亮的闪光点,我们不妨从近往远看。

科学革命和启蒙运动塑造了现代文明

在工业革命之前,最重要的事件是科学革命以及随后的启蒙运动。今天世界各国政治制度的基础,大多基于启蒙时代的思想,而启蒙运动又离不开科学革命。事实上,广义上的启蒙运动,就是从牛顿等人所开创的科学革命算起的,而不是从法国启蒙思想家的工作算起的。那么牛顿等人在思想领域又做出了什么贡献呢？我们先从后世对牛顿的评价讲起。

希腊文明对于世界的贡献有很多，我们就不一一列举了。有人可能会说，后来希腊被罗马征服了，又被穆斯林征服了，到中世纪的时候，希腊的著作在欧洲都消失了。这没有错，但是希腊文明并没有因此消失，而是被意大利、英国等国继承了下来。在欧洲流行着一种说法，英国是希腊生的蛋，而美国是希腊蛋的蛋。从传承的角度讲，这种说法没有错，英国的历史虽然不长，但是对世界的贡献并不小。且不说它的主体民族英格兰，即便是联合王国中的小弟苏格兰，对于世界文明的贡献也是巨大的。事实上在所有民族中，苏格兰人的贡献是最被低估的。

大部分中国人所了解的牛顿只是一个全能的科学家，因此只关注他在科学上的贡献，但是在西方人看来，牛顿更是一位思想家，把他和穆罕默德、耶稣、孔子并列起来。为什么西方人如此推崇牛顿呢？因为在他们看来，牛顿是一个划时代的人物，人类的文明史可以分为牛顿之前的和牛顿之后的。在牛顿之前，整个世界充满了迷信，人们搞不清自然的规律，比如为什么太阳东升西落，为什么水往低处流，于是人们习惯于从神那里寻找问题的答案，这样一来人就成为神的奴隶，匍匐在神的脚下。在牛顿之后，这一切得到了改变。牛顿通过自己在物理学、天文学、数学和光学等诸多领域的重大发现，揭示了世界万物运动的规律。从此，人类才真正懂得世界万物的变化是有规律的，而这些规律是人可以认识的，人类也因此真正站立起来。因此，牛顿被认为是开启人类理性时代的人。当然，与牛顿同时代的还有很多杰出的科学家，包括我们在中学物理课上讲到的胡克、哈雷和玻意耳等人。他们共同构建起基于实验的近代科学体系，并且提出一整套科学思维方式，特别是玻意耳总结出了机械论，也就是通过机械运动解释世界万物的变化规律。今天我们谈到机械论的时候会觉得它有些僵化和落伍，但是在当时它是非常具有革命性的，因为它告诉人们可以通过机械运动的规律来解释世界上的各种现象，并且通过机械运动来实现各种发明创造。不仅此后的蒸汽机是机械论的直接产物，乐器、钟表甚至计算机，都可以通过机械运动来实现。机械论还改变了人们对世界的看法，否定了之前哲学上的神秘主义和不可知论，因为机械论者认定世界上的一切都是确定的，是可以认识的，甚至可以通过几个简单的公式加以描述。此后在欧洲上流社会掀起了研究科学的热潮，大家都试图找出世界上各种现象背后的规律。

牛顿的思想和机械论，启发了法国的启蒙思想家，包括伏尔泰、卢梭和狄德罗等人。伏尔泰因为公开反对教会，先是被投入了监狱，后来虽然获释，但还是被逐出了法国，于是伏尔泰前往英国。在英国的三年里，伏尔泰系统地学习了牛顿的科学成果，并且受到牛顿思想的影响，成为自然神论者，还把牛顿的理论介绍回法国。关于牛顿受到下落苹果的启发发现万有引力定律的传奇故事，就来自伏尔泰。后来，伏尔泰得到法国国王路易十五的许可回到法国，然后他用了5年时间把他在英国的见闻与了解到的最新的科学和哲学思想介绍到法国。在法国，为了逃避追捕，伏尔泰长期躲在他的情人夏特莱侯爵夫人的庄园里，一待就是 15 年，直到侯爵夫人因为难产而去世。夏特莱侯爵夫人是一位优秀的数学家，她将牛顿的《自然哲学的数学原理》一书从拉丁文翻译成法文，甚至"启蒙时代"这个说法也是这位侯爵夫人提出的。在夏特莱侯爵夫人的庄园里，伏尔泰除了写下了大量的哲学、文学和科学著作，还和夏特莱侯爵夫人一起做了很多科学实验，证实牛顿的理论，然后他们写了《牛顿哲学原理》一书，将牛顿在物理学上的贡献介绍到欧洲大陆。今天我们知道的伏尔泰是剧作家和思想家，其实他在当时也算是顶级的科学家，并且于 1743 年当选为英国皇家学会会员，几年后，他又当选为法兰西科学院院士。卢梭和狄德罗也受到过英国科学思想的启蒙，特别是狄德罗，他通过组织编写《百科全书》，将新的科学思想介绍到法国，破除了迷信，开启了民智。

当然，启蒙运动对后世影响更深远的是在理论上对于近代社会的构建，其中贡献最大的是卢梭和孟德斯鸠。卢梭有很多著作，其中最有代表性的是《论人类不平等的起源和基础》《社会契约论》《爱弥儿》。《论人类不平等的起源和基础》阐述了私有制产生的原因和它所导致的社会不平等现象。《社会契约论》提供了近代公民社会的理论基础，它阐述了一个合理社会的形态，即个人和政府之间是一种契约关系，个人通过放弃一些私权力给公权力，来维持社会的秩序和法律下的自由。同时卢梭描述了构建近代政府的方式，即由公民团体组成的代议机构作为立法者，然后由立法者授权官员管理社会。《社会契约论》是后来美国《独立宣言》和法国《人权宣言》的理论基础。《爱弥儿》则阐述了该如何培养未来社会的公民。直到今天，这本书依然被看作最好的教育理论著作。卢梭对后世的影响非常大，直到今天很多寻求社会公平的人依然把自己的行为归结为卢梭思想的延伸。不过后世对他的思想有很多的曲解，导致人们在追求社会公平时常常会有过激的行为。另一位值得一提的启蒙思想家是孟德斯鸠，他的代表作《论法的精神》是几乎所有宪政国家政体的理论基础。这本书大部分人都不陌生，我们就不展开讲述了。总之，科学革命和随后的启蒙运动奠定了今天人们世界观和人与人之间关系的基础。讲到启蒙运动，我们还要重申之前提到的一点，就是发生在 19 世纪初的苏格兰启蒙运动的重要性一点儿不亚于法国的启蒙运动，这些内容我们会在后面介绍英美保守主义时讲到。

文艺复兴和宗教改革促进了社会变革

大家可能会有一个问题：为什么今天世界上（基督教）新教国家的科学最发达，旧的天主教国家，以及信奉其他宗教的国家科技水平要落后很多呢？在历史上，无论是印度教、基督教还是伊斯兰教都曾经对数学和自然科学的发展有过很多贡献，但是为什么到后来除了基督教的新教，其他宗教地区的科学发展都停滞了呢？这就涉及宗教改革和更早之前的文艺复兴了。

在中世纪的欧洲，虽然科学得以在修道院里发展，但是发展速度很慢，更重要的是，它并没有成为人们破除迷信的工具。当时的人一生下来，就被告知现世的生活是短暂的，人很快会死亡，然后要么上天堂，要么下地狱。因此人们更重视死后的境遇，而非现世的生活。既然现世不重要，人们就不会有很大的动力去改造世界、改善生活。在其他宗教里，教义也大多如此。比如在印度的佛教和印度教中，都宣传现世看到的东西是虚的、幻的，最终摆脱生死轮回才是目的。

14—15世纪的文艺复兴改变了欧洲人的生活态度。在此之前，十字军东征让欧洲人看到了东方世界奢华的世俗生活，而黑死病的流行又让大家发现教会在自然灾害面前是无能为力的，于是人们开始重视现世的生活，讲究活在当下。以人为中心的人本主义取代了以神为中心的宗教观念，由此在欧洲从南到北、从东到西都开始了文艺复兴。而在文艺复兴之后，东欧和南欧国家并没有摆脱天主教会的束缚，教会的力量还非常强大并且影响着人们的思维。但是在西欧和北欧，情况则有所不同，那里经历了宗教改革。

今天人们说到宗教改革，都会想到改革家马丁·路德，他贴出《九十五条论纲》、反对教会出售赎罪券、烧毁教宗敕令的故事大家都不陌生。不过，马丁·路德对于世界最大的贡献，在于他告诉人们，每一个人都可以通过《圣经》直接和上帝对话，而不需要通过罗马教廷。他将整个基督教的教义总结为简单的一句话——"义人必因信得生"。这样一来，经他改革的基督教新教其实就变成了人们的一种心灵寄托，而不再是狂热的迷信。在新教教徒中，有一批自然神论者，他们一方面承认上帝作为自然神的存在，另一方面又否认拟人的神的形象。科学革命时的那一批科学家，包括牛顿和莱布尼茨等人，以及启蒙时代的思想家，包括伏尔泰、孟德斯鸠和卢梭，都是自然神论者。他们反对宗教迷信，反对蒙昧主义和神秘主义，否定各种违反自然规律的"神迹"。在自然神论者看来，上帝不过是"世界的理性"或"有智慧的意志"，它确定了宇宙的法则，但是并不会干涉世界的运行。特别重要的是，自然神论者认为宇宙运行的规律是可以被认识和发现的，这是科学革命之后科学研究成果层出不穷的先决条件。

另一位贡献巨大的改革家是加尔文，他开创了新教中的加尔文宗，而在加尔文宗里又有一个重要的分支——清教徒。早期从欧洲来到北美大陆，并且在后来创建美国的，主要是清教徒，清教徒的思想和文化也构成了美国文化的特色。而留在英国国内的清教徒，就是开启了工业革命和苏格兰启蒙运动的那一批人，包括瓦特等发明家，也包括博尔顿等一大批企业家。

为什么清教徒对于工业革命和美国的发展作用很大呢？著名学者马克斯·韦伯在《新教伦理和资本主义精神》一书中指出，清教主义所倡导的节俭生活、勤奋工作和自我约束的道德观念，逐渐发展成资本主义中理性经济劳动和商业的基础。今天我们说的企业家精神，最初其实就是清教徒的行为规范。它包括在做人方面要勤奋、诚实、严肃、节约时间，在商业上要追求利润并且恪守商业信用，在组织管理上要提高工作效率。他们把合理利用社会资源创造商业价值看成一种善事，因此他们有非常大的动力采用新技术提高劳动生产率。

造纸术和印刷术加速了文明进程

那么在文艺复兴和宗教改革之前，又有哪些事情对这两件事的发生起到了直接作用呢？在我看来，帮助最大的就是造纸术和印刷术的发明。

人类区别于其他物种之处不在于力量，这一点大家都会赞同。而在早期诸多人种中，我们的祖先现代智人是唯一一种在生存竞争中存活下来的，其余的都被现代智人灭绝了。在所有的人种中，尼安德特人的智力水平不亚于甚至可能还高于现代智人，他们的身体也更适合在欧洲大陆生活，但是却在与现代智人的竞争中落败了，这又是为什么呢？因为智力不仅包括个体的智力，还包括整体的智力。现代智人后一种能力更强，而形成整体智力的关键因素是沟通能力。用今天信息论的理论来讲，个人的大脑相当于一个个信息源，而彼此沟通的方式和渠道相当于信道，它们共同构成信息系统。在有了文字之后，对于信息传播最重要的载体就是纸张，而复制信息最重要的技术就是印刷术。

人类使用纸张的历史可以追溯到古埃及，当地人利用尼罗河中的一种特殊植物纸莎草制作出了最早的纸张——纸莎草纸。纸莎草纸和今天我们使用的纸张完全不同，无论是质地还是制作方式，它都更接近于今天的竹席，因此它造价高昂，产量低。和古埃及文明同步发展的美索不达米亚文明则采用胶泥板记录信息。胶泥板虽然便宜，但是过于笨重，不方便携带。此外在希腊文明圈，人们还发明了羊皮纸，但它同样昂贵而稀少。人类能够大量制造出廉价纸张，是靠蔡伦发明的造纸术。今天总有人喜欢较真儿，说蔡伦没有发明纸张，这种说法其实是把纸张和造纸术混淆起来了。造纸术不是一种物品，而是一种制造纸张的工艺，即便是造纸的工艺不止一种，蔡伦发明的这种工艺也是最早能够大量制造高质量且廉价纸张的技术，靠这项技术，纸张才得以普及。中国在随后的1000多年里，在生产力不算发达的情况下知识能够传承，并且能够开展科举考试，和造纸术的关系很大。在全世界的范围里，有这样一个现象：造纸术传到哪里，哪里的文明就会迅速提升。我在《文明之光》中给出了许多具体的例子，这里就不赘述了。

虽然有了纸张，但是复制信息依然是一项烦琐的劳动，在1000多年的时间里，人类主要靠抄书来传播信息，但这样既效率低，又容易产生错误并且将错误不断放大。改变人类这种窘境的技术就是印刷术。

毋庸置疑，最早发明实用印刷术的是中国人，之前印度的印章印刷和美索不达米亚的滚筒印刷都不具有实用性。不过，在中国使用了上千年、对中华文明产生重大贡献的并非活字印刷术，而是雕版印刷术。

与造纸术不是一个单一的发明或者单一的技术一样，雕版印刷术也不是一个简单的概念，而是一整套工艺。工匠们先将写在纸上的文稿反转过来摊在平整的大木板上，固定好；然后他们在木板上雕刻，让木板上出现凸起的字模，它们就是雕版，这样的字模和将来印出来的文本是反着的；雕版做好之后，印刷时在大木板上刷上墨，经纸张压在雕版上，就形成了印刷品。一套雕版一般可以印几百张，这样书籍就能批量生产了。这种技术不仅大大地提高了信息传播的效率，而且大大降低了信息复制过程中的出错率。

除了雕版印刷术，中国人还发明了活字印刷术，但是因为种种原因没有被推广，因此后者并没有对中国的文明产生太大影响。真正发明并使用铅活字印刷术，并且影响了文明进程的是约翰内斯·谷登堡。2005年，德国评选出了历史上最有影响力的德国人，谷登堡排在第八位，在巴赫和歌德之后，在俾斯麦和爱因斯坦之前。为什么大家对谷登堡的评价如此之高呢？因为他的发明带来了欧洲一系列的变化，特别是我们前面提到的宗教改革。

今天我们对谷登堡早期的生平和他发明铅活字印刷术的过程所知甚少，他的生平档案有一段空白，人们无法确定他是否在那段时间里受到了某些东方工匠的启发，而后发明了铅活字印刷术。当然这一点并不是很重要，重要的是，谷登堡所发明的或者说再发明的，不仅仅是一种采用活字印刷的方法，还包括了一整套的印刷设备，以及可以迅速大量印刷图书的生产流程。不仅如此，谷登堡作为一个师傅带出了一大批徒弟，他们作为印书商将印刷术推广到了全欧洲。也就是说，他所做的不仅仅是让图书的数量迅速增加，还使欧洲重新走向文明之路，并且最终摧毁了一个在文化上封闭、在技术上停滞不前的旧世界。举个具体的例子，但丁的巨著《神曲》之所以在文艺复兴时期能够在欧洲流行，并且影响很多人，在很大程度上要感谢谷登堡发明的印刷术。在此之前，《神曲》的传播并不快。

欧洲印刷术对文明直接的影响是在宗教改革时期，它让马丁·路德等人的新思想得以迅速在欧洲传播。马丁·路德之所以会产生改革宗教的想法，是受到另一位思想家伊拉斯谟的启发，后者写的充满了人文主义思想、妙趣横生的小册子《愚人颂》因为印刷术的发明而在欧洲广为传播。之后，马丁·路德自己也成为印刷术的受益者，他提出的《九十五条论纲》因为有了印刷术而在欧洲得到迅速传播，他也因此从一名默默无闻的小教士，成为德意志地区的宗教领袖。严格来讲，马丁·路德不是第一个挑战罗马教廷权威的人，只不过他之前的人，比如捷克的教士扬·胡斯，都失败了，而失败的主要原因是思想无法广泛传播，得不到广大民众的支持。从这个意义上讲，马丁·路德是幸运的，他生在了有印刷术的年代。

纵观人类6000年有考古证据支持的文明史，真正快速进步的只是最近的两三百年，在此之前会有一些文明之光，但仅此而已。不过，这些为数不多的文明之光，其意义也远超那些不断被史书记载的王朝的更迭史以及帝王的功业传奇；这些为数不多的文明之光，最终点燃了近代化的进程。

其间，对今天有影响力的大事是签署《大宪章》、文艺复兴、大航海和宗教改革，但是它们的出现都和那些所谓的大人物无关。而真正把人类重新带向快速文明进步的，是近代的科学革命和随后的工业革命，它们合在一起也被称为近代化，我们今天说的现代化其实依然是近代化的延续。关于工业革命的意义，我们在后面会专门讲，但总的来说，在人类大约一万年的文明进程中，只有这么一点点内容是真正有意义的。

不用回到过去

连抽水马桶都没有的年代,有什么好怀念的

今天人们对历史的态度常常有四个误区。

第一个误区是把历史和过往当作现实不如意时的避风港。

我在年轻的时候非常喜欢苏格兰诗人罗伯特·彭斯的一首诗——《往昔的时光》(Auld Lang Syne)。这首诗后来用凯尔特人的古曲改成歌曲,20世纪末在中国家喻户晓,直到今天它还是日本的毕业歌。诗歌的大意是这样的:"怎能忘记旧日朋友心中能不怀想,旧日朋友岂能相忘,友谊地久天长。我们曾经终日游荡在故乡的青山上,我们也曾历尽苦辛,到处奔波流浪。友谊万岁,朋友,友谊万岁,举杯痛饮同声歌唱友谊地久天长……"这首歌是歌颂老朋友友谊的,老朋友聚在一起畅谈时,过去的时光似乎总是美好的。

事实上,不仅对过去经历过的如此,对于没有经历过的历史时代，很多人想起来也总有一丝温馨感。今天还有人怀念几十年前的世界，甚至梦想穿越到古代，说那时的社会没有腐败，或者古代的社会不需要这么快的节奏。我把这种现象称为"甜蜜的无知"。说这种想法"甜蜜"是因为想起来确实不错，说它"无知"是因为人总是记住幸福而忘记痛苦，总是夸大浪漫的成分，而忽视悲惨的事实。今天很多人会有"梦回唐朝""梦回大汉"之类的想法，其实唐朝的治世只有从太宗的贞观后期到高宗的显庆之前大约20年的时间，再加上玄宗统治的大约40年时间而已，这个时期加起来只占唐朝历史的1/5左右，其余的时间都是如同杜甫笔下所描写的饿殍遍野、恶吏横行的景象。两汉一共400多年，盛世的时间也只占到1/3[1]。但即使是那些治世最繁华地区的生活，和今天的五线小县城也无法相比。

在"世界文明史"课程上，经常有同学询问我古代社会的情况，言辞间充满了对过去治世的憧憬。对于那些询问，有一位同学说得好："那些连抽水马桶都没有的年代，有什么好怀念的。"这是事实。今天，我们即使在生活中有再多的不如意，也比古代生活好很多。

今天还有很多人沉溺于三国游戏，把自己当作刘备或者曹操，但他们不知道的是，三国这个所谓的大时代，是最不适合我们生活的年代。很多人以为自己能成为刘备或者曹操，能够和诸葛亮

1　西汉的文景之治、昭宣中兴，以及东汉的光武中兴、明章之治。

论道、和周瑜做对手，其实从概率上来讲，大家最可能成为一名失去家园的山野村夫，如果运气特别好，可以成为汉军甲或者魏兵乙，成为山野村夫的非正常死亡概率可能超过90%，当时各种记载都是"十室九空"[1]，运气好一点儿的死于战乱、饥荒或者瘟疫后能入土为安，运气不好的真的会成为汉军或者魏军的盘中餐。如果了解一些真实的三国历史就会知道，汉末三国，是最不值得生活的时代。如果你是一个男生，而且身体强壮，恭喜你，你会成为一名士卒，当然作为底层士卒，在战场上存活5年的概率不超过50%，远不如今天癌症患者的平均存活率。这就是那个所谓的大时代。有人可能想，我有机会成为曹操、刘备，但是我要告诉你，这个概率比大家今天成为亿万富翁的概率不知道要低多少。如果大家不认为自己能够轻而易举地成为亿万富翁，就不用想成为曹操、刘备了。有一次我在公司看到一个年轻人偷偷玩三国游戏，他见我来了很不好意思，事后他向我道歉说，一直想戒掉，就是戒不掉。我只跟他说了一句话，他就戒掉了。

我问他："你房贷还清了吗？"

他很有悟性，瞬间体会了当曹操、刘备对当下的生活毫无帮助。

---

[1] 根据《三国志》《晋书》等史籍记载的户籍统计，综合地看，蜀汉灭亡时人口约108.2万人，孙吴灭亡时人口约256.7万人，曹魏人口约443万人，共计约808万人，相比东汉人口高峰桓帝永寿三年（157年）的人口约5648万人，人口损失超过85%。考虑到生存者中官宦人家和世家大族多、平民百姓少，普通人的死亡率会远高于这个平均数。

当然有人会想，如果我穿越回一个盛世会怎么样。首先，中国古代的盛世时间占比很低，在过去的2000多年里占了不到1/5。其次，盛世也只是相对而言，我们前面讲到的明宣宗朱瞻基的见闻，就很说明问题。《红楼梦》的作者曹雪芹是生活在康乾盛世的人，在他的书中，卖儿卖女的事情并不少，而他自己后来也因穷困潦倒而死。

不要试图用过去的想法解决今天的问题

今天人们对历史的第二个误区是明明生活在当下，却要把脑袋挤回到历史当中。比如很多人今天依然幻想着有清官、有侠客的时代，那都是不合时宜的思维。且不说清官、侠客的故事大多是演义小说编出来的，就算有，我们也不能靠他们来解决今天的问题。今天的社会和古代不一样，我们需要的是一个公平的系统，在这个系统里有公平的程序，我们可以通过正常的程序解决问题，可以利用这个系统实现我们需要的公平。一位作家有一次在演讲中说，有的人今天依然幻想着明君，没有明君就幻想清官，没有清官就幻想侠客，没有侠客就读武侠小说，就是想不到法律。这确实是很多人的问题，即以古代的方式生活在现代。比如今天很多人在单位里受了委屈，觉得自己的功劳没有被肯定，被提拔的速度不够快，就琢磨是不是因为自己上面没有人，然后想办法去抱大腿，这就是试图用过去的想法来解决今天的问题。

今天的社会是商业化和契约化的社会，讲究合作与互利共赢。因此，一个人对于一个机构的作用在于他能否为这个机构创造价值。如果他能够做到这一点，即使一家单位会压制和埋没他，市场也会给他其他机会，而埋没和压制人才的单位会慢慢地在竞争中落败，然后退出历史舞台。这就是恩格斯所描绘的血亲社会和商业社会的区别。今天的人生在一个现代社会，就需要用现代社会的思维方式解决日常遇到的问题。

避免将今天的价值观强加于过去

今天人们对历史的第三个误区就是站在上帝视角评论古人的得失，或者按照今天的道德标准判断古人的善恶。

古人在做决定的时候，并不知道会产生什么结果，因此很多决策后来产生的实际效果很糟糕。而今天的人看到了结果，反过来评判当时决定的对错，其实是很不公平的。比如今天很多历史学家会把北宋的灭亡归结到王安石变法上，这种分析有没有道理呢？有道理，因为王安石的政策从客观上加速了北宋的衰亡。但是，当初无论是王安石还是宋神宗都无法预料变法的结果，更没有预知到宋徽宗时，从皇帝到大臣，会把变法执行歪了。当时的状况是不改变已经不行了，换谁都可能会调整国策，这种情况就如同法国波旁王朝到了路易十六时期，不改变旧制度一定会出问题一样。但是旧制度一改，反而政权垮得更快。事实上，历史自有它的发展规律，任何政权持续的时间一长，管理的成本就会非常高，在经济几乎不增长的农耕文明时代，最终都难免经济崩溃。我们了解历史，是需要了解历史自身的规律，而没必要根据结果指点古人。

今天的世界，比历史上任何时期都进步了很多，古代的很多事、很多想法，放在今天都不合时宜，甚至显得野蛮落后。比如今天很多人会因为曾国藩杀戮过重，认为他是一个残忍的人，这也是曾国藩今天备受争议的主要原因。其实在那个年代，参与战争的双方彼此杀戮都很重，以至于当时中国的人口减少了数千万（有些学者认为超过一亿）。不滥杀无辜，这是今天对人的基本要求，但在清朝时，无论是在法律上还是在道德规范上，对此都没有要求。因此，用今天的道德标准要求曾国藩是不合适的。当然，今天更多的人是因为古代人做了什么事情，觉得今天的人也有理由这么做，这就更不合时宜了。

过去的规律可能已不适用于当下

人们对历史理解的第四个误区是借古讽今，或者简单套用历史解释今天的问题。

我们前面讲到，从历史中总结的所谓规律，很多已不适用于今天。比如，我们前面讲到的农耕文明社会有不断循环往复的现象，其中一个重要的原因是存在"马尔萨斯人口陷阱"。也就是说，当社会发展一段时间后，人口会剧增，而耕地并不会增加，这就导致没有足够多的粮食养活所有人，从而引发内乱。这是农耕时代的规律，在中国的很多王朝末年都被验证过。但是这条规律在工业革命之后已经不适用了，今天全世界的粮食够所有人吃。因此，拿古代王朝的兴衰来解释今天的经济周期并不合适。

历史和当下虽然有联系，却是两回事。活在当下，远比沉溺于历史重要得多。

当下
Now 2

讲完历史，让我们一起来看看当下。过去，人们经常被告知，社会是不断进步的，今天比过去好，未来比今天好。但如果我们把目光拉长到 100 年、1000 年，就不会再有这种乐观情绪了。一方面，在历史上的绝大部分时间里，即便是在工业革命以后，社会的变化也是很缓慢的，以至一代人在他们的生命周期中未必能体会得到。虽然总的来讲，今天所处的时代肯定是历史上最好的时代，但这可能只是因为我们的运气特别好，各种有利于社会发展的积极因素都同时出现了。即便如此，也并非所有方面都比过去好；在全球范围内，也并非所有地区都比过去好。只不过大家身处中国，特别幸运地生活在了一个在过去半个世纪里发展最好的地区而已。当下的快速进步不代表在接下来的时间里，还能取得同样的进步。大家之所以能享受当下的幸福生活，是因为上一辈人和当下还生活和工作的人，过去的半个世纪里做对了事情。因此，要想维持当下的好运气，我们需要继续做对事情。

做对事情的前提是对当下有充分的了解，包括对当下的特点和它存在的问题都有充分的了解。很多时候，潜藏的问题不会马上对社会造成负面影响，但是一旦它们的影响开始出现，就是不可逆转的。如果大家想要有一个更好的未来，就需要让当下变得更好，把当下各种问题逐一解决。诚然，很多问题并不容易解决，但是我们慢慢努力做得更好，日积月累，就会有一个更好的未来。如果我们只是吃老本，不解决已经发现的问题，未来就会陷入历史上多次发生的衰退循环。

今天比古代到底好了多少

王公贵族的生活不像电视剧中所描绘的那样美好

日本关西地区，即京都、大阪、奈良和神户地区是我非常喜欢的旅游目的地，特别是京都和奈良这两个慢节奏的、仿照古代洛阳和长安建造的城市。住在日式的小楼里，睡在卧榻上，或者盘腿坐在不高的案几前吃着未经深加工的新鲜食材，我似乎能体会到一点儿唐代诗一般的生活。不过等我参观完京都的御所（旧皇宫），以及二条城（大将军府）之后，我才发现这种舒适的浪漫实际上是现代文明给我的，和唐朝或者日本的平安时代无关。

日本天皇在京都的御所，其地位相当于中国的故宫，但是规模要小不少，大约是后者的1/6。不同的是，虽然今天日本天皇已经迁往东京的御所，但是京都御所的皇宫地位并没有被废除，象征天皇驻地所在的天皇宝座"高御座"依然在那里。京都御所最早建造的时间是794年,也就是中国的唐朝时期。当时日本的首都刚刚迁往京都,便按照唐朝洛阳的风格建造了新的都城。当然,今天我们看到的京都御所是14世纪修建的,比最初的大了很多,也"豪华"了很多。[1]我之所以在"豪华"二字上加了引号,是因为相比今天的建筑,京都御所不仅显得寒酸,而且住得也不会太舒服。那一片建筑群,其实已经用了当时最先进的建筑技术,拥有底层高架的平台和上面的大屋顶,尽可能地做到了冬暖夏凉,但是我冬天去那里时,还是感到凉飕飕的。由于是木质结构,因此不适合到处生火取暖,一个炭盆,也不过是让身边几平方米的地方不至于太寒冷。至于卫生设施,也十分简陋。我想,换作大家,也不会放弃今天的生活,"穿越"到那个时代去住御所。当然,御所的庭院修得非常漂亮,赏心悦目,不过普通贵族就享受不到这种美景了,更何况同样的景致每天看也会腻。当时的人要想出远门看看风景,远没有今天方便,当时日本的贵族从封地到京都,再回到封地,短则大半年时间,长则将近一年。大家在技术上能够自由出行,是最近一个多世纪的事情。

亚洲的古代如此,欧洲在工业革命之前的情况也差不多。

七八年前,我去过英国小镇巴斯,就是简·奥斯汀生活的地

---

[1] 日本的宫殿和庙宇大多是经多次焚毁后重建的。日本的京都御所修建于14世纪,中间经过多次维修、重建和扩建,我们今天见到的是在19世纪重修过的。

方。那里离伦敦今天只有一个小时的车程，是19世纪伦敦有钱人的后花园。此外，那里还是英国贵族男女相亲的地方，因为富有的家庭都在那儿有房产，经常去度假，年轻男女就有机会在那里相识。巴斯最有名的建筑是一栋巨大的被称为"皇家新月楼"的连排别墅，楼的形状是月牙形的。当时，这是伦敦最上流社会的人家度假的场所。今天，最大的一套别墅被改成了博物馆，以让游客了解当时伦敦最有钱人的生活。我参观后的感触是，当时伦敦最有钱的人生活可能还不如今天中国的中产阶层。虽然每栋别墅都有两三百平方米，面积不小，但是没空调、没暖气，要靠煤炉取暖。虽然有供水系统，但是洗不了热水澡。当时没有冰箱，只能在地窖里存储一些腌制的肉类，由于物流不发达，也没有大棚种植，只能吃到当地产的种类不多的食品。当时的茶叶非常贵，以至主人不得不把茶叶锁起来，以防用人偷喝。酒的种类就更少了，想喝法国的葡萄酒几乎不可能。至于人的寿命，也不会很长，比如简·奥斯汀只活了42岁。她是富有家庭的小姐，在当时的生活算非常好的，而且她也没有不良的生活习惯，但是年纪轻轻便撒手人寰了。只活42岁在今天看来几乎等同于英年早逝，但42岁在当时的英国正好是大家的人均寿命。英国人的寿命提升是在1850年工业革命完成之后，在半个世纪的时间里就增加了10岁。对此，我们只能说，今天的生活太好了，以至我们难以想象在工业革命之前生活有多么艰难。

生活改进的快慢，也决定了人的感受

离皇家新月楼不远处是一个罗马浴场，事实上巴斯这个名字就来自"浴室"的英文 bath。今天罗马浴场也变成了一个博物馆，在那里大家可以了解古罗马时代英国人的生活。公平地讲，那个时代的生活比工业革命前的英国似乎也差不到哪里去。换句话说，大家如果出生在工业革命之前，无论生活在古罗马时期还是生活在 18 世纪都差不太多，总之都不会好到哪里去。

简·奥斯汀生活的年代，即 1775—1817 年，正值英国工业革命时期，在她出生的第二年，瓦特发明了蒸汽机；在她去世前的几年，斯蒂芬森发明了火车。但当时英国的生活条件还没有受益于工业革命，技术进步也还没来得及变成社会的进步与繁荣。在简·奥斯汀去世后的十几年里，社会的进步陡然加速。1832 年，部分英国妇女获得了选举权，以简·奥斯汀当时的社会地位和经济状况来看，她应该是有选举权的。1851 年，英国举办了"水晶宫世界博览会"，向全世界展示了工业革命的成果。1858 年大西洋电缆铺设完成，新旧大陆之间的通信时间从 20 天缩短到了几分钟。从某种角度上讲，简·奥斯汀有点不幸，如果能多活 20 年，或者晚出生 20 年，她都能看到后来的巨变；如果能活到丘吉尔的年龄，相信她会写出乡间贵族男女恋爱题材之外的作品。换句话说，在简·奥斯汀时代前后不到一个世纪的时间里，人类进步的速度超过了过去 2000 年。当然，放到今天，简·奥斯汀的那个时代算是超慢节奏了。

今天的生活是什么样的，每一位读者都有发言权，我就不多说了。我询问了很多人，绝大多数人都对生活抱有乐观的看法，当然，我们也经常会有很多抱怨。有趣的是，发展中国家的人，对未来的看法反而比发达国家的更乐观。

为了证实这个发现，我们做了点功课。根据《纽约时报》的报道，2021年，联合国儿童基金会全球视野和政策办公室和盖洛普公司一起进行了这项调查，他们发现发展中国家的人对未来的乐观程度远超发达国家，其中以印度、津巴布韦、印度尼西亚、尼日利亚这些国家最高，整体超过60%。在所有发展中国家里，年轻人对未来的态度更为乐观：57%的年轻人（15~24岁）认为未来的生活会改善，他们会比自己的父辈过得好；而40岁以上的人，只有39%的人持这种看法。但是在西方发达国家，大部分人并不认为未来的生活或者下一代人的生活会比上一代好；认为生活会更好的比例不超过40%，超过50%的只有一个国家，就是德国。[1]

上面的结论非常合情合理，在一个即将迈入或者刚刚迈入现代化的社会里，大家对未来最有信心，因为每一年的生活都有改善，每一天都有新的机会。我回想自己的家庭走过的路，也确

1　参见：https://www.nytimes.com/2016/12/08/opinion/the-american-dream-quantified-at-last.html。

实如此。在1978年之前，不仅每一天的生活都不会有什么变化，而且似乎一辈子的生活都将如此。

1978年年底，我们家从四川回到北京，正赶上国家开始现代化建设，每一年的生活从此都不相同了。那时在大城市里，电视机开始走进家庭，当然还属于稀罕货。一来价钱不菲，一台12英寸的国产小黑白电视机，要花掉一位大学讲师当时半年多的工资；二来属于限购商品，需要电视机票才能购买。但是，这种过去人们认为只有一个单位才能拥有的贵重物品终于和普通人家有了交集。当时一位邻居老师家里先买了电视机，我们就常去他家看。半年后，也就是1979年，我父亲也幸运地抽到了一张电视机票。当然，有了购买的资格不等于有钱买，于是家里人又向周围的同事借了一笔钱，才把当时价格高昂的12英寸的牡丹牌黑白电视机请回家。那时商品的质量远没有今天过关，服务更是不敢苟同，电视机从一开始就有小问题，也没有保修退货一说，更别说后面还有很多人在等着购买呢。所幸的是，父母所在的单位有的是电路专家，一位同事帮我们把电视机修好了。

从那以后，国家的经济发展和周围人的收入都呈指数级上升。四年后，那台画质不清晰的小黑白电视机换成了一台20英寸的飞利浦彩电。虽然彩电的价格是小黑白电视机的好多倍，但是购买它的时候家里不再需要借钱了。在这中间，包括电冰箱、洗衣机在内的各种电器都已经进入了普通家庭。与此同时，电视节目也从过去的三个台、每天播出三四个小时，扩展到几十个台，并且每天从早到晚播出了。人类丰富的夜间生活，其实是从第二次工业革命以后才有的，在此之前，大部分人只能日出而作、日落而息。这一方面是因为人类无法负担照明的费用，另一方面也是因为即使有了照明也无事可做。真正的大众娱乐产业，是在大家吃饱了肚子之后才有的。今天世界娱乐业创造的 GDP 是 2.3 万亿美元（2022 年），大约占到了世界经济总量的 2%，同时期农业的 GDP 也不过是 3.7 万亿美元。[1] 换句话说，人们在享受上所花的钱，已经快赶上吃饭花的钱了。当然夜晚的娱乐也带来一个问题，就是很多人的休息得不到保障了。我曾经向一些医学院教授询问帮助睡眠的褪黑素是否有副作用，他们告诉我一个事实：人自身在天黑以后就会分泌褪黑素，使人入睡，但从 100 多年前开始，人类有了晚上的娱乐，接触光亮，天一黑就分泌褪黑素的习性改变了，导致人类睡眠时间的减少和入睡所需时间的延长，也就是我们所说的轻度失眠。不过，我相信人类还是希望过有滋有味的夜生活，而不是早早地就去睡觉。

我在 20 世纪 80 年代末开始工作，我两年的积蓄就超过了我父母一辈子的积蓄，这就是现代化的结果。当然，我的父母比他们父母的生活已经好很多了。我外公是个小业主，他从年轻时开始，直到 60 多岁退休，收入都没有变化，后来的生活有时还不如更早以前。90 年代我出国了，就无法直接体会国内生活的变

---

[1] 参见：https://www.statista.com/。

化了，不过在和国内亲戚朋友的接触中，还是能体会到大家生活的迅速改善。我最初回国，给大家带一些玉兰油之类的化妆品，大家就很高兴。很快，这种几美元一瓶的礼物就拿不出手了，得赠送资生堂、雅诗兰黛之类的化妆品，或者李维斯的牛仔裤。再往后，这些东西也没有人看得上了，礼品就变成了蔻驰之类的轻奢品。现在，不送点古驰和香奈儿的东西，都不好意思了。这个过程实际上是一个社会从吃不饱到温饱，从温饱到小康，再从小康到富裕的过程。

　　类似的经历，和我同龄的朋友基本上都有。今天，大家接触一下印度、越南甚至尼日利亚的人，他们也有。因此，在这些国家，大家相信未来比现在好是很正常的事情。我也问过比我年纪大一些的日本人、韩国人，以及港台地区的朋友，他们也有类似的体会。不过，当我让美国人、欧洲人谈谈过去的经历和对未来的看法时，他们的回答则完全不同。在好的方面，他们从小就没有对匮乏的恐惧，当然也不会担心社会保障出问题；在坏的方面，他们并不认为自己一定会比父辈生活得好。我在前面讲到，西方国家中唯一的例外是德国，有 54% 的德国人对未来持乐观态度，这是因为今天的德国有 1/4 的人来自原来工业并没有起步的民主德国，扣除这个因素，西方发达国家的国民远没有正在步入现代化国家的国民对未来的信心足。

今天的生活依然比50年前好很多

虽然工业革命始于18世纪末,并且在世界各地陆续开展至今,但是任何一个具体的地区,从农耕文明到工业文明的时间不过是几代人的时间,而且越往后需要的时间越短。英国人从1776年瓦特发明万用蒸汽机算起,到19世纪中期维多利亚"黄金时代",不过是三四代人的时间。德国从1810年教育家洪堡建立柏林洪堡大学算起到1871年全德统一,是两三代人的时间。美国在结束南北战争后从19世纪70年代全面开始工业化,到20世纪20年代的"柯立芝繁荣",也是两三代人的时间。日本、东南亚等发达国家和地区,以及正在迈入发达国家的中国,工业化从开始到完成的时间,都不超过两三代人。生活在当下的人是非常幸运的,他们有幸亲身感受到文明的水平从极慢的发展模式,甚至在停滞了几千年后,突然迅速提升的全过程。但是这个显著提升的时间,也就是两代人的时间,两代人之后,虽然文明程度还在提高,生活还在改善,但不会有太多质的变化。这就是西方发达国家的国民对未来的信心反而不如经济发展远不如他们,却依然在快速提升的发展中国家国民的原因。

两年前,因为朋友买房,我特意了解了一下波士顿地区的房屋市场。恰巧又有一位朋友的太太在那里做房屋租赁生意,让我能够对那里房屋市场的整体情况有所了解。波士顿地区是美国经济发达的新英格兰地区的中心,那里从美国独立之前就引领着北美经济和文化的发展，直到现在。今天，整个波士顿地区的人口并不多，只有 600 万人左右，但是却拥有哈佛大学和麻省理工学院等世界顶级的大学，每 10 万居民就有一位诺贝尔奖获得者。

波士顿地区的房屋给我的第一印象就是老，有多老呢？房屋大部分是在相当于中国清晚期慈禧时代修建的，它们之间的差异无非是在相当于慈禧进宫当嫔妃时修的，还是成为老佛爷逃难西狩时修的。虽然那里也不乏新房子，却凤毛麟角，而且很多所谓的新房子，也不过是在老房子的基础上重修的。当然，房屋内的设施要比当初好很多，大部分房屋都装有效率很高的中央空调和供暖设施，不过老式的暖气依然可见。由于那些房子在修建时汽车还没有普及，很多车库或者泊车位都是后来加上去的。即便如此，在波士顿停车也很难，而且收费极高。

波士顿地区的房屋给我的第二个印象就是小。我住在旧金山湾区，这里因为房价高，房屋面积普遍比美国其他地区小不少，但是相比波士顿地区，就要大出一两倍了。波士顿地区房屋小的一个主要原因是它将原来的一个独栋别墅从中间一分为二，变成了两家，或者一栋三四层的连排别墅水平地分为两三家。总之，每一家的面积只相当于慈禧时代房屋的 1/2 甚至 1/3。

第三个印象则是贵，相比硅谷地区，波士顿地区的房屋一点儿也不便宜，而且同样的价格，硅谷地区房子的质量要好很多，房屋本身也要新很多。换句话说，同样质量的波士顿的房子比硅谷还贵很多。波士顿地区的老房子之所以要一个分成几个卖，还有一个很重要的原因：如果不分，当地人一辈子也买不起。

后来我又了解了欧洲和日本一些地区的房屋市场，发现和波士顿地区有很多相似的地方。比如日本京都市内的房屋，拥有一栋的成本和明治维新时差不多。在欧洲最早近代化的地区，比如英国和荷兰，情况也差不多。在伦敦或者尼德兰地区[1]的那些历史名城，比如鹿特丹、安特卫普和布鲁日，城里那些漂漂亮亮的连排别墅非常贵，都有几百年的历史，而且今天都是把一栋房子分成了几个单元。

假如大家从小生活在已经完成了工业革命的地区，你确实很难体会到在物质生活上有多少进步，我想等我们的下一代读到这本书时，就会有所体会。你可以想象一个50年前出生在波士顿中产之家的人，他小时候住在一整栋连排别墅中，等到大学毕业后自己独立了，就要租房子住，然后等到自己结婚买房安顿下来，发现房价太高，只能买一个被一分为二的独栋别墅或者连排别墅中的两层。当然，房屋的舒适程度要比过去好很多，院子里也不需要放一个巨大的储油罐供冬天取暖了。至于吃和穿，美国在50年前就很便宜，今天并没有更便宜，更何况人即使有了很多钱，也无法吃两倍的食物、穿三套衣服。至于出行，假如更早时候生活在波士顿的约翰·亚当斯总统要去拜访他的堂兄塞缪尔·亚当

1　安特卫普和布鲁日今天属于比利时，但是在历史上它们同荷兰都被认为属于尼德兰地区。

斯，今天花的时间比当年（美国独立战争时期）并不少。

不过，即使在美国，即使在有传统的波士顿，今天的生活也比 50 年前好很多，而绝大部分进步都不是物质上的，而是整体生活质量上的。假如历史上的华盛顿总统生活在今天，就不会因为一次感冒而死于庸医的放血疗法。假如亚当斯总统有事找他堂兄，也就不需要跑腿了，可能一个视频电话就解决问题了。50 年前只能盯着电视机打发时间的普通民众，今天也有了各种各样的娱乐方式。

今天，很多人都说发达国家的产业空心化了，制造业的比重太低了，其实，世界越发展，物质财富的占比就会越低，因为人们消费的物质财富终究是有限的。今天谁的生活更好，其实比的不是谁吃得更多、穿得更多、住得更宽敞，而是整体的生活体验更好。生活体验包括工作的舒心程度、身体的健康程度、自身兴趣的满足程度等。我们试想这样两个场景：一个生活在朝不保夕却拥有无数金银财宝的土匪窝里的人，和一个每日不用为温饱和安全发愁，能够做自己喜欢的事情的人，谁的生活更好是不言而喻的。

现代化的目的和结果是这两个场景中的后者。

2002 年对我来讲是一个转折年，我对生活的关注从物质方面完全转到了非物质方面。大部分中国人也正在经历这个转变。如果谁在 40 年前没有对物质生活的追求，他的生活就不会有什么改善，但是今天，如果一个人还仅仅停留在对物质生活改善的追求上,那么他会生活得很空虚。时代改变了,生活改变了,人们对财富的看法也会改变。

那么,财富的本质又是什么呢?

什么是财富

什么是财富？这个问题在过去很好回答：财富是土地、房产以及珠宝等贵重物品，加上金银等金属货币。那今天，财富又是什么呢？

到了近代，金融业发展起来之后，财富的概念就被扩展了。一个经济单位，包括一个人的赢利能力也成了财富。比如，一个企业一年能创造 100 万元的利润，即便这家企业所拥有的房产和生产设备并不多，这家企业可能也价值上千万元；一个球员如果今后能够给俱乐部带来几千万元的收益，他本身的身价就已经有几百万元了。再往后，人们甚至把未来的可能性也看成一种资产。比如一家企业一直没有赢利，但是有人相信它将来会赢利，于是它也会变得有价值，而且能够上市，其股权持有者可以通过出售一些股权获利。可能有人觉得这有些匪夷所思，事实上一些这样的企业后来真的赢利了，变得很有价值，但更多的是在赢利的未来没能到来之前，自己就已变成了历史。

比未来赢利更虚的赚钱机会是所谓的共识

从大航海时代开始，技术的进步就远落后于金融创新的速度，很多匪夷所思的东西都可以作价，甚至可以在一段时间里赚钱。比未来的赢利更虚的赚钱机会是所谓的共识。什么是共识呢？比如大家都觉得郁金香球茎未来会涨价，有人就可能花很多钱来买，并希望将来能够以更高的价格卖出去。如果只有一个人在兜售郁金香球茎，而大家只把它当作庭院里种植的花，那个人也卖不了多少钱，因为它的价值基本上等于它的使用价值，也就是观赏价值。但是，如果有一群人认定郁金香球茎是个好东西，它就会被加上一些溢价卖出。如果很多人，甚至所有的人，都有一个共识，即郁金香球茎不管有用无用，将来价格一定会大涨，它就成了投资品，在很多人看来，这就是财富。当然，有人觉得这只是大航海时期的郁金香泡沫，以后就没有再出现了。

郁金香球茎是没有人炒作了，但大蒜、普洱茶、冬虫夏草，甚至大闸蟹的提货单、月球上的土地、遥远恒星内核的钻石，都被炒作过。这些看似无用，却能够长期被炒作的对象背后，都有一样东西，就是"共识"。"共识"这两个字是大大值钱的，甚至超过对一个企业未来的预期，更远远超过房地产、现金和珠宝。有了共识，稻草的价格会远远超过今天，今天很多人不就是这样把各种空气币炒得比金条还值钱了吗？这些东西的价格能够涨上去，离不开共识。比如，今天很多古董收藏品和字画的价格，只有一小部分来自它自身的艺术价值、观赏性和收藏价值，大部分则来自共识。即便是传统一点的投资人所投资的企业，一部分价值来自其赢利能力和未来的预期，而相当大的一部分也来自共识。因此，共识是今天一笔巨大的财富。非常理性的金融学家、投资人伯顿·G.马尔基尔在他的《漫步华尔街》一书中也强调，如果只利用企业的价值进行投资，你会失去很多挣钱的机会，因为投资狂徒们的共识是推高资产价值的巨大动力。喜欢也好，不喜欢也罢，你需要利用它。

信仰对财富的影响更为深远稳定

和共识类似的是信仰，当然我们在这里所说的信仰不是宗教信仰，但其坚定和狂热的程度一点也不亚于宗教信仰。比如东亚国家在工业化过程中，全范围的财富提升主要靠的不是企业的利润，也不是股票或者债券的收益，而是房地产的增值。在房地产中，地价其实占了重头戏，建造成本甚至可以忽略不计，这种现象越是在中心城市特别是其中的好社区，越是明显。这种现象也被称为大卫·李嘉图地租定律[1]，我在"硅谷来信·第三季"中详细介绍了其成因和结果，这里就不再赘述了。但是土地原本就在

1　李嘉图地租定律指的是优质的土地因为能够产生更大的利润，所以要支付更贵的地租才能租到，于是导致中心地区的房价要远远高于周边地区。

那里，它的价值其实是没有变化的，今天之所以能够以上千倍的价格出售，靠的是对房地产的信仰。具体来讲就是很多人坚信房价永远会上涨，中心城市好地段的土地永远是稀缺资源，人口是不断增长的，需要住房的人会越来越多。房地产信仰是东亚社会特有的现象，这可能和那里几千年来农耕的传统有关，拥有一块土地或者房产是各阶层人的梦想，只不过不同富裕程度的人对房产质量的要求不同罢了。清代的皇子、贝勒和官宦显贵，有了钱会修园子，普通商贾会把租赁的房屋买下来，这就是房地产信仰。普通民众其实大多无法拥有片瓦，但是当工业革命开始，财富剧增之后，很多人会把祖先上百代人的梦想都实现了。在日本房地产信仰最坚定的时代，东京御所，也就是现在的皇宫，本身的土地加上外面属于它的空地，一共 1.5 平方千米，地价超过美国整个加州地价的 1/3。要知道美国加州的面积是 42 万平方千米，超过全日本的国土面积，而且加州是美国人口最多、最发达的州，相当于全球第五大经济体（超过英国和印度）。同时，加州拥有硅谷和好莱坞，是世界上亿万富豪最集中的地方，而且加州也一直以高房价著称。但是就是这样一个州的地价，也抵不过东京 4.5 平方千米的地价。造成这种现象的原因，已经不是李嘉图地租定律能够解释的了，甚至它都不需要很多人的共识，只靠一部分非常坚定的房地产信仰者的支持即可。这种情况也曾经发生在韩国、中国香港，甚至是中国内地一些城市。

信仰和共识有相似之处，但是它们之间还是有很大不同的。

产生共识的人只是乌合之众，他们聚得快，散得也快。这也是为什么郁金香泡沫会在瞬间破灭，很多空气币会在一夜之间清零。信仰则不同，信仰者是坚定的，他们的人数可能不是很多，但当信仰出现危机时，信仰者就会站出来，甚至会以一种殉道者的方式来维系信仰。因此，这些人就成为支撑信仰的中坚力量，让对于某种财富的信仰得以延续。今天，比特币的价格之所以能够长期维持在高位，就是有一批坚定的去中心化、非政府货币的信仰者。我接触过不少这样的人，他们认定任何政府都是"邪恶的"，它们会通过滥发货币控制世界的财富，而且也没有办法停止不断增发货币的行为。他们认为不受政府控制、由算法控制的货币发行不仅是最好的，也是唯一的解决办法。这就是一种信仰，他们和试图通过炒数字货币暴富的人不同，后者看到无利可图时，逃命的速度比进场的速度还要快，但是去中心化货币的信仰者把这件事当作自己的使命。

和这些去中心化货币的信仰者类似的，是一些自诩不讲政治、只讲商业和技术的全球化信仰者。全球化是件好事，我们后面还会讲到。但是这种信仰者心目中的全球化和大家想的不一样。他们认为技术和商业可以解决一切问题，政府变得无关紧要，甚至国家的主权也是可有可无的。他们认定谁掌握了最新的技术，就有资格通过技术和产品来主导世界的发展，哪个政府如果试图维护国家的主权，就是破坏全球化。这些人不仅通过投资支持创业以将他们的信仰付诸实践，而且通过写书和办讲座宣传他们的思想，最后总要让读者和听众感受到——在未来，国家将不再重要。在这些人中，埃隆·马斯克和乔布斯的继承人蒂姆·库克，以及"科技预言家"凯文·凯利是代表人物。

这种想法不是今天才有的，早在20世纪30年代，著名作家奥尔德斯·赫胥黎在他的科幻小说《美丽新世界》中就讲到了未来有可能出现这样一种现象——发明可量产汽车的亨利·福特代替了耶稣，成为科技和商业世界里的救世主，人们使用"爱迪生纪年法"和"牛顿纪年法"取代了公历纪年。赫胥黎所描述的现象不仅是当时某些人的一种想法，也被一些人付诸实践，其中一个代表人物就是阿尔伯特·卡恩。

阿尔伯特·卡恩是一位国际主义者。他出生于德国，但随后父母带全家移民美国，他成了美国人。卡恩并没有读过很多书，但是很聪明，学习能力很强。他年轻时在一家建筑师事务所实习过，掌握了设计简单建筑的手艺，然后就开办了自己的建筑师事务所。或许是没有能力，但更可能是没有兴趣，卡恩从来不去设计地标性建筑，而是专注于设计大工厂的厂房。1904年，卡恩在当时的汽车城底特律给帕卡德汽车公司设计了一批厂房，总面积达33万平方米。一方面，它们造价极为低廉，能够快速搭建，就像组装乐高积木一样，所有的设计都同质化，毫无美感可言。但是另一方面，它们能够满足大量生产汽车的需要。帕卡德汽车公司虽然早已不存在了，但在当时它是一家赫赫有名的汽车厂，有4万名工人，在二战时生产过著名的P51野马战斗机。

在 20 世纪初美国迅速工业化时期，有 1/5 的厂房是卡恩设计的。卡恩虽然远不是世界上最有名的设计师，但一定是完成设计面积最大的人。1929 年，苏联政府为了快速工业化，请他去设计了著名的斯大林格勒拖拉机厂。这家工厂在二战时是苏联最重要的军工企业。卡恩先后为苏联设计了 500 多座工厂，每一座都巨大无比，同时他还为苏联培养了 1000 多名工业建筑的设计师。这些人把方方正正的火柴盒式的建筑盖遍了全苏联。20 世纪 50 年代，苏联援建了新中国 156 项工程，其中一项是富拉尔基特殊钢厂，其四四方方的厂房就是卡恩式的。在北京的酒仙桥附近，50 年代时在苏联的帮助下建起了很多工厂，包括北京电子管厂，也是卡恩式建筑。今天那里已经废弃，方方正正的大楼成了艺术家们涂鸦创作的场所。

卡恩在美国建造的诸多工厂，从 20 世纪 50 年代开始被逐步废弃，但是总有一些怀旧的人试图保留它们。这些无人的建筑被一次次转手出售，每一次的售价都比之前低，直到被废弃推倒。那座最典型的帕卡德汽车公司的工厂虽然早已无人使用，但是一直有买家试图将它改建为有用的建筑，这种努力直到 2022 年被彻底放弃。当时美国不少媒体报道了这则新闻，并且登出了一张该汽车厂的照片。如果你是一位看过那张照片的四五十岁的读者，想想过去在中国看到的建筑，应该会有一种似曾相识的感觉。

卡恩代表上一代具有全球化视野、相信技术和商业能够改变世界的人。他完全没有意识形态的约束，在全球化概念还没有被提出的时候，他就开始了全球化的行动。我们至今无法评估从卡恩到马斯克的这种信仰是不是真知灼见，抑或有问题，但是这种信仰的的确确被反映到了资本的估值中。换句话说，在很多人的财富中，这种信仰占了很大一部分。而信仰和时代有关，过去的信仰带不来今天的财富，今天的信仰也未必会让财富在明天保值。

世界上不光有正数，还有负数

综上所述，今天什么算是财富是一件很难讲清楚的事情。比如 2022 年，马斯克的财富大约是 2500 亿美元；亚马逊创始人贝佐斯的财富大约是 1700 亿美元；奢侈品集团酩悦·轩尼诗 – 路易·威登的伯纳德·阿尔诺及家族的财富大约是 2000 亿美元，这里面有多少是看得见摸得着的钱，又有多少是靠未来的预期、对新能源经济的共识，以及全球化信仰的支撑，就很难说了。因此，很多媒体关于他们几个人谁是世界首富的争论是毫无意义的，这就如同对比一块豆腐和一个面包哪个营养价值更大一样无聊。事实上，马斯克名下的不动产和现金资产相比 2500 亿美元，近乎是零，考虑到其债务，可能还是负数。但是大家对于绿色经济的共识，对于人工智能的预期，以及对于人类走出地球的信仰，让他成为按某种计算方法算出的世界首富。当然，如果他试图全部兑现这 2500 亿美元的资产，那他能够拿到手的可能只会剩下 1/10。事实上，当马云在 2023 年卖出一小部分阿里巴巴股票时，他的资产就因为公司股价的暴跌而贬值了很多。和这些第一代新贵所不同的是，那些所谓的"老钱"，即通过基金会和家族信托传承下来的财富，大多是由不动产、已经赢利的公司的股票或者评级很高的债券构成的。它们在数量上要远远少于第一代的新贵们，但是这些财富不太会受到赢利预期骤降、共识消失和信仰危机的影响。这倒不是"老钱"的继承人保守，而是他们的父辈根本不相信子孙能够像他们自己一样，既有好眼光，又有好运气。于是，他们在基金会和信托的条例中做了严格的限制，让那些"老钱"远离风险。这一方面阻碍了它们增值，另一方面也防止了它们被清零。在经过了几代人之后，这些"老钱"依然能够以可接受的速度在增值，但在全球财富中的占比其实是在逐渐萎缩的。

很多人会觉得我谈马斯克的钱，或者几代人传承下来的"老钱"与我们无关，其实大家审视一下自己所谓的财富，在本质上和马斯克没什么差别，只是数量不同而已。今天对大部分人来讲，财富都不是现金或者现金的等价物，比如可以随时兑换现金的高评级短期债券。对中国人来讲，绝大部分财富是房产的净值，也就是市场价扣除尚未偿还的房贷。很多人觉得自己的房子当年是 1000 万元购买的，今天就有 1000 万元的身价，这其实是一个错觉。如果这套房子还欠了 600 万元的贷款，它的净资产价值就只有 400 万元。如果打算花 20 年的时间把房贷还清，贷款的年利率是5%，那么实际上最终要还950万元。换句话说，这套房子虽然马上卖掉可能可以换成400万元的现金资产，但是如果持有20年还完，还要背上350万元的利息负担。等到房贷还清的时候，你支付了950万元加上之前的首付400万元，一共是1350万元，获得了一套1000万元的房子。当然有人会说，你说得不对，20年后这套房子可能价值是2000万元，我还完950万元的房贷，还有高达1000万元的利润。这话说得没错，但这1000万元就是我们前面说的房地产信仰的财产。如果你相信信仰值钱，并且至少有一个人和你一样有这个信仰，你确实可以认为你有这些财产，因为你可以把房子卖给他。但是如果全民的房地产信仰都不存在了，这1000万元的资产就消失了。事实上绝大部分日本的房子，今天所剩的价值都不如当初房主们购买时的价格，这还不算几十年来支付的维修费和贷款利息。

世界上大部分人是算不清账的，他们只知道世界上有正数，而不知道有负数；他们只看得见利润，而选择忽略成本和负担。1350万元的付出和1000万元的收益，大家一般会忽略前者而只强调后者的存在。当然，你住了20年房子，享受了20年质量更高的生活，也是一种合理的选择。我之前多次讲过，第一套房子不要太考虑升值的因素，自己住得舒服最重要，就是这个道理。但是，如果真把钱投到房地产上，就要考虑它的价值中包括多少房地产信仰的因素了。

当一些共识消失的时候，原来账面上的很多财富自然也就不会有了；当一个信仰消失的时候，情况也是类似。所不同的是，前者会在一夜之间发生，让大家逃无可逃；后者是一个缓慢的过程，你有足够的时间退出。当然，贪婪是人的本性，很多人没有退出的机会，总想赢利，其结果就是竹篮打水一场空。

调动资源的能力才是你真正的财富

那么，如何判断我们每个人的资产是在增加还是在减少，特别是在扣除水分之后？关于这个问题，我在几个社交圈内和不同的人有过很多的探讨交流。有些人的看法很不靠谱，这或许是和他们自身的财产状况或者职业有关，但是在资本市场能够经受住十几年甚至几十年风雨考验的人，对这个问题还是有比较准确的见解的。我把有价值的看法，结合我的认识做了如下总结。

首先，我们可以假设全世界全部的财富是 1，然后把各种资产，包括我们前面讲到的一切，按照一定的比例（比如今天以美元计算的价格）确定各自的占比。比如在全世界的财富中，股票类的财富占了一小半，房地产占 1/4 左右，可变现的矿产和自然资源也占了不少。假如你拥有的资产按照上述比例计算后占到了全世界财富的 80 亿分之一，你的财富大约就达到了世界平均水平。如果你占到了 8 亿分之一，你就是世界平均水平的 10 倍。如果某一天，你所有的资产标价都涨了一倍，在纸面上你似乎更有钱了，但其实你的财富没有增加。如果你拥有某种资产的比例高一点，另一种资产比例低一点，而恰好前一种整体升值了，而后一种相对贬值了，你的财富就有所增加了。在一个比较极端的情况下，比如在金融危机时期或者战争时期，所有的资产都贬值了，但你所拥有的部分相对贬值少，那么你的财富也增加了。比如你拥有一栋房子，没有股票，当股市腰斩时，房价也因此跌了1/4，但是你和世界上其他人相比，你的财富还是增加了。

当然，有人会讲，现金是王，如果我拥有大量现金，所有资产都下跌的时候，我岂不就比别人多很多钱了。在某些特定的时期是这样，但是在绝大部分时期，资产的价格是在上涨的，而不是下跌的，因此握有大量现金并不是一个明智的投资选择。有人会讲，我拥有大量现金可以在资产下跌的时候买资产，但这里有两个根本性的问题。第一，你不知道资产的价格会在什么时候下跌，可能它先涨了50%，然后跌了20%，这时的价格还是比当初高。第二，即使捞到了便宜，那也是一次性的，因为你成为非现金的资产所有者后，接下来资产的涨跌都与你有关了。

其次，不同资产之间价值的比例不是固定的，而是不断变化的。在农耕文明时期，不同资产之间的价值比例基本上不变，我们这里说的基本不变是指不会有数量级的改变。在工业革命的初期，也就是亚当·斯密的年代，这位伟大的经济学家发明了采用必要劳动时间来衡量资产价值的方式，比如盖一栋楼所要花费的各种工时，从烧砖伐木到建成为止，如果和制作1000件西装，从养羊、剪羊毛、纺织到制衣是相当的,那么它们的价值会被认为是相同的。这就是劳动价值论。劳动价值论是正确的,但它太简单,它出现的时候,那些看不见摸不着的资产还不存在,或者很少,各种金融概念也没有被发明出来。今天大家其实无法用这种方式来解释资产的价格,否则无法说明为什么看似完全没有用的比特币能和一辆宝马汽车等价。今天,不同资产之间的价值是迅速变化的,而且变化后和变化前相比会相差几个数量级。比如20世纪初,贝聿铭的叔父贝润生只花了几千两银子就买下了苏州狮子林;今天,几千两银子只能买苏州公寓的一个厨房。

虽然资产之间的价值比例在不断变化,但如果一个人在各种资产中的占比,都从80亿分之一上升到8亿分之一,那么他的财富就是剧增的。真正善于投资的人,是以达到这个目标为目的的。以美元或者任何货币衡量自己资产总值的人,都不能算是真正善于投资的。因此善于投资的人会做两件事。第一,他们会定期调整不同资产在财富篮子里的配比,以提高自己资产的占比。世界上最大资产管理公司之一的贝莱德公司,管理着几万亿美元的资产,它所做的事情就是进行资产配比。第二,他们不会忽略那些看似荒唐的资产,包括建立在信仰和共识基础上的"空中楼阁"。"空中楼阁"是詹姆斯·麦吉尔的提法,他不赞同单纯的价值投资——这是巴菲特所倡导的,他认为那些"空中楼阁"不容忽视。当然有人可能会问,"空中楼阁"是否最终会有倒塌的一天,答案是肯定的,在历史上所有的"空中楼阁"都倒塌了。但是在旧的"空中楼阁"倒塌的同时，人们在它们的废墟上又建立起了新的、更大的"空中楼阁"。这是人性，否认人性谈财富是没有意义的。

最后，除了极少数成为文物而且得到妥善保存的古董，所有的财富都有一个生命周期。所有的房屋都会倒塌，所有的企业都会死亡，不只是"空中楼阁"会如此，价值投资的对象也是如此，它们只是时间的问题。有人会觉得钻石、黄金是永恒的，其实，钻石的储量实际上很大，它的价值是靠一种被称为"爱情"的信仰在维持着。黄金在世界财富中的价值其实在不断缩水，今天全世界可变现的黄金总量不到10万吨[1]，其价值不过是5万亿美元，大约是苹果公司加上微软公司的市值，或者三个比特币市场的大小而已，不到中国房地产市场价值的1/10。如果一个家族持有的财富都是黄金，几百年过后，它的财富实际上在大量缩水。事实上，财富的本质是人类富有创造性的活动，如果不能参与新的富有创造性的活动，财富都会缩水。

讲了这么多，可以回答一开始提出来的问题了：什么是财富，或者说什么是最有价值的财富？

对个人而言，财富是两个维度变量的乘积：一个是时间，另一个是每个人的能力和能够调动资源的数量。关于时间，我们后

---

[1] 美国地质调查局官网（https://www.usgs.gov）估计，全世界有史以来开采的黄金总量为18.7万吨，其中一半以某种形式用于物品的制造，所以不可流通，可流通的不超过一半，而各国政府的黄金储备总量不到4万吨。

面还会谈到，这里我们简单谈谈个人的能力和能够调动的资源。

当你拥有 100 万元现金或者等值财富的时候，你可以调动世界上的一些资源来做一些事情，比如租一个店面，雇几个人开一家餐馆。如果你有相应的能力，现金就会源源不断地流进来，这样一个小餐馆在扣除各种费用后，一年可能有 20 万元的盈利。假设餐饮业的平均投资回报率是 10%，你能获得 20%，说明这 100 万元投入进去，你就获得了 200 万元的估值。这就是你的财富。但是如果你有 1 个亿，你的能力又跟得上，你可以开一家大型连锁店，你拥有的财富也会相应增加。当然，如果你的能力跟不上，这 1 个亿最终就是为社会做贡献了。有人说这些钱打水漂了，其实财富和物质一样是不灭的，这 1 个亿会养活很多人，很多人因此有了工作，其中有的人成长起来，可能会创造更多的财富。

当然，我们上面所说的财富还是属于有形的，能够量化的。对大部分人来讲，更重要的是无形资产，比如一个人创造财富的能力、让财富保值的能力，这些很难直接被量化，但是它们很重要。关于这方面的内容，不是一两句话就能够讲清楚的，我们会放到后面专门讲。

几乎每个人都希望自己成为拥有海量财富的人，但如果那些财富只是土地或者黄金白银，它们的存在就没有太多的意义，其价值也会随着时间而萎缩。只有具有了驾驭那些财富的能力，财富才会变得有意义。

教育的不公平

教育是改革开放后全体国民关心的问题,并非自古以来大家都关心的问题,但是教育的不公平却自古有之。

自古就存在教育不公平的现象

有人可能觉得中国自古就有重视教育的传统,因为古代农民的孩子可以通过科举考试当官改变命运,这是想当然。中国古代的识字率极低,普通农民既没有意愿,也没有必要让孩子接受文化教育,来自乡村考中科举的人,绝大部分来自乡绅的家庭。我们不妨看看中国古代的情况。

在唐代,科举取士的数量很少,绝大部分得中科举的人都是官宦子弟。大家不妨翻开全唐诗,把里面诗人的出身整理总结一下,几乎没有"朝为田舍郎,暮登天子堂"的情况发生。宋代是中国古代对平民相对公平的朝代,平民出身的进士占了人数的一半，但是所谓平民并非指穷人，地主乡绅，只要不是当官的，都是平民。当时也只有殷实的人家，才能负担得起孩子读书的开销。由于当时南方经济已经全面超过北方，九成的进士都来自南方的省份，为此，宋代的两位名臣司马光和欧阳修还发生了争论。司马光认为，北方有的路（相当于现在的省），几十年来竟然连一个考上进士的人都没有，太不公平，应该按照人口比例分配录取名额。欧阳修则不赞同，他认为全国一张卷统一录取，这么公平的制度去哪里找？北方中科举的人数少，只能说明北方人的书没读好。根据《福建通志》记载，宋代福建进士共7043名，排名全国第一，占到了能查到籍贯的两宋28933名进士的1/4左右，如果再加上第二名浙江的5000多名，两个省则占了总人数的四成以上。这是因为宋代不抑制商业，福建、浙江两省靠外贸变得非常富有，所以有钱人家的孩子才会去读书。

明清时，来自平民家庭的中科举的比例不但没有增加，还越来越少，而且也是经济发达地区的占比极高。在明代，中进士最多的省份，早期是江西，中期是浙江，后期是江苏，这是因为上述三个省分别是明朝早、中、后期经济上最重要的省份。洪武三十年（1397年）会试放榜，51名中进士的人全部来自南方各省，无一北方人。于是北方士子群情激愤，联名向皇帝状告主考官刘三吾偏心。朱元璋这个人出生低微，最痛恨不公平，特别痛恨官吏欺压穷人，于是他命张信等人重新阅卷。张信仔细阅卷后，说刘三吾判卷并无不公。朱元璋更怒，居然杀了张信等阅卷官,甚至将新科状元陈䢴也给杀了,并将刘三吾发配戍边。随后他亲自主持殿试,再选61名进士,全部是北方人。于是中国就出现了颇为矛盾的"南北榜",这件事也被称为南北榜案。但是不管朱元璋怎么做,经济落后的北方也难以出现高水平的读书人,不会因为他杀人和修改考试结果就能改变。明朝为了人为地拉平南北差距,干脆搞了"南北卷""南六北四",即南方录取的人数占60%,北方占40%。到了清代,这种制度被进一步细化,变成了按省分配进士名额。不过,由于中进士的人排名次时不再考虑地域因素,因此前几名(也被称为巍科人物,即会试的第一名和殿试的前四名)的分布又完全和各地经济发展水平一致了。清代一共有巍科人物539人,江苏和浙江两省占了一大半(294人);在114个状元中,仅江苏的苏州府就超过了1/5(共24人)。

中国自宋以来,南方和北方的人口大致相当,但是从受教育的结果来看相差甚远,这不得不说,经济发展决定了教育的结果。当一些农家子弟需要很早下地干活谋生时,教育是一种奢望。中国的识字率一直不高,在民国时期,公办的、私立的,以及寺庙和教会办的初级学校已经很多了,到1949年新中国成立时,大部分人还是文盲。在此之前,明清时期除了官宦人家,鲜有子弟读书的。新中国诞生后,经过扫盲运动,以及几十年的义务教育普及,才完成了扫除青壮年文盲的战略任务。但是,在中国真正全国范围的工业化和城市化开始之前,重视教育的家庭是极少的。

重视教育，是近代化之后的结果

我生长在一所大学里，用今天的话讲，周围的人家都是书香门第，但是在大学里工作的人并不都是教职人员，也包括大量的工人、基层职员，这些工人和基层职员都是从部队复员分配到学校的公务人员，后者的数量甚至比前者还多。因此在这样的一个大院里，并非所有的家庭都重视教育，即便是教职人员，很多人觉得自己读了那么多的书，也没有什么出路，便不是很在意孩子的教育，觉得他们将来能有一所学校读书、有一份工作就好，完全没有非要让孩子考名校的想法。很多知名教授，会把孩子教育的优先级放在自己的事业发展之后，不会像今天这样，一切为了孩子的教育。中国人今天如此重视教育，不是传统，而是现实的需要。事实上，世界各国在全社会范围最重视教育的阶段，都是在其工业革命的初期。

以美国为例，大量建立州立大学，青年人从只接受初等教育到大批接受高等教育，是在19世纪末工业革命时期。当时美国通过了《莫里尔法案》[1]，通过免费给予各州土地建立公立大学，普及美国的高等教育。今天世界著名的密歇根大学、加利福尼亚

1　《莫里尔法案》，又被称为《赠地学院法案》，包括1862年的法案和1890年的第二法案。

大学和普渡大学，就是这么建立起来的。在此之前，美国的清教徒家庭虽然也重视教育，但是没有人觉得孩子非要上大学不可。但是在工业革命之后，只有接受了良好的教育，才有更多的发展机会。在欧洲，类似的情况也发生在德国。德国高等教育体制，即洪堡体制和技术大学的建立，是和它的工业化进程同步的。

我们再来看看亚洲的情况。今天世界上最重视教育的国家恐怕当数亚洲国家了，最重视教育的族裔当数包括中国人在内的东亚人和印度人，这和这些地区的工业化进程是一致的。日本早在德川幕府时期就普及了识字教育，但是仅此而已。但是到明治维新之后，日本开始部分工业化，识字教育就不能满足工业化发展的需要了，于是以东京大学为代表的国立大学和以应庆义塾大学为代表的私立大学才建立起来。日本的家庭主妇在家负责孩子教育的传统也是从那时才有的。今天世界上教育最内卷的国家还不是中国，而是韩国和印度。在韩国，如果你不是"天空联盟"（SKY[1]）三校的毕业生，在工业界和政界一辈子都没有出头的机会。在印度，和我同龄的一代人重视教育的大多是高种姓的家庭，他们大多是教师、医生和政府职员，这些家庭重视教育的程度不亚于今天的中国家庭。由于当时大部分家庭并没有打算把孩子培养成大学生，因此在印度上一所普通大学并不是什么难事。但是从最近的 20 年开始，重视教育的风气已经深入大部分印度

1　SKY，即首尔大学、高丽大学和延世大学三校首字母的缩写。

家庭，因为随着印度工业化的发展，产生了越来越多必须接受高等教育才能从事的工作，而且那些工作的收入要比务农、做小买卖或者从事手工业高得多。今天印度很多中小学生，十几年过着"三无"生活——无寒暑假、无周末、无节假日，总是在补课学习。在美国，很多有钱的印度家庭会为孩子每一门课请一个家教。最近十几年，印度裔和华裔一样，在美国名校中的占比远比其人口的占比高得多。

无论是从历史还是从现实角度来看，重视教育这件事是工业革命或者说近代化的产物。一是因为工业革命后，有了一个人数众多的相对富裕的阶层，让他们有可能支付得起高额的教育费用。二是有了很多需要高学历才能获得的高收入工作，让那些家庭有动力给孩子的教育投资。在古代，很多富商虽然能够支付得起教育的费用，但是并不重视教育，因为那时做生意和教育没什么关系。

当一个社会工业革命基本上完成之后，对于教育的重视程度反而相比过去有所降低，这主要是因为各种机会多了，不必一定走拼学历这一条路。当然，相比东亚国家和印度，欧美在教育上的内卷程度一直不算很高，这里面也有文化的因素。这两个方面的内容我们接下来会讲到。

再讲一下教育的机会。当一个国家全民开始重视教育时，教育资源，特别是优质教育资源一定是不够的，于是就有了教育资源不平等的现象。这种现象在世界所有地方都有，不只是在中国，只不过很多人对国外的教育情况不了解，看到自己的孩子或者周围的孩子升学压力较大，所以抱怨较多。事实上，无论一个国家的经济多么发达、社会多么进步，绝对的平等都是不可能达到的。在中国，不可能所有的大学都是清（华）、北（大）、交（大）、复（旦），在世界范围，更不可能所有的学校都达到哈佛、斯坦福的水平。就算你把学校的水平都强行拉平，给每所学校同样的经费，但是只要让它们自由发展，经过一段时间，还是会有好有坏，这是不争的事实。一方面，教育本身有筛选的功能，这也决定了要用某种方式把人才选拔出来，让他们获得更好的教育资源，这显然对没有选上的人就显得不公平了。另一方面，正是因为各地、各学校教育发展不平衡，所以逼着人们在这个筛选的过程中找到自己的专长，匹配适合自己的教育，最终发展个人的才能。

最优质的教育资源永远是稀缺的

当然，我知道这些解释并不能让抱怨教育不公平的人满意。今天大家对教育的抱怨最多的方面有两个：一是抱怨高考制度本身，二是抱怨教育资源分配的不公。其实这两件事可以说是无解，而且以后也不可能有解。

我们先说说高考制度。凡是需要通过淘汰来选拔人才的社会，就不可能构建出一个让每一个人都满意的机制，因为绝对平等的社会是没有的，每一个人也不可能在智力和经历上完全相同，绝对平等的情况只存在于一个完全没有发展变化的热寂时代——万物都是死的。因此，只要设定一种办法来考查人才，就会对某些人更有利，对某些人不公平。比如，今天很多人觉得高考应该全国一张考卷、一条分数线，而不是各省分配名额，这样似乎所有人都公平了，但是提这个建议的人却忽略了一个最重要的事实，就是必须统一阅卷。事实上，今天各省的阅卷老师扣分的标准很难做到一致，如果全国再采用同一条分数线，各省市的阅卷老师就会对自己的学生高抬贵手。没有统一阅卷的统一分数线不可能公平，最后就是越敢做假、越没有底线的地方越占便宜。同时全国阅卷老师集中到一起阅卷根本办不到，因为成本太高——既有人力和财力成本，也有时间成本。就算不考虑成本强行做到，一定会出现宋、明、清那种经济发达地区考生碾压其他地区考生的情况，最后他们是会把所有好的高等教育资源都占据的。

大家对于高考制度还有一个抱怨，就是这种制度培养了一大批只会考试、缺乏独立思考和创造力的年轻人。这种观察是准确的，但这主要是由教育本身造成的，高考的具体操作方式只占一小部分。在我们的教育中，从小就告诉孩子有一个标准答案，和这个答案不同的答案都会被扣分，甚至获得这个答案的过程如果和老师心中的想法不一样，也得不到分。这种做法的背后有更多的社会原因，比如几乎每一个单位，甚至以利益驱动的私营企业，都会强调整齐划一,对于"叛逆"的行为是要坚决打压的。事实上,任何创新都是叛逆的结果,这也是为什么在硅谷地区"叛徒"是一个褒义词,因为硅谷就是诺伊斯、摩尔等"八叛徒"创立的。世界上任何未解决的问题都没有标准答案,总在寻找标准答案的结果自然就不会有突破、不会有创新。从小被告知存在标准答案对孩子来讲是一个灾难,而这个现象和社会上追求整齐划一的做法又是一个鸡和蛋、蛋和鸡的关系,并不能说是高考的结果。事实上,美国和英国也有很多标准化考试,比如大学入学的 SAT(学术能力评估考试)、美国研究生入学的 GRE 考试、美国法学院入学的 LSAT 考试等,考试的形式更死板,都是选择题,答案自然是标准答案。但是这并不影响那些国家的老师在教学时告诉孩子们问题的答案有多种。

再说说教育资源分配不公的问题。如果有两个省份,一个省份人均 GDP 为 10 万元,另一个只有 5 万元,它们的教育资源肯定不可能一样多、一样好。有人可能觉得,让 10 万元的省支援 5 万元的省一些钱就好了,但是这对人均创造了 10 万元财富的省来讲就不公平了,凭什么他们辛辛苦苦创造的财富要给别人,反过头来让人家的孩子抢自己家孩子的入学机会?当然,适当地支持一些是应该的,今天几乎所有的社会都或多或少地这么做了,但问题是大家永远不可能在该支持多少方面达成一致。人均 GDP 只有 5 万元的省会希望大家都扯平,甚至希望得到超过平均数的教育资源,因为他们认为他们过去的机会少了,该得到补偿。人均 GDP 10 万元的省当然不会同意，即便通过行政手段让他们拿出少量的钱支持一下贫困地区，他们也会觉得不公平。因此，我在公开场合从来不和人们讨论这个问题，因为永远没有答案，只是浪费时间。不过，有一个事实大家需要知道，就是刻意把很多教育资源拿给那些因贫困而缺乏教育机会的人群，对改变教育结果的不公平完全没有好处，甚至有坏处。在美国，大学入学的"平权行动"搞了半个世纪，对某些族裔的照顾到了无以复加的地步，不仅浪费了很多教育资源，造成了更大的不公平，也造成了美国专业人才的培养严重不足，没有得到什么好结果，以至于最高法院不得不在 2023 年废除"平权行动"。如果中国也采用这种做法，不是提高了后进地区的教育水平，而是抑制了先进地区的教育发展，站在国家的层面，一定会让平均水平变得更低。

有人觉得如果社会发展了，国家和社会包括个人能够投入更多的钱在教育上，教育内卷的现象就会缓解，这也是一种幻觉。很多人有这种想法是因为一些媒体的误导，它们宣传欧美国家教育竞争不激烈。为了让大家打消这种幻觉，我们就说说欧美教育的情况。

我们不妨看看在北美和欧洲大陆最有代表性的两个国家——美国和法国。

美国的教育看起来很开放，而且各种机会都很多，但顶级大学仍然只有那么几所，要想在美国上顶级大学绝不比进"清北"容易，甚至会更难。因为学生们不仅需要把课程学好，而且要做很多课外活动，还要做出水平，不像在中国很多地方，学生只需要考出好成绩就可以。

另外，由于大家的学习成绩和课外活动水平都在提高，过去能上哈佛大学的成绩，放在今天可能连排名前 25 的大学都进不去。在过去，美国的高中生如果提前修了四五门大学的课程，可能就算天才学生了；现在，你即使学了 10 门大学先修课[1]，如果没有别的特长或者特殊因素，可能连排名第 20 的大学也进不去。如果想通过体育运动这个特殊通道挤进去，也需要达到半专业的水平，比如斯坦福大学招收的一些学生就是世界各国奥运代表队的成员。

有很多人听说了一些传闻，以为美国中小学的课程轻松，其实不然。当然，我说美国一些高中课程很难，有些人可能不信，因为很多人觉得中国高中的理科考试是非常难的。口说无凭，我复印了一页我女儿高中微分方程先修课教科书中的作业题（见图 2-1），题目的英文很简单，稍懂英语就能读懂题目，你可以感受一下题目的难度。

我敢肯定，这些题目，不但中国顶级高中能做出来的学生很少，即便是 985 大学数学系的学生，能做出来的可能也是少数，而这只是美国一些顶尖高中的数学作业题。美国优秀高中的一些数学课，难度已经到了变态的地步。

1　先修课就是给高中生上的大学课程。

12. A vertical cross section of a long high wall 30 cm thick has the shape of the semi-infinite strip $0 < x < 30$, $y > 0$. The face $x = 0$ is held at temperature zero, but the face $x = 30$ is insulated. Given $u(x, 0) = 25$, derive the formula

$$u(x, y) = \frac{100}{\pi} \sum_{n \text{ odd}} \frac{1}{n} e^{-n\pi y/60} \sin \frac{n\pi x}{60}$$

for the steady-state temperature within the wall.

Problems 13 through 15 deal with the semicircular plate of radius a shown in Fig. 8.7.8. The circular edge has a given temperature $u(a, \theta) = f(\theta)$. In each problem, derive the given series for the steady-state temperature $u(r, \theta)$ satisfying the given boundary conditions along $\theta = 0$ and $\theta = \pi$, and give the formula for the coefficients c_n.

FIGURE 8.7.8. The semicircular plate of Problems 13 through 15.

13. $u(r, 0) = u(r, \pi) = 0$;

$$u(r, \theta) = \sum_{n=1}^{\infty} c_n r^n \sin n\theta$$

14. $u_\theta(r, 0) = u_\theta(r, \pi) = 0$;

$$u(r, \theta) = \frac{c_0}{2} + \sum_{n=1}^{\infty} c_n r^n \cos n\theta$$

15. $u(r, 0) = u_\theta(r, \pi) = 0$;

$$u(r, \theta) = \sum_{n \text{ odd}} c_n r^{n/2} \sin \frac{n\theta}{2}$$

16. Consider Dirichlet's problem for the region *exterior* to the circle $r = a$. You want to find a solution of

$$r^2 u_{rr} + r u_r + u_{\theta\theta} = 0$$

such that $u(a, \theta) = f(\theta)$ and $u(r, \theta)$ is bounded as $r \to +\infty$. Derive the series

$$u(r, \theta) = \frac{a_0}{2} + \sum_{n=1}^{\infty} \frac{1}{r^n} (a_n \cos n\theta + b_n \sin n\theta),$$

and give formulas for the coefficients $\{a_n\}$ and $\{b_n\}$.

17. The velocity potential function $u(r, \theta)$ for steady flow of an ideal fluid around a cylinder of radius $r = a$ satisfies the boundary value problem

$$r^2 u_{rr} + r u_r + u_{\theta\theta} = 0 \quad (r > a);$$
$$u_r(a, \theta) = 0, \quad u(r, \theta) = u(r, -\theta),$$
$$\lim_{r \to \infty} \{u(r, \theta) - U_0 r \cos \theta\} = 0.$$

(a) By separation of variables, derive the solution

$$u(r, \theta) = \frac{U_0}{r}(r^2 + a^2) \cos \theta.$$

(b) Hence show that the velocity components of the flow are

$$u_x = \frac{\partial u}{\partial x} = \frac{U_0}{r^2}(r^2 - a^2 \cos 2\theta)$$

and

$$u_y = \frac{\partial u}{\partial y} = -\frac{U_0}{r^2} a^2 \sin 2\theta.$$

The streamlines for this fluid flow around the cylinder are shown in Fig. 8.7.9.

FIGURE 8.7.9. Streamlines for ideal fluid flow around a cylinder.

Comment: The streamlines in Fig. 8.7.9 are the level curves of the function $\psi(x, y)$ given in part (b) of Problem 18. It is troublesome to write a computer program to plot such level curves. It is far easier to plot some solutions of the differential equation $dy/dx = u_y/u_x$. We did so with initial conditions $x_0 = -5$, $y_0 = -2.7, -2.5, -2.3, \ldots, 2.5, 2.7$. The solutions were obtained numerically using the improved Euler method (Section 6.2) with step size 0.02.

18. (a) Show that the velocity potential in part (a) of Problem 17 can be written in rectangular coordinates as

$$u(x, y) = U_0 x \left(1 + \frac{a^2}{x^2 + y^2}\right).$$

(b) The stream function for the flow is

$$\psi(x, y) = U_0 y \left(\frac{a^2}{x^2 + y^2} - 1\right).$$

Show that $\nabla u \cdot \nabla \psi \equiv 0$. Because $\mathbf{v} = \nabla u$ is the velocity vector, this shows that the streamlines of the flow are the level curves of $\psi(x, y)$.

还有很多人觉得美国社会不太重视基础教育，因此想学习的孩子很容易拿第一。这更是无厘头。一个不重视基础教育的国家，怎么可能每年拿走 1/3 以上的诺贝尔科学奖项呢？这显然是矛盾的，产生矛盾的原因就是前提假设搞错了。事实上，美国中上层的家庭非常重视教育，只不过那种教育是全方位的，不单纯是校内的课程和考试。因此，在美国争夺最优质教育资源的激烈程度一点儿也不比中国差，只不过美国社会的就业机会多，上不了好大学影响没有那么大，加上美国的很多人上一所中等水平的州立大学就满意了，全社会对于内卷的担忧没有中国严重而已。这一点我们后面还会讲到，当然，这背后的原因也是头部的教育资源有限。

再说说法国的情况。法国的教育体制是世界上独一无二的。通常人们只知道它有一些水平不错的大型公立大学，比如巴黎大学，而且几乎是靠抽签入学而不是考试成绩。因此大家对法国的印象更是教育竞争不激烈、不内卷。这种误解和对美国的误解类似，只看到了针对大众的高等教育。事实上，法国还有一个专门培养精英的教育体制，就是所谓的大学校或者精英学院的系统，比如法国著名的巴黎高等师范学校、巴黎综合理工学院等。巴黎高等师范学校一年只招 60 名左右的本科生，但是它产生的菲尔兹奖人数不亚于世界上任何一所顶级名校，它所产生的世界名人两页纸都列不下。想进入巴黎高等师范学校或者巴黎综合理工学院有多难呢？一个高中生先要在高中毕业后进入考试补习班学习大学基础课两年左右的时间，或者在普通大学里先学习两年，然后再参加它们的入学考试。在这两年间，学生们只有学习，没有其他活动，然而绝大部分人还是考不上的。每个年级只招60人的巴黎高等师范学校，和每年只招500人的巴黎综合理工学院，对每个学生来讲，投入的教育资源和一年要招1万人的巴黎索邦大学当然是不同的，后者已经是法国最好的大众公立大学了。因此，前者人数虽少，却人才辈出，也就不奇怪了。在法国，大工业公司和政府部门的大部分重要职务，都被巴黎综合理工学院的毕业生垄断了。因此有人说，法国看似是一个最公平的国家，但实际上人的命运在20岁的那次考试中就决定了。

解决教育不公平，在于实现职业的公平

但追求教育公平又是我们不能放弃的目标，而想从根本上解决这个问题，需要跳出教育本身，在更大的背景中找到答案。对此，美国社会学家和民权活动家威·艾·柏·杜波依斯有深刻的认识，他的很多想法触及了问题的根本。

杜波依斯是哈佛大学第一位黑人博士，他写了一本书《黑水：面纱里的声音》（*Darkwater: Voices from Within the Veil*），回答了有关教育目的和社会公平的问题。杜波依斯指出了很多人对教育的误解，或者说一些错误的期望，主要有三个。

第一个误解，以为人的幸福感源自自己能拥有他人所没有的东西。

这其实是今天非常流行的一种想法，很多人真的是把自己的幸福建立在和他人的比较之上。比如，我觉得上的大学比你好，我买得起几万元的包，而你只能买几千元的，我就比你更幸福，等等。很多人都看过《北大附中的一天》的视频，看后有人吐槽：我以为我进入了更高的阶层，却发现别人过得依然比我好。这类内容在互联网上很常见，比如，我还在辛苦还贷款，别人已经买了第二套房；我喝上了星巴克，别人喝上了昂贵的洋酒；我带着小孩去迪士尼乐园玩，别人在迪士尼乐园旁边买下了别墅；等等。

这种吐槽看似很扎心，其实就是陷入了杜波依斯所说的误区，认为自己必须拥有别人没有的东西才能幸福，如果自己的东西比不上别人的，就不会幸福。这当然是一种误解。更不幸的是，很多人拿来比较的东西，也只不过是房子和奢侈品而已。

第二个误解，觉得教育要让每个人都能享受同样的、最大限度的自由。

可以说这是一种妄念，因为不可能每个人都能享受最大的自由。如果一个人想要有不受约束的无限自由，必然就有人会受到奴役，因此这种想法是不可能实现的。每个人获得自由的前提，其实是要先约束自己。就像之前我们说过的，有的人反对特权，其实只是反对自己没有特权，而不是反对特权本身的不合理。如果人人想的都是自己要获得特权，社会就会变成一个丛林世界，对每个人都没有好处。

第三个误解，觉得既然制度有不合理的地方，就应该把这个制度推翻。

这是一种典型的偏激想法，但在网络上特别常见，比如今天很多人呼吁废除高考，就是这种想法。但好笑的是，那些喜欢这样嚷嚷的人，一般也只是敲敲键盘而已，说到底只不过是借这个口号宣泄自己的情绪罢了。

那么，我们究竟应该怎样理性地面对教育中存在的问题呢？杜波依斯给出了三个很有价值的建议。

第一个建议，所有人都需要明白，教育的平等来自整个社会的平等，特别是社会分工的平等。

我们的社会总是会有分工，会有人从事科技产业、金融服务，也会有人在餐厅里做服务员、做厨师；会有在写字楼里上班的人，也会有在写字楼里做清洁工作的人。如果没有分工，社会就运转不起来。

但重要的是，每个人都应该理解，不同的分工不意味着人有高低贵贱之分，而恰恰是告诉我们，从事不同工作的人，在维持社会运行和发展上都是有贡献的，都是平等的。

在教育的过程中会涌现出很多学霸、很多天才，但还有大量的人并不是学霸和天才。这些人也许上不了最好的大学，有的人甚至上不了大学，但重要的是，不论是什么学历、从事什么样的工作，一个人都应该得到大家的尊重。如果每个人在社会中都能获得公平的待遇和尊重，上好大学这件事就不是一件"非如此不可"的事情了。当一个社会变得公平，社会里的每个人都有尊严，教育不平等的问题才有可能真正得到解决。

大家如果在欧美国家或者日本生活一段时间，就会发现一个现象：人们只要有工作，不论是什么样的工作，收入高还是收入低，都会乐呵呵的，而且对钱的追求也远不如发展中国家的人们那么强烈。这一方面是因为社会保障制度让各种收入的人都有基本的生存保障和社会保障，另一方面是因为当社会达到一定的文明程度后，会对无论从事什么工作的人都有基本的尊重。在这种前提下，很多人开始放弃做那些高薪但自己不喜欢的事情，转而从事自己喜欢的职业并追求发展。后者当然不一定收入高，也不一定是我们想象中的高大上的职业，但是社会需要这些职业，从业者需要受到尊重。我们在前面讲，欧美国家除了移民，对于教育的重视程度会比东亚国家和印度的民众低，原因就在于它们已经经历了工业革命的快速发展，已经有两三代人开始享受相对多的工作机会了，因此完全靠教育改变命运的动力也就不会那么强了。虽然很多中产及以上的家庭依然极为重视教育，但大多数人能够接受获得一份中等水平教育机会的结果，毕竟未来的发展并不完全取决于教育。

当然，要让全社会做到尊重每一个职业需要大家的努力。为此，杜波依斯给了第二个建议。我们需要回到最根本的教育理念上：孩子必须接受教育，知道世界是什么样的，世界上存在什么，世界是如何运作的。这些事情彼此密不可分。我们不能脱离实际，只传授书本上的知识，也不能将自己与人类的思想和文明相分离。

换句话说，我们应该搞明白，学生究竟要在学校里学什么。第一，理解世界，包括在知识上和逻辑上理解世界；第二，要学会运用知识，而不是单纯学习纸面上的知识；第三，教育的作用在于，要搭建起我们和人类思想之间的桥梁，而不是离开了学校，人就不再学习了。

今天一些身处三、四线城市，不得不天天刷题的孩子会想，什么时候我们的学校才能像北京、上海那些著名高中一样？其实，如果大家理解了以上三点，从教育中得到了这三点收获——理解世界、运用知识、搭建起自己与人类思想之间的桥梁，就根本不必在乎是在什么学校学习的，更没有必要做那些比较。这三点，其实绝大部分学校都是有条件做到的。

第三个建议，杜波依斯提醒说，我们必须谨记，一切教育的对象都是孩子本身，而非成绩。杜波依斯讲，教育不等于它所要成就的东西。

这是什么意思呢？孩子们去学击剑、打高尔夫球、排练话剧，这些事情做成了，会有学校击剑队的成绩、高尔夫球队的成绩和表演的成绩。但如果认为这些成绩就是教育本身，那就大错特错了。类似地，一所大学培养出很多博士，博士的数量是教育的成绩，但是如果让博士生去从事一些初中生就能完成的工作，那么培养出再多的博士也不是教育的成就，而是教育的失败。

明白杜波依斯的三个建议，我们就知道，应该把关注点放在"如何教育好人"这件事上面，而不是去比拼学校的好坏、学位的高低。事实上，今天没有人能够在短期内改变所谓的教育不公平的问题，因此抱怨是没有用的。在现有的条件下，每个人都应该想办法找到最适合自己的教育，而不是别人眼中的最好的教育。在今天的教育体制下，无论是教育者还是受教育者，所能做的都是超越学校、成绩和学位这些表面的东西，回到教育对人的社会意义和职业发展上来。否则，拿了一所名校的博士学位，然后为了所谓的稳定去做一些毫无挑战性的简单工作，这样的教育又有什么意义呢？大家在媒体上已经看到了，这种现象在当下每时每刻都在发生。因此每个人都需要思考，不仅仅是如何努力获得更多的教育资源，而是要追求对自己一生的成长有帮助的教育本身。

最后，我们不妨全面地回顾一下历史，把目光放到全世界，就会发现对于教育的重视是工业革命和现代化的产物，也确实有助于社会的现代化进程。一方面，教育的不平等背后其实是职业的不平等，在后一个问题得不到解决时，无论采用什么人才选拔制度，无论如何分配教育资源，都有人会觉得不平等。工业化和现代化所带来的问题，只有等到社会进一步发展，过了工业化的初级阶段，才有希望逐渐得到缓解。随着社会全面的发展，那些单调乏味的苦差事才会越来越少，才能更多地发挥个人的聪明才智，才不会出现因为一次考试成绩就决定终身的情况。另一方面，要想做到教育的公平，每个人都有义务建立起一种正确的价值观，那就是工业是为人类服务的，而非人服务于工业；工作是让人受益的，而非人为了工作而牺牲自己；教育是为了社会进步的，而不是因为社会进步了就需要内卷。总之，只有当我们尊重所有的职业时，对于教育的焦虑才会消除。

信仰的自由和文明的冲突

人类是需要有些信仰的，无论是什么信仰。在某种程度上说，人类是靠信仰走到了今天，因为每当一群人在走不下去，需要激发全部潜能才能克服困难的时候，任何利益的驱使和诱惑都不足以给人力量，只有信仰能做到。

信仰在社会和历史中的重要角色

人类的信仰有多种，早期体现为宗教。"宗教"这个词非常特别。通常一个词内涵较大，外延就较小。比如电动汽车的内涵比汽车大，但是外延显然就小很多，因为内燃机的汽车没有被包括进去。但是宗教这个词则不同，它的内涵和外延都特别大，几乎包罗万象。后来读了黑格尔的书才知道，这是因为人们把宗教当成了一个箩筐，什么菜都往里装。原始部落拜万物的原始宗教，和经过新柏拉图主义哲学改造后的一神教完全是两回事；即使在基督教内，传统的天主教和经过威克里夫—扬·胡斯—马丁·路德—加尔文改造的新教也完全是两回事；斯宾诺莎、牛顿、莱布尼茨和伏尔泰等人信奉的自然神教虽然不否认上帝的存在，但早已没有了传统天主教的影子。

到了近代，不仅一些宗教衰落了，而且由它们产生的价值观也式微了。19世纪末，尼采说上帝死了，因为传统的基督教价值观在第二次工业革命后就失去了存在的基础，但是人们并没有因此失去信仰，反而出现了各种五花八门的信仰。即便是不相信神的人，也会有各种信仰。比如在对社会的态度上，有人相信共产主义，有人相信民主社会主义，有人相信存在主义式的社会主义，有人相信凯恩斯主义，有人相信古典的自由主义，有人相信无政府主义。这些人不是把信仰挂在嘴边，而是身体力行，而且永远是困且益坚，大有不坠青云之志的干劲儿。

20世纪六七十年代，美国正值以破坏现有秩序为标志的嬉皮士运动和新左派运动的高潮，著名影星芭芭拉·史翠珊出演了一部当时很有影响力的电影《往日情怀》(*The Way We Were*)，讲述了一位左翼女生为理想奋斗的一生。当她和自己当年的男友于多年后在街头重逢时，她的男友早已没有了当年的冲动，回归了正常的生活，而女主角还在为信仰奋斗。在很多现实主义的人看来，她一无所有，正如其男友所感慨的，"你还是没有改变"。

没有信仰的人常常理解不了影片中女主角的行为。到了80

年代，里根成功的政治经济成就让美国的保守主义复苏，在这个背景下，汤姆·汉克斯主演的《阿甘正传》获得了巨大的成功。这部电影被认为是保守主义价值观的颂歌，在主人公阿甘身上，到处显现着美国清教徒勤奋感恩的精神。阿甘看似是一个随遇而安的人，但他始终坚守宗教和道德的规范。今天，虽然很多人不生活在宗教里，虽然人们的政治主张有的激进、有的保守，但是很多人，甚至大部分人，还是有信仰的。

不同的信仰群体之间会产生巨大的冲突，这个问题直到今天依然没有解决。世界上有多少种信仰是数不清的，绝大部分还是宗教信仰，只是今天绝大部分宗教信仰者不会像中世纪时那么虔诚——当时宗教是生活的核心。今天，人们把精神世界和现实世界分得比较清楚。在历史上，信仰之间的冲突主要体现为宗教的冲突和彼此的不宽容。我们在前面提到过房龙的《宽容》一书，这位人文主义思想的作家正是鉴于人类在历史上因为不宽容而犯下的罪行，将中世纪的历史取名为《宽容》。在当时伊朗高原以西的世界，主要的宗教其实都有共同的来源和并不十分矛盾的教义，它们被统称为"亚伯拉罕三教"，因为它们都把自己所信奉的宗教追溯到这位先知那里。但是，人们因为教义差异杀伐了上千年。皈依了基督教的欧洲人因为犹太人出卖了耶稣而欺压后者，基督教徒和伊斯兰教徒相互攻伐。在基督教内部，因对于教义理解的不同也分裂为各个彼此对立的教派。在历史上，被基督教徒杀掉的基督教徒，要比被穆斯林杀掉的多得多。到了文艺复兴之后，虽然人文主义同时在北欧和南欧逐渐传播开来，并且逐渐深入人心，但是新教徒和天主教徒还是打了30年。按照房龙的比喻，血流成河的第一次世界大战相比更惨烈的三十年战争，只不过像是一群人进行了几年武装游行而已。近代以来的宗教冲突依然非常严重，只是诉诸战争的情况少了，除了少量的人类文明进步的原因，更主要的是人们的宗教信仰淡化了，宗教所造成的分歧被意识形态的分歧和价值观的分歧所取代。因为后两种分歧所产生的冲突，包括武装冲突、经济冲突，以及街头冲突，一点儿也不少。大家每天看新闻都会发现这一类新闻占据了相当的版面，因此不需要我进一步说明。

当世界因为不同信仰冲突不断的时候，总有人希望建立起一个大家在信仰上能够相互包容的世外桃源，这种想法在小范围内或者短时间内确实能够实现。今天的西班牙古城托莱多，也就是堂吉诃德出发的那座城市，里面就有很多伊斯兰教建筑风格的教堂，甚至有的教堂内部的布局就是为了同时满足基督教和伊斯兰教的活动。那是因为在13世纪时，当地出现了一个短暂的两种宗教彼此宽容、和平共处的时期。但这个时期非常短暂，很快整个伊比利亚半岛就成了天主教最顽固的堡垒。类似地，在萨拉丁国王统治伊斯兰世界的时期，他也采取了相当宽容的宗教政策，以至他的对手"狮心王"理查一世都被他的人格魅力所折服。但是萨拉丁掌权的时间极为短暂，后来的统治者不仅没有他的军事天才，更没有他的宽容。

到了近代，当欧洲的清教徒因为宗教不宽容倍受迫害而来到北美大陆后，他们发誓要建立一个宗教宽容的山巅之城，并且把信仰自由写进包括宪法（修正案）在内的各种法律文件中，这才有了美国。这种宽容让美国在200多年的时间里没有爆发因信仰不同所导致的冲突，但也仅此200多年的时间。随后发生了"9·11"恐怖袭击事件，此后美国国内的宗教冲突开始愈演愈烈。到2023年，当巴以冲突出现时，身处冲突之外的美国人也为信仰对立了起来。可见，信仰的冲突从来不曾在世界范围内消失，只是有时因为其他矛盾变得次要了而已。

信仰的冲突变成了文明的冲突

在20世纪，因为宗教所爆发的大规模战争并不多，但是意识形态的冲突却取而代之。先是第二次世界大战，然后是东西方近半个世纪的冷战——冷战是因意识形态的不同而引起的。冷战结束后，意识形态的冲突似乎也消失了，全世界着实享受了几年的和平红利。正当人类欢呼从此不再有战争和冲突，世界从此大同，人类从此可以团结一心时，亨廷顿给这种想法泼了一瓢冷水。1993年，塞缪尔·亨廷顿在《外交事务》（*Foreign Affairs*）上发表了一篇题为《文明的冲突》（*The Clash of Civilization*）的文章（后来该文被扩展为学术专著，取名为《文明的冲突与世界秩序的重建》），指出在意识形态冲突结束之后，文明的冲突依然会长期存在，因此西方世界高兴得太早了。

亨廷顿出生于1927年，学生时代上的都是最好的学校，然后先后在哥伦比亚大学和哈佛大学任教，并且在卡特执政时期担任过国家安全委员会的安全计划负责人。亨廷顿虽然在政治上较为亲近民主党，但在意识形态上属于保守派中非常右翼的一员。

那么亨廷顿给理想主义者泼了什么冷水呢？我们先说说亨廷顿的《文明的冲突与世界秩序的重建》一书。在这本书中，亨廷顿指出，虽然以美苏对抗为特征的意识形态的冲突已经结束，但是"文明冲突将是未来冲突的主导模式"，而且难以在短期内消除。

亨廷顿按照文明类型把世界划分为九大板块，这九大板块分别是中华文明、日本文明、印度文明、伊斯兰文明、西方文明、东正教文明、佛教文明、拉丁美洲文明和非洲文明，这些板块的边界基本清晰，但是和国界没有直接的关系。一些国家会跨越文明的板块，比如印度和中国。[1]

亨廷顿对文明为何会发生冲突给出了他的理由。

第一个原因，文明之间的差异太大，而且是根本性的，不同文明的历史、语言、文化、传统以及最重要的——宗教，各不相同。这些根本差异至少是几个世纪的产物，甚至是几千年的产物，是

---

[1] 《文明的冲突与世界秩序的重建》一书的开始部分使用了八种文明的说法，但是后面又提到了佛教文明，今天一般会用九种文明的提法。

根深蒂固的。因此，想要通过同化和融合的方式让一种文明消失近乎不可能，至少不是在几年至几十年间能够做到的。

当然，如果是在古代，文明之间的距离较远，彼此可能相安无事。但是今天，世界各国的交往日益增多，世界在"越变越小"，文明的冲突难以避免。这是第二个原因。

第三个原因，现代社会将连接人们的血亲关系淡化，人与人之间开始依靠信仰和宗教进行身份认同。一个典型的例子就是阿拉伯人和犹太人。阿拉伯人今天早已不是一个生物血亲的概念，而是文化信仰的概念，比如北非的阿拉伯人和阿拉伯半岛的阿拉伯人没有太多血亲关系，非洲的犹太人和其他地区的犹太人则完全是两个不同的族裔。

第四个原因，西方文明在近代以来的迅速发展其实起到了双重作用：一方面它看似在世界各地广泛传播，另一方面反而让其他文明出现了返本归源的现象。非西方文明越来越有意愿重塑世界，而且随着它们完成工业化或者控制了重要的资源，比如石油，变得越来越有可能完成这件事。

亨廷顿给出了六个理由，我在这里概括为上面四个。他的这本书于 1993 年出版，一石激起千层浪，既赢得了众多的喝彩，也被很多人扔了"臭鸡蛋"。大家愿意接受也好，否认也罢，亨廷顿都讲出了一个事实：文明的冲突在所难免。特别是亨廷顿早在 1996 年就指出，所有这些历史和现代因素结合在一起，将导致伊斯兰世界和西方世界之间的血腥冲突。

2001年的"9·11"事件以及之后的世界，亨廷顿所担心的事情终于发生了。

回避问题是没有用的，历史没有假设

今天，依然有很多人试图回避这个问题，他们生活在自己构建的大同世界中。面对世界上文明之间的冲突、信仰之间的冲突，他们采取鸵鸟的办法——装作看不见。今天，"9·11"事件已经过去20多年了，文明之间的冲突不仅没有得到缓解，反而还在不断蔓延和加深。对比一下20世纪90年代、21世纪的前10年以及最近的10多年，我发现国际旅行变得越来越不安全，很多目的地已经去不了了。越来越多的安检让旅行本身变得越来越麻烦，在接下来的几年里，我看不到这种情况得到改善的可能性。

虽然我们总是说历史不能假设，但总有人喜欢假设历史，他们把时光倒推回20世纪90年代，想看看人类是否可以将一些事情做得更好，以至于这种文明的冲突能够避免，进而使很多悲剧得以避免。但令人沮丧的是，大家发现，如果历史重新来一遍，一定还是这个结果。没有人能够站在上帝的视角看待世界，因此还原回当时的场景，人类的选择会是类似的。换句话说，在人类普遍认知只有目前这么高的前提下，几乎所有的文明冲突都难以避免。

三十年战争的教训，让很多人终于想通了一个道理，用中国话讲，就是三观一致的人彼此来往；按照西方的说法，就是价值观一致的国家相互来往。换句话说，道不同不相为谋，不同信仰的人就不要强求生活在一起，也不要想着相互影响、相互融合，这样大家都可以相安无事。有人可能觉得这是倒退，其实当条件还不成熟时，过分天真善良的想法是危险的，付诸实践则是有害的。更好的做法是干脆退后几步，慢慢来。在美国的历史上，凡是试图大步前进，凡是试图建设"伟大的社会"，结果都是导致混乱。

在美国，还真有"伟大的社会"这个专有名词，它是由 20 世纪 60 年代的总统林登·约翰逊提出来的。由于约翰逊是接替被暗杀的肯尼迪坐上总统宝座的，因此他的权力基础并不稳固，于是他试图在美国和全世界实施一些伟大的计划，让别人觉得他像一个称职的总统。"伟大的社会"就是在这样的背景下被提出来的。按照约翰逊的想法，美国不仅要消除贫困与犯罪，而且要通过"积极的歧视性政策"（平权行动）消除歧视。什么是"积极的歧视性政策"呢？就是逆向歧视，比如白人男性教授有时不得不与非洲裔、拉美裔和高学历女性共同争夺教职。在世界上，约翰逊试图输出美国的价值观，一方面大力援助非洲地区，另一方面通过武力在越南等地输出民主。结果不仅消耗了国家大部分的财政收入，还没有任何实际成果。从那个时期开始，美国的大城市开始变得越来越乱，过去的工业和商业重镇，包括底特律、克利夫兰、巴尔的摩和圣路易斯就是从那时开始衰落的，富人开始逃离城市，住到了郊区；美国医疗保险变得惊人地高昂，公立教育水平不断下降，也是从那时开始的。与此同时，美国产生了一个依赖福利的贫困阶层，人们缺乏工作的动力。从世界范围来看，失败的越战花掉了美国 7000 亿美元[1]，这在当时是天文数字，同时还付出了 5 万多人的生命。至于对外援助则更是笑话，用里根的话讲，居然给没有电力供应的非洲地区送去了电视机。总之，良好的意愿并没有产生什么积极的结果，反而产生了具有长期影响的消极的、看不见的后果。

在约翰逊之后，美国开始在全球收缩，和中国建交，专心发展新科技和经济，最终赢得了冷战。但是冷战后，美国又开始信心爆棚，以为从此天下太平，然而真正的太平时间只有 10 年而已。今天，人们终于重新意识到走得太快会摔跤，退回到原点或许并不是坏事。

当然，这种做法也导致全球化的进程从此转向。

---

[1] 美国海军官方根据 2008 年美元不变价给出的数据。参见：https://www.history.navy.mil/research/library/online-reading-room/title-list-alphabetically/c/costs-major-us-wars.html。

地球村：缩短的距离

在大航海之前，古代文明虽然相互影响、相互渗透，但是都有比较大的独立性。

文明的相互影响，主要是在贸易、文化传播和物种传播方面，虽然历史极为悠久，而且范围很大，但是对个人日常生活的影响不大。绝大部分人一辈子都生活在很小的地理范围内，往往不会超过方圆几十里，即便是花了十几年时间周游列国的孔子，也只是在今天的山东和河南境内转了一圈。孔子原本打算往西渡过黄河进入晋国，也就是今天的山西，结果只是在黄河边上感慨了一番："美哉水，洋洋乎！丘之不济此，命也夫！"（《史记·孔子世家》）最终连黄河也没过去。

虽然世界历史上也发生过几次大规模的人口迁徙，比如在古典文明之前印欧部落的大迁徙；在中国的春秋战国到秦朝这个时期，人口在中原地区流动，以及往朝鲜、日本、岭南的迁徙；终结了古典文明的日耳曼部落大迁徙；蒙古高原北方部落往南大迁徙。不过，这几次人口迁徙的速度很慢，经过了很多代人才完成。具体到某一个人，他很难前半生生活在一个地方，后半生又跑到千里之外。此外，除了受到疾病传播（比如黑死病）的影响，一个地区内人们的生活很少会受到远方另一个文明的影响。比如，无论中华文明在唐宋时期多么繁荣，对于中世纪的欧洲也丝毫没有帮助。

技术进步可以缩短文明距离

在大航海和地理大发现时代之后，虽然不同文明之间的实际距离还是那么远，但是感觉上的距离大大地被缩短了。更重要的是，不同文明之间的联系要比之前紧密得多，世界主要的文明被纳入一个共同体中。虽然很多中国人为明朝没有继续始于郑和的航海事业，错失了地理大发现而感到遗憾，但明朝其实是大航海和地理大发现的最大受益者之一。只不过这种受益是被动的，而过去中国的历史书上也没有浓墨重彩地记述。

最先跑来和中国做生意的是葡萄牙人，明朝人当时称他们为"佛朗机"。葡萄牙人一直想在中国找一个落脚点建立货站，最初他们选定了广东的屯门，也就是今天香港的一部分，后来又试图在漳州建立商业据点，但都失败而归。1553年（也有说是1535年或者1557年），葡萄牙人以船遇风暴，货物被水浸湿为由要求借地晾晒货物，明朝官员一口答应，而葡萄牙人自此便不走了。

葡萄牙人索萨向明朝官员汪柏行贿，双方达成协议，租借澳门。虽然这个协议可能是口头上的，但是 1554 年明朝批准了汪柏的请求，允许葡萄牙人在广东沿海进行贸易，并且以每年 500 两白银租下澳门半岛南部，从此葡萄牙和中国开始了正式的官方贸易。自开埠以来，澳门成为连接欧洲、印度、日本、东南亚和中国贸易的枢纽，葡萄牙人随即开辟了以澳门为中心的几条贸易航线，包括澳门—印度果阿—里斯本、澳门—长崎、澳门—马尼拉等国际贸易航线。起初，葡萄牙人将印度和东南亚的货物运到澳门与中国内地进行以货易货的贸易，但是当时中国对于外海货物的兴趣不大，而中国的丝绸、瓷器和茶叶等物品在欧洲非常畅销，于是葡萄牙人逐渐改用白银采购中国货物，而中国海关向葡萄牙商船征税也均以白银计值。这让葡萄牙的白银迅速流入中国。

对明朝经济产生更大影响的是西班牙。16 世纪，西班牙人在美洲发现了数个大银矿，当时那些银矿的产量占了全球白银产量的八成左右。据多位中国学者和西方学者的估计，这些白银至少有 1/3 流入了中国并且留在了中国。据中国学者估计，在从 1567 年隆庆开关到 1644 年明朝灭亡之间的不到 100 年里，海外各国流入中国的白银多达 3.3 亿两，大约是明朝后期 10 年的税收。这还不算作为国际贸易流动资金，流入中国后又流出中国的白银，如果算上这些，西班牙当时开采的白银，有 2/3 都参与了与中国的贸易。

由于西班牙一直没有能够在中国获得类似澳门这样的贸易中

转站，因此它与中国的贸易主要是在中国福建沿海的福州、月港（漳州对外贸易港口）和殖民地菲律宾（吕宋）之间进行的。明朝在隆庆开关之后，朝廷把市舶司设在了福州，因此福建取代了浙江成为中国主要对外出口的地区。月港是漳州九龙江的出海处，一直有对外贸易的传统，即使在明朝严格实行海禁政策的时期，也有大量的走私贸易。在隆庆开关后，朝廷直接利用那里作为对外通商的港口。虽然明朝开放的港口数量很少，但贸易额却很高。据中西方学者估计，1570—1760年，仅月港和菲律宾之间的贸易额就达2.25亿两白银，月港这个小乡村也因此迅速繁荣起来，成为"闽南一大都会"。据《海澄县志》记载："月港自昔号巨镇，店肆蜂房栉比，商贾云集，洋艘停泊，商人勤贸，航海贸易诸蕃。"当时已是"农贾杂半，走洋如适市，朝夕皆海供，酬酢皆夷产"。由于西班牙人主导的全球贸易是通过大帆船队进行的，因此也被称为"大帆船贸易"。

通过大帆船贸易带来的巨额白银，让明朝终于解决了困扰中国三个多世纪的一个金融难题，就是货币本位的问题。在历史上，中国国内的金银产量其实很低，因此金银无法作为主要流通货币，而铜的价值又太低，铜钱不适合进行大宗商品的交易。自宋元之后，朝廷通过发行纸币实现贸易，但是当时的朝廷毫无近代金融学知识，纸币总是越发越多，通货膨胀非常严重，以至于民间有时不得不回到以货易货的贸易上。大量白银的流入，让明朝成为中国历史上第一个真正以贵重金属为主要货币的银本位国家,而明朝中晚期白银的货币化又反过来刺激了西班牙和日本开采更多的白银。

明朝工商业的繁荣,反过来也影响了欧洲的产业格局。一方面西班牙人通过美洲银矿的开采和与中国的贸易获得了巨额的财富,成为欧洲最富有的国家;另一方面,大量财富的迅速涌入也摧毁了西班牙本土的纺织业。在大航海之前,西班牙的纺织业相当发达,并且从拜占庭人和意大利人那里掌握了丝织技术,但是在大量的中国丝绸进入西班牙之后,当地商人发现直接用白银买丝绸再卖掉,利润既高,赚钱又快,便不再投资生产丝绸了,西班牙的纺织业从此急剧衰落。面对这种情况,西班牙一些殖民者也无能为力,当时马尼拉的一位殖民官员向西班牙国王报告说:"中国人每年把所有的金银都弄走了。我们没有货物给他们,除去里尔(西班牙的银币)以外,什么都没有,请陛下发布命令指示我们怎么办。"[1]事实是,直到西班牙帝国衰落,这个问题也没有得到解决。

大帆船贸易在稳定了明朝金融秩序的同时,也加速了它后期经济的崩溃,这和明朝依赖大量白银输入有关。17世纪初,由于西班牙和荷兰的战争、欧洲三十年战争,以及美洲银矿的减产等,美洲输入明朝的白银锐减。今天,大多数历史学家认为,财政危机是明朝灭亡的主要原因之一。由此可见,在大航海之后,

---

1　全汉昇.明清间美洲白银的输入中国[J].中国文化研究所学报,1969,2(1).

一个文明的兴衰会影响到万里之外的另一个文明。

工业革命产生了对经济一体化的需求

工业革命之后，火车和蒸汽轮的出现让全世界的距离进一步缩短。1873 年，法国著名作家儒勒·凡尔纳出版了《80 天环游地球》一书，该书就反映了工业革命之后的这个特点。在他的书中，主人公福格在很短时间里就周游了世界各地，他从伦敦到埃及只用了一周时间，穿越印度只用了三天时间。一路上，福格接触甚至影响了不同国家的不同人的生活。

当世界各地的"相对距离"缩短之后，两个独立的城市，甚至两个原本没有联系的国家在经济和政治上就被绑定在了一起。比如，19 世纪中期，美国铁路普及之后，美国东北部新英格兰地区本就产量不高的农业，被南方发达的农业迅速挤垮。因为用火车把农产品运到北方的成本非常低，所以，美国的东北部也就彻底放弃了农业，转而重点发展工业。这样，美国原本相对独立的各州，在经济上的互相依赖程度就大大增强。统一市场既是工业化的结果，也是工业化的需求，今天我们很难说清楚谁是鸡、谁是蛋。1861—1865 年的美国南北战争，虽然宣称是为了解放黑人奴隶，但那只是结果，战争更主要的目的是制止南方各州独立，以维护一个统一的联邦——当美国各州彼此在经济上已经深度相互依赖时，独立是不可想象的事情。最终，由于北方的获胜，重新统一的目的达到了，美国形成了一个巨大的统一市场，并很快超越英国，成为世界第一大工业国。

20世纪，在航空业和现代电信业发展起来之后，不仅地区与地区之间的距离在缩短，而且个体与个体之间的距离也在缩短。古代离家百里，想回一次家都不容易，今天相隔太平洋，旅行也是朝发夕至，至于不见面的联系，已经没有距离长短的差别了。1973年，美国联邦快递公司成立，其目标是24小时将文件送到世界任何一个角落。为了实现这个目标，他们想尽办法优化物流。十几年后，互联网能在不到一秒钟的时间里完成这件事。从此，这个星球上的距离已经不再是人员交往和商业来往的障碍，地球变成地球村因此成为可能。

2005年，著名记者、普利策奖得主托马斯·弗里德曼出版了《世界是平的》一书，引起了相当大的轰动。在这本书中，作者分析技术进步和社会合作如何将世界变成一个整体，届时移动通信和互联网、开放的技术平台、突破了关税壁垒的全球贸易，会如何抹平世界上的差异，实现全球一体化。弗里德曼在这本书中描写了当时刚刚发生的一些全球一体化现象，比如各国共同合作开发新产品；中国和印度承担起全球最多的加工和服务业务，建构起全球统一的供应链和市场；等等。这在当时被认为是对于10年后的世界最准确的描述，但是今天看来，这些事情要么已经实现，要么已经过时，并被新的合作方式取代。如果你今天再读这本书，会觉得弗里德曼太保守了、太缺乏想象力了。这其实不是他的错,而是世界在这20年间发展得太快了。

技术进步缩短不了心灵之间的距离

但是,就在一些人欢呼地球村已经建成的时候,他们忽略了很多问题——语言、国界、货币和二氧化碳排放等,这还不包括我们前面提到的宗教、文化和价值观。

生活在中国或者美国的人,早已习惯于平时只说一种语言,但是生活在欧洲和印度的人,就不得不成为多语种者。欧洲人一方面试图建立一个统一的、没有边界的欧洲,但是他们在遇到语言问题时就会发现这个工作极为困难。因为即使欧洲的一些小国也有多种官方语言,比如瑞士有德语、法语、意大利语和拉丁罗曼语共4种官方语言;比利时有荷兰语、法语和德语共3种官方语言;在英国,虽然英语是官方语言,但是依然有人使用威尔士语和盖尔语;在西班牙情况也是类似。在印度,受到官方保护的语言就有22种之多,它的第一官方语言印地语,只有大约1/4的人口将其作为母语,加上印地语的方言,使用者也不到人口的一半。我在美国的印度同学和同事,相当多人不会说印地语,他们之间的交流只能用英语。由于每一种语言都承载着相应的历史和文化,消除一种语言就意味着对相应文化的否定,这在倡导多元文化的今天是绝对的政治不正确。因此,秦始皇"车同轨,书同文"的思想在今天是根本行不通的。但如果连语言都无法统一，地球村也只能是半吊子的。

国界也是一个大问题，我们后面会专门讲到，这里先跳过。我们先谈谈货币的问题。

货币问题是大家常常忽略的一个问题。20世纪90年代，当欧元取代欧洲十几种货币的时候，绝大部分人都认为这将带来巨大的便利，并且会促进欧洲各国之间的贸易。但是欧元的设计者们忽略了一件事，那就是谁能决定欧元的发行，或者说，当一个国家需要更多的货币增加流动性时，它已经没有权力来做这件事了。这就是为什么欧元区是全世界主要经济体中最后一个走出2008年开始的那一次金融危机的。同时，各国之间采用不同的货币政策会鼓励汇市上的投机者短期套现，让一些国家的货币汇率大幅震荡，损害那些国家的经济，20世纪90年代末的亚洲金融危机就是这么产生的。对于这些问题，至今也没有很好的答案。虽然比特币的创造者声称用一种不基于央行，而是基于算法的货币可以解决这个问题，但实际上那只不过是把印钞权从央行转移到算法设计者的手中。事实上，当各国央行开始尝试发行本国的数字货币时，这种去中心化、无国界、无央行背书的货币就不可能存在了。

虽然技术进步能缩短人与人之间的距离，但是依然无法让人们对全人类的利益产生共识；它会让大家共享好处，却无法让大家一同承担义务。比如，世界各国对于温室气体排放和气候变化问题的不同态度和做法就显现出，至少在今天，人类还是无法一同承担义务的。

今天全世界有大约80亿人,却排放了相当于500亿吨二氧化碳的温室气体。当然人类活动本身所产生的二氧化碳没有那么多,但是它所产生的其他温室气体,比如甲烷,合在一起起到的温室效应相当于500亿吨的二氧化碳排放。如此多的温室气体排放,让地球的温度每一百年上升1℃。而在历史上,虽然地球的温度曾经比现在高20℃上下,但是温度变化的过程却是上百万年才上升1℃。虽然今天全世界的学者依然对全球气候变化有不同的看法,但是主流学术界认可的观点是人类的工业化造成了今天的气候变化,主要体现为温度上升。不过,对于如何控制,甚至减少温室气体排放,全世界始终没有达成一致,即便是签署了一些协议,也不具有强制性,一些国家甚至不实际执行。因此这个问题至今无解。

无解的原因说起来也很简单。一方面,希望减排温室气体的国家在这个问题上最没有话语权,因为它们本国人均温室气体排放已经降得很低,比如法国、英国和葡萄牙,而且还在不断下降。即使再降,对全世界的影响也可以忽略不计。而人均排放量和总量均很高的国家,如果缺少人类命运共同体的意识,就会把减排作为一个政治筹码。它们如果非常积极、非常坚决地减排,反而少了筹码。另一方面,一些正在工业化进程中的国家,包括印度、墨西哥和印度尼西亚,完全没有意愿牺牲本国的工业化换取全球更好的环境。而这些国家人口众多,温室气体排放增加一点儿，都足以让全世界的努力付诸东流。所以这个问题几乎无解。

人们终于发现全球化似乎走到了终点

地球村这个概念确实非常好，但是在上面这些实际问题得不到解决时，实现的可能性微乎其微。这倒不是因为距离无法克服，而是各国之间、各个文明之间存在很深的隔阂。大家可能都有过这样的经历：你和你的亲戚之间偶尔走动走动，相处得挺好，但真要是住在一个屋檐下半年，各人因私利就会产生矛盾，即使表面上没有矛盾，心里也会揣测对方是否对自己有什么不满，即便大家彼此没有恶意，无意中的行为也可能让他人不舒服。如果说大家在价值观、信仰和意识形态上的分歧是显性的、容易察觉的，那么各国在经济利益上的矛盾则是隐性的、不容易察觉的。这种矛盾在全球化的早期显然是被低估了。

虽然从文明开始之后人们就发现，一个地区内的社会分工和经济合作可以让经济运行得更高效，给大家带来更大的收益，并且人类已经践行了这种合作长达数千年之久，但是将这种合作在短时间内推广到全世界却产生了很多预想不到的问题。理论家认为，既然大家都住在地球村里，既然距离不再是问题，既然大家能够通过谈判谈出一个极低，甚至是零的关税，就能够将全世界变成一个经济体。在这个经济体中，各地区之间的比较价格优势，可以让每一个国家只生产自己有竞争优势的特定产品，然后通过交换（进出口）都能获得更高的利润。但事实证明，这种想法有点超前。

在宏观层面，也就是国家层面，如果一个经济体原本的分工是从事低端加工业，然后购买高端产业的产品和服务，而它在有了钱之后，开始进入高端产业，这个问题就变得无解了。类似地，一个发达经济体，按照原本的逻辑应该分工，应该让出低端产业，但是它出于政治上的考虑拒绝这样做，这个问题也是无解的。在中观层面，也就是企业层面，当全世界的资本可以零成本地自由流动时，它会为了追求利润将产业从发达国家转移到发展中国家。而令它想不到的是，只要这个转移一开始，它早晚会被当地成本更低、利润率更低的企业所取代。在微观层面，也就是每一个人的层面，每一个人的生活都会受到远方陌生人日常活动的影响。比如美国大选，就会给中国小商品的制作者带来收入，这在过去是不可能的，这是好的一面。但凡事有利就有弊，一个美国人干了半辈子的工作，可能第二天就被一个远在中国薪水只有他 1/3 的中国人抢走；几年后，这个中国人的工作可能又会被一个印度人或者越南人抢走，后者的薪酬也只有他的 1/3。

全球化从 20 世纪 90 年代开始，实践了 30 多年后，好的一面都已经被大家看到了，但是上述问题大家都不愿意说破。2017 年，莽撞的特朗普在无意间戳破了全球化的泡沫。至今无人能完全说清楚特朗普是一个什么样的人，除了极端左翼的学者会给他贴一些标签，其他人即便猛烈抨击他的行为，却也谨慎地评价他的想法——一来是吃不准，二来是他们内心也有类似的想法。比如拜登政府完全继承了特朗普对于贸易和全球化的国策，甚至继续在美墨边境修建围墙。唯一不同的是，拜登政府把特朗普针对所有外国的贸易限制缩小为盟友以外的，把特朗普对各种产品的限制缩小为只涉及美国核心竞争力的，即采用了一种所谓的"小院高墙"[1]政策。"小院高墙"这个词最初来自美国前国防部长罗伯特·盖茨，不过它成为美国的国家科技政策则是因为谷歌前首席执行官埃里克·施密特领导的智库所撰写的一份报告——《国家安全委员会的人工智能报告》。这份报告长达700页，一半是正文，一半是几乎包罗万象的参考文献清单。这个报告的起草人还包括甲骨文公司的首席执行官萨弗拉·卡茨、亚马逊公司首席执行官安迪·贾西、微软首席科学官埃里克·霍维茨，以及提出摩尔定律的摩尔博士（当时他还健在）。施密特并没有在拜登政府里担任任何职务，但是他扮演着拜登首席科技顾问的角色。作为戈尔和克林顿夫妇的长期私人朋友，施密特一直具有影响美国科技和商业政策的能力。今天，拜登政府所有有关中国的商业政策和科技政策，都可以在这份报告中找到依据。

根据施密特等人的建议，拜登政府会在绝大部分领域继续向

---

[1] 参见：https://www.newamerica.org/cybersecurity-initiative/digichina/blog/samm-sacks-testifies-house-foreign-affairs-committee-smart-competition-china/。

全世界开放,包括互联网金融、游戏娱乐、社交网络、媒体和短视频等,但是会在人工智能、5G/6G和IoT(物联网)领域建起一个"高墙",中断和非盟友的来往。在中间领域,比如半导体,则视情况而定:对于和人工智能等高墙内的技术相关的高端半导体,比如高性能的图形处理器(GPU),纳入高墙内;对于低端半导体则不进行管控。拜登政府的做法比特朗普政府的做法高明之处在于,它基本上维持了全球化的格局,但是限制住了高精尖技术的出口。

和美国政府的做法类似,欧盟提出了所谓的去风险化。何为欧盟的风险呢?它其实是指三重依赖,即对于俄罗斯廉价能源的依赖,对于中国廉价商品的依赖,以及对于美国免费提供的安全保障的依赖。依靠这三种支持,欧盟在冷战后维持了几十年的经济低增长,在信息革命中鲜有作为的情况下,能够维持很高的生活水平,是冷战结束和全球化给它们带来的红利。但是,当俄乌冲突爆发之后,廉价的能源没有了;当2020年全球公共卫生事件发生后,只依赖于一条供应链的商品供应出现了问题;当然,欧洲人发现在国家安全方面可能也会有问题,因为它完全依靠美国。因此,虽然特朗普花了4年时间敦促欧洲增加军费都没有效果,但是普京打响了一枪就让那些国家立即把军费提高了上去。在欧洲人的三重依赖中,提高军费是最容易的事情;寻找新的能源来源也相对容易,因为全世界能源市场供大于求;但是,建立一条平行的供应链则不是短期内就能完成的,因此直到

2023年，欧洲在这方面还是说得多、做得少。

全球化2.0时代开始了

今天很多学者认为全球化的进程开始倒退，甚至全球化已经终结，我倒不这么认为。纵观人类的文明史，文明之间的交流增长速度和文明本身的发展是同步的。在大航海时代之后，贸易的增长更是快于经济本身的增长。

图2-2显示的是全世界贸易量相比GDP的增长速度，在二战后是明显加速的。图2-3显示的是在过去200年里全球贸易量占GDP的比例，大家可以看出，在二战后，这个比例也是在不断增加的。也就是说，无论是时间拉长到人类的整个文明史，还是聚焦在二战之后，全球化贸易不断扩大的趋势一直没有改变。在冷战时期，全球贸易的条件要比今天差得多，关税的壁垒要比今天高得多，意识形态的对立也比今天强得多，但全球贸易依然在快速增长。所以今天很难说，全球贸易会萎缩或者全球化会停止下来，只不过全球化的形态会改变，供应链会重组。因此，我更倾向于说，全球化2.0时代在最近的几年开始了。

那么全球化2.0有什么特点呢？

首先，区域内国家合作的范围和深度要远远超过之前大经济体之间的合作。比如，墨西哥和加拿大原本都不算是太大的经济体，但是近年来和美国的贸易额剧增，到2023年已经分别成为

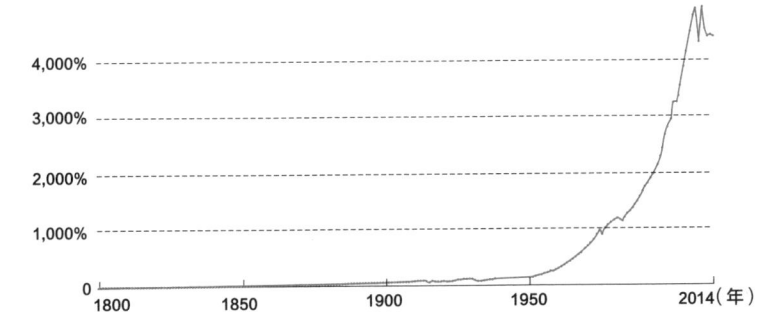

图 2-2 全世界贸易量相比 GDP 的增长速度,在二战后是不断加速的

数据来源:Federico and Tena-Junguito(2016),OurWorldInData.org/trade-and-globalization

图 2-3 全球贸易量占 GDP 的比重

数据来源:Fouquin and Hugot(CEPII 2016),OurWorldInData.org/trade-and-globalization

美国的第一和第二大贸易国,而中国则从过去的第一退居第三。

其次,发达国家之间加强经济合作,特别是由过去在产业上的竞争转为在更大空间中的合作。比如,日本和欧盟签署的自贸协定,韩国和日本在政治和贸易上的和解。2018 年,日本和欧盟签署了经济伙伴关系协定（EPA），形成了当时全球最大的自贸区，此后双方之间的贸易额以每年6%的速度高速增长。

最后，全球供应链的多样化。全球各个主要经济体之间的货物流动路径可以被看成一张有向图。在这张图中会有一些关键路径和关键节点，比如被称为"世界工厂"的中国就曾经是欧亚贸易和跨太平洋贸易的关键节点，美国则是跨太平洋贸易和跨大西洋贸易的关键节点。当然，具体到某些特定的产品还会有一些特定的关键节点，比如半导体制造，韩国和中国的台湾地区就是其关键节点。2020年全球公共卫生事件之后，大家发现这些关键节点或者关键路径一旦出了问题，就会影响到全世界的经济，比如芯片供应不足会导致汽车无法交货。于是各主要经济体开始建立可以相互取代的供应链，以消除关键节点和关键路径。这些年来媒体上经常提到的越南和印度就属于全球供应链重组的受益者。不过，到目前为止，它们起的作用依然很小。举例来说，2023年中国依然占到了美国贸易额的12.7%，而越南和印度分别只有2.5%和2.4%，还不到中国的零头。印度作为世界工厂的可能性，显然是被夸大了。10多年前，我鼓励很多中国企业家到印度发展，既包括开拓印度市场，也包括在当地设厂，但是今天我则建议大家去之前要谨慎考虑。

总之，相比全球化1.0，全球化2.0更复杂，很多趋势一时还看不清楚，绝不像一些媒体宣传的只是中国的供应链外移那么简单。但是，我们不得不承认，我们今天就是生活在这样一个复杂的环境里，以后的情况可能会变得更复杂。在全球化1.0时代，大家都比较天真，合作是建立在双方都是清白和诚实的基础之上的。但是最近10年，特别是最近五六年所发生的事情让大家都警觉起来，彼此的防范心理都很重，但是大家又不得不做生意，彼此的距离还非常近，于是就需要在彼此防范的前提下处理好彼此的关系。

国界和关税

国界并非自古就有，它是近代文明以及民族国家形成时的产物。在古代的文明中，统治者只有疆域的概念，没有像今天这样划定明确的国界。比如古罗马在条顿森林被日耳曼人打败之后，就不再往北发展了，那里就成为罗马人和日耳曼人的边界。如果一个日耳曼部落南下进入罗马人控制的疆域，并不损害罗马人的利益，罗马人也不会驱赶他们。事实上，在罗马帝国灭亡前的两个世纪里，日耳曼人就已经通过这种方式进入了罗马帝国。类似地，中国的中原农耕王朝和北方的草原部落之间也没有明确的边界。大家读历史可能会奇怪一件事：怎么一度强大的西晋王朝一下子就亡于草原民族之手？实际上，所谓的草原民族进入中原已有上百年了，因此一颗火星儿就能产生燎原之势。

对内促进安全与秩序，对外引发紧张与冲突

在中国历史上，即便是两国签署了边界协议，比如北宋与辽签署的澶渊之盟、南宋与金订立的绍兴和议，双方的百姓也经常往来，而且由于当时双方没有能力详细勘界，分界线也是模糊的。中国第一个严格确立边界的条约是中俄《尼布楚条约》，它将中国东北方边界和俄国东部边界分得清清楚楚。这个条约有拉丁文、满文和俄文三种正式文本，其中拉丁文是基准，并称中国的国名为 Imperii Sinic，意思是"中央帝国"，而没有用"大清国"的称谓。因此有历史学家认为，自那个条约开始，"中国"才成为国名，而不是中原农耕地区的代名词。

欧洲各国边界的划定，要追溯到《威斯特伐利亚和约》。1648 年 10 月 24 日，欧洲几乎所有的国家，在打了三十年仗之后都无力再战，又经过了两年的谈判，签署了这个条约。西方民族国家其实从那个时候才产生，在此之前，欧洲各地实际上是领主们的封地，领主们通过婚姻获得或者失去土地，一个王室的领地可能包括一大堆飞地，所以建立一个划定国界的国家并非易事。因此，当时的欧洲人都习惯说自己是哪个城市的人，而不会说自己是法国人或者奥地利人。三十年战争之后，人们才逐渐有了民族国家的意识，即千百年来一同生活在一个地区，具有相同生活习惯和宗教信仰的人组成一个国家。这种国家就有明确的国界，当再有外敌入侵时，保卫疆域就不再只是贵族骑士和他们请

来的雇佣兵的事情，而是全体国民的事情了。

国界的出现让国家内部变得安全，也让国与国之间的关系变得紧张，一个典型的例子就是法国和德国对于阿尔萨斯和洛林两地的争夺。今天中国的中学课本中选用了法国作家都德的短篇小说《最后一课》，讲述的背景就是法国在普法战争失败后丢掉那两个地方的悲惨的历史。都德的文字很感人，让读者们自然而然地认为那两个地方就是被德国人抢走的法国领土。但实际情况并没有那么简单，因为当地很多人是说德语的德意志民族民众。事实上，德意志各联邦和法国对那两块领地的所属一直有争议，而它们成为法国的疆域就是通过《威斯特伐利亚和约》确定的。德、法对这两块领地的争夺可以一直追溯到统治整个西欧的法兰克王国的分裂。

840年，法兰克国王虔诚者路易去世，他的三个儿子根据日耳曼人的传统，于843年将王国一分为三。长子罗退尔一世得到了中间一块领地，后世称他的国家为"中法兰克王国"；他的兄弟日耳曼人路易获得的领地被称为"东法兰克王国"，它是后来德国的前身；他的另一位兄弟秃头查理获得了西边的领地，建立了"西法兰克王国"，它是今天法国的前身。阿尔萨斯和洛林其实既不属于东法兰克王国，也不属于西法兰克王国，而是属于中间的中法兰克王国。也就是说，其实德国和法国对那片土地都不具有合法的所有权，只不过后来中法兰克王国迅速衰落解体了，德、法才开始声称对那里拥有主权。这种矛盾在民族国家形成之前不明显,因为当时那里由当地领主管理,或者是独立的城市,对神圣罗马帝国(即后来的德意志帝国)和法国的国家认同感都很弱。由于这两个国家所声称的对阿尔萨斯和洛林的主权都缺乏法理上的依据,就变成了谁拳头硬,谁就能把它夺走。因此,三十年战争之后它们被划给了法国;普法战争之后它们又回到了德国[1];一战后法国作为战胜国又夺回了其中大部分领地;二战初,德国击败法国再次夺回该地区,最后法国成为二战最终的胜利者,又一次拿回了那里的大部分土地,并且在那里强制实行法语教育。今天,德国人和法国人已经和解,当地人对自身民族的认同要高于对法国的认同,人们又在学校里开始教授和学习阿尔萨斯语(德语的一种方言),并且当地的法律也和法国有很大的不同。

开放边界带来了全球化

可以说,19世纪和直到冷战结束之前的20世纪,是世界各国划定国界的时代。而20世纪最后的十年到21世纪的前十几年,是很多国家开放边界的时代。

1993年,欧洲共同体变成了欧盟,加盟国之间的边界也就相应地逐渐开放了。在此之前的1985年,五个欧洲共同体国

1　洛林在其间还多完成了一次主权转换。

家——联邦德国、法国、荷兰、比利时和卢森堡，在卢森堡的一个小城市申根签署了一项影响深远的协议——《申根协定》。根据该协定，签约国同意取消国境线上的边境检查点，持有其中任何一国有效身份证的成员，都可以在签约国内自由流动。到20世纪90年代，意大利、西班牙、葡萄牙、希腊和奥地利又陆续成为成员国。欧盟成立后，1995年3月26日，《申根协定》正式生效，首先签约的5个国家取消边境检查。随后一共有27个欧洲国家，主要是欧盟国家，加入这个协定中。根据该协定，非申根国家的旅游者如果持有其中一国的旅游签证即可合法前往其他申根国家，而不需要接受任何检查。

从那个时期开始，全世界各国的人都享受到了这种开放性所带来的便利。在过去的十几年里，我多次开车横穿欧盟各国之间，完全感受不到国界的存在。比如从奥地利出发，往西两三个小时后就进入德国；从德国出发，往南直接可以进入瑞士，再南下就到了意大利。这一路上，除了路标的风格和文字有变化，限速有变化，你会觉得一直是在一个国家内旅行。一路上你看到的汽车，是各个国家不同的车牌，这提醒你大家其实来自不同的国家，但是那些车牌上都有统一的欧盟会徽，又让你觉得似乎整个欧盟就是一个国家，而各个成员国就像中国的一个个省。

在欧盟之外，很多国家都已互免签证，进出海关只要出示一下护照就可以了。这些年我跑遍了各大洲的国家，印象中只有两次通过网络提前几天在对方国家简单报备，其余的时候就直接落

脉络 · 160

地过关了。美国对于签证的要求要比世界上大部分国家高一些,我在20世纪90年代读书时,如果离开美国,就需要重新获得签证才能回到美国。但是到墨西哥和加拿大是例外,从美国去那两个国家不需要签证,回美国也是自由入关。因此当时的我想到大国旅游时,加拿大和墨西哥就成了首选项。

边界放开之后,除了便利,还带来了灾难

从20世纪90年代起,这种开放或者半开放国界的做法确实给大家带来了很多便利,也促进了商贸往来和文化交流。但是好景不长,十几年后,它的问题就显现出来了。首先是很多来自北非的人非法进入申根国家(通常是偷渡)。由于没有边境检查,他们很快就消失在人群中,很难把他们找出来。此外,有一些人均收入较低的非欧盟国家,比如阿尔巴尼亚的居民,通过这种方式进入欧盟国家。而从此前几十年开始,不少墨西哥人也以类似的方式进入美国,到21世纪,从墨西哥到美国的非法移民数量陡增。由于大部分非法移民在欧盟和美国能够从事一些低报酬的劳动,因此那里很多人对这件事基本上是睁一只眼、闭一只眼。

21世纪第二个十年,涌入欧洲的非法移民和难民人数迅速增加,从21世纪初的每年不到10万人,迅速增加到2015年的120万人。虽然随后暴发了全球公共卫生事件,这一数量有所减少,但是在2022年依然高达96万人(见图2-4)。这些数字是欧

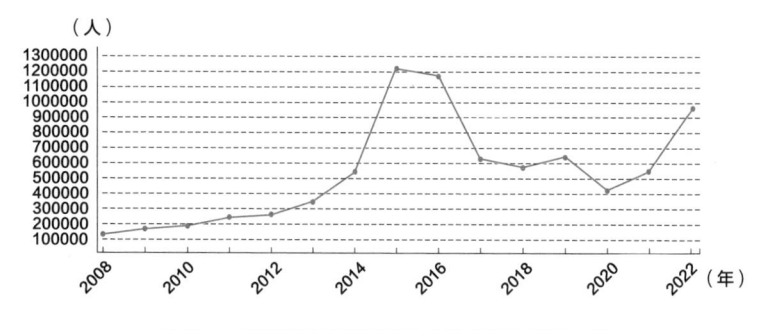

图 2-4　每年进入欧盟国家的非法移民和难民人数

数据来源：欧盟统计局

注：纵轴数字为 2008—2022 年首次进入欧盟国家申请庇护的外国人人数。

盟根据第一次申请庇护的外国人数量确定的，那些到了欧洲却没有申请难民身份的人尚未统计在内。当然，申请庇护也未必都被批准，没有被批准的人很多选择留在欧盟国家，只有约 18% 的人最终被遣返回原籍国。

　　这么多人一下子涌入欧洲，带来了很多社会问题。2016 年发生在法国尼斯和德国慕尼黑的两次大规模恐怖袭击，都和难民的涌入有关。来到欧盟国家的难民和半个世纪前因战争失去家园的难民不同，他们并非在自己的祖国生活不下去，只是认为到更发达的国家能拥有更好的生活。在冷战结束之前，各国的边界都是被严格把控的，偷渡到其他国家并非易事，但是今天欧洲大多数国家的国境线处于完全开放或者半开放的状态，从中东可以一直走到德国，甚至渡海到英国。当然大家会问，这些人一路上吃什么？一方面这些难民带了一些补给，另一方面沿途有好心人在不断救济他们。

这些好心人是否算做好事，只有天知道了。令一些接待难民的志愿者非常气愤的是，当他们好心为难民提供食物时，对方并不缺乏食物，每到一个地方，他们做的第一件事就是要求给手机充电。很显然，这些难民并非活不下去才背井离乡，而是因为到发达国家太容易——在他们的心目中，虽然那不是自己的国家，但是他们有权享受那里的福利。从中东到德国，要经过巴尔干国家和东欧国家，难民可以选择以很低的价格乘巴士穿过这些国家。这些国家之所以这么做，是为了把难民送走。

虽然美国周边没有处于战乱的国家，但是非法移民和难民的人数要比欧洲多得多，平均每年有100多万人以各种方式进入美国，2022年更是高达220万人（见图2-5）。

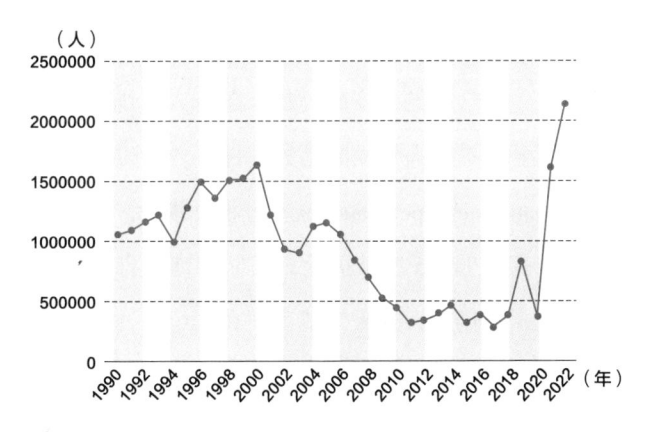

图2-5 每年进入美国的非法移民和难民人数

数据来源：Statista 数据分析公司

难民带来的第一个问题就是治安问题。欧洲的很多恐怖袭击事件和美国的很多犯罪都和难民有关，比如我们前面提到的德国和法国的恐怖袭击。根据海因法则[1]，一次已发生的恐怖袭击事件背后，是成百上千次未遂的恐怖袭击。事实也是如此，欧盟之后粉碎了很多起恐怖袭击的企图。

在美国，各大城市的治安也在迅速恶化，包括一些在 20 世纪 90 年代非常安全的城市，比如旧金山，而它恰恰是一个对难民和非法移民提供庇护的城市。虽然从数据上看，旧金山每年犯罪率增加的速度并不算快，但这是因为加州不处理损失在 950 美元以下的犯罪，故不计入统计数据。对于砸车抢劫等犯罪，只要没有人员伤亡，即使抓到罪犯，也会当庭释放，因此警察也就失去了抓捕的动力。2023 年，硅谷著名的创业者、Cash App 的创始人鲍勃·李在旧金山街头遇刺身亡，引起了广泛的讨论，许多科技行业的知名人士在社交媒体上表达了他们的震惊和悲伤，而更多的人表示，旧金山的治安问题越来越令人担忧。

发生在旧金山更令人气愤的是另一件事。一位叫洛佩斯 – 桑切斯（Juan Francisco Lopez-Sanchez）的非法移民，在美国罪行累累，他 7 次被控重罪，5 次被遣返，其罪行涉及毒品、抢劫、非法拥有枪支等，但仍能大摇大摆地出现在旧金山，并且受到旧金

---

1 海因法则讲的是，每一起严重事故的背后，必然有 29 次轻微事故和 300 起未遂先兆以及 1000 起事故隐患。

山市政府的庇护。2015年7月,他在旧金山闹市区枪杀了一名叫凯特·斯坦勒的女子。其实,就在这次杀人前的几个小时,他已经因为犯罪被抓,而就在ICE(移民与海关执法局)要将他遣送出境时,旧金山执行庇护城市规则,拒绝与ICE合作,在ICE探员来到之前将他释放了。几个小时后,他枪杀了斯坦勒。枪杀案发生后,这个案子审了两年也没有审完,旧金山高等法院的陪审团最后将他几乎所有的重罪罪名都去掉了,并认定桑切斯一级谋杀罪、二级谋杀罪不成立,甚至连误杀罪也不成立。其罪名只有一条:非法持有武器,最高刑期只有3年,当时桑切斯已经被羁押两年半,因此他被当庭释放。对于这些故事你听起来可能匪夷所思,但它们真的大量存在。

面对不断涌入的非法移民和难民,各地方政府虽然不胜其烦,但从来没有打算解决问题,集体采用了以邻为壑的做法。比如,美国政府会给墨西哥政府一些钱,让后者收留非法移民;加拿大政府会堵上美加边境,把非法移民留在美国;东欧一些国家会开放通道,把难民赶到德国去;而英国会把难民堵在法国。在美国,远离边境的一些州,比如纽约州会宣传欢迎非法移民,以换取左派的支持,但承受非法移民压力的则是位于边境的得克萨斯州。当得克萨斯州这些年不堪重负后,就采用包车,甚至包机的方式把非法移民送到纽约州。这种闹剧每天都在上演,持续了好几年,到2023年年底,送到纽约市的难民已达16万人,纽约市政府终于坐不住了,市长下令封城——没有被允许进入的移民大巴禁止入城，否则就是刑事犯罪！该市长在新闻发布会上公开指责得克萨斯州州长，而得克萨斯州政府则升级了转移非法移民的行动，开始使用包机运送难民到纽约。得克萨斯州的州长同时喊话拜登政府："我可以告诉你，你们在纽约面临的和目睹的，只是得克萨斯州每天发生的事情的一小部分。"这些可能电影剧本都编不出的故事，确实每日都在发生。今天，欧美国家很多人已经开始检讨，边境是否开放得太快了？一些国家的政府决定花大价钱把难民请走，但请神容易送神难，很多人被送走多次，又一次次返回。到 2023 年年底，无论是欧洲还是美国，非法移民和难民的数量还在不断增加，而且依然有很多人建议接纳这些人。

在历史上有很多次，当人类走得太快，思想和行为太激进时，就会带来灾难。显然，从 20 世纪 90 年代开始，各国边境开放得太快，很多后果事先都没有料到，而事情发生之后又应对无措。近一两年来，欧美各国逐渐开始关闭边境：反对特朗普在美墨边境修墙的拜登政府，也开始悄悄修墙了；2022 年以来，欧盟已经逐渐关闭了一些对外的边境，并且严格了非欧盟旅客的签证和入境管理。与开放边境时高调宣传所不同的是，这种行动是悄悄进行的。

关税也是国家主权的重要部分

和国境一样被视为国家主权的还有关税。在早期商业发达的社会里，关税和商业税占据一个政府税收的大头，比如，古代的迦太基和雅典就是主要靠商业税收维持城市繁荣的。英国、法国和美国在 19 世纪时，关税和对外贸易商业税占了政府收入的主要部分。特别是美国，当时没有个人所得税，联邦政府的主要收入是海关的关税。在第一次世界大战美国开始征收个人所得税之前，美国的关税已占到联邦政府税收的 95% 以上。当然在农耕文明社会并不存在这种情况，比如，清朝在鸦片战争刚结束时，关税只占到朝廷税收的 10%。由于对商业文明的国家来说关税很重要，因此，历史上绝大部分时间里，它们的关税税率都特别高。图 2-6 给出了从 1830 年到 2000 年，美国、英国、法国关税税率的变化。大家不难看出，直到二战结束，这三个贸易大国的关税

图 2-6　历史上美国、英国、法国的关税税率

数据来源：Albert H.Imlah, Economic Elements in the Pax Britannica

税率都特别高，特别是美国，长期在 20% 以上，而且一度超过 50%。

由于关税是国家财富的重要来源，因此制定关税税率也就成为国家主权的重要组成部分。一个国家当失去了关税主导权时，也就失去了部分主权。到了近代，全球的商业贸易迫使各国政府不得不降低关税，以刺激生产和贸易。18 世纪末，亚当·斯密从理论上说明开放市场、降低关税会更有利于英国的发展，而他的坚实信徒、当时的英国首相小威廉·皮特接受了这个主张，于是英国主动降低了自己的进口关税。一个国家只进口、不出口显然不行，因此英国通过与其他国家的贸易谈判，达成了很多双边和多边贸易协定，双方在关税税率上互相给予对方优惠。当然这样就意味着双方都要靠放弃部分主权，来换取共同的商业利益。不过总的来讲，商业利益所带来的好处非常大，以至虽然一开始可能有一方不愿意，但是最终还是逐渐把关税降了下来。以清政府为例，它在鸦片战争刚结束时的关税只有 400 万两白银左右，大约占政府税收的 1/10，但是到 1912 年清帝退位时，关税已高达 4000 多万两白银了，占政府税收的 1/4，而且在关税占比最高的 1903 年，它一度占到整个清廷收入的 1/3 左右。[1] 其间，清廷和世界各国签署了很多关税协定，虽然几乎所有的关税协定都是

1　倪玉平.清代关税的长期表现[J].清华大学学报：哲学社会科学版，2018，33（3）：73-89.

被迫签署的，而且税率一降再降，但是关税总额却不断提高。如果再考虑到清朝各省对过境商人征收的厘金[1]，它们加在一起占到了清廷收入的一半左右。实际上，在鸦片战争到清灭亡的70年间，清廷的工商业得到了迅速发展，朝廷每年的收入从白银3900万两增加到1.8亿两，其间农业的发展有限，田税只增加了1900万两，主要的收入贡献都来自工商业。[2]

由于降低关税对各方的好处是显而易见的，因此在整个19世纪，英国和法国关税税率都在不断下降。美国的情况有点特殊。起初几十年，美国的关税和欧洲国家一样也在下降，但是1861—1865年的南北战争，让美国联邦政府欠下了巨额债务，它需要靠关税收入来偿还债务。1890年，美国完成工业革命，税率也随之下降，但是到20世纪初，美国全国范围的反垄断和进步运动让代表劳工的政治力量主导了美国政治。为了保护本国劳工的利益，美国一度又调高了关税税率，但是不久又逐渐调低了税率，让美国的税率和西方其他工业国保持一致。1929—1933年的经济大萧条，以及随后的第二次世界大战，让西方主要工业国再次调高关税税率，以保护本国的工业。第二次世界大战后，全球开始了长时间的和平，主要工业国的关税税率都在不断走低。特别是在冷战之后，主要工业国在已经很低的关税的基础上，

1　中国晚清创设的一种属于商品流通税性质的税种。——编者注
2　邓绍辉. 晚清赋税结构的演变 [J]. 四川师范大学学报（社会科学版），1997（4）.

继续下降了一半左右。图 2-7 和图 2-8 显示了冷战后美国和欧盟

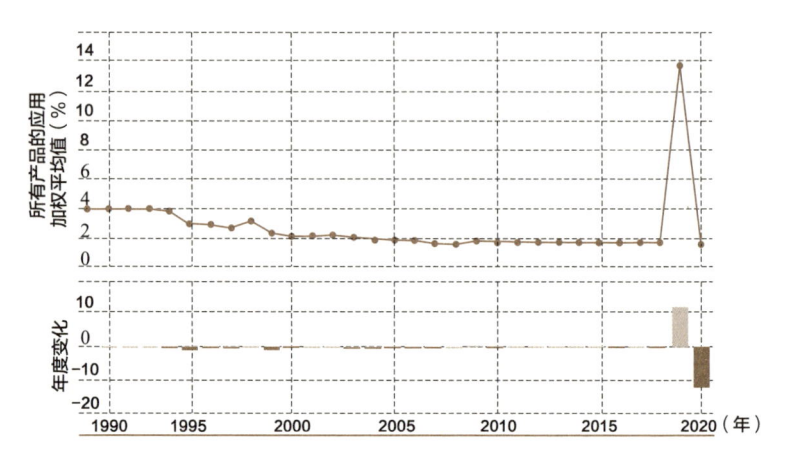

图 2-7　冷战后美国关税税率的变化

数据来源：Macro Trends（宏观趋势，www.macrotrends.net）

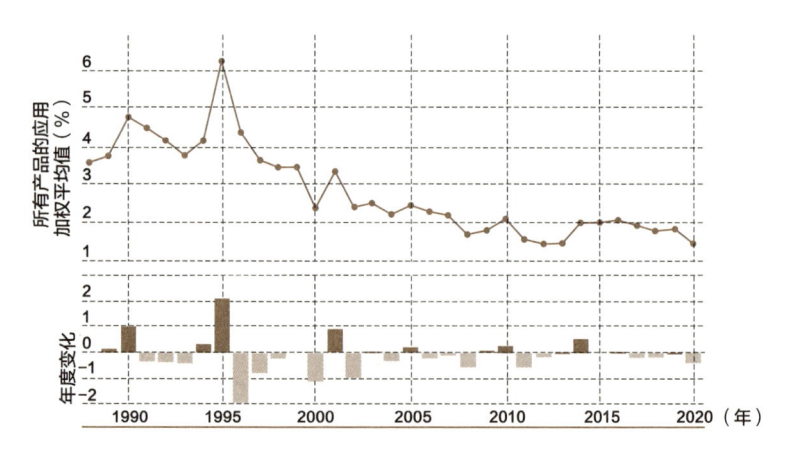

图 2-8　冷战后欧盟关税税率的变化

数据来源：Macro Trends（宏观趋势，www.macrotrends.net）

关税税率的变化。大家可以看出，这两个世界最主要的经济体关税税率都逐渐降到了 2% 以下。美国除了 2019 年中美贸易战时期临时加征了关税，税率有个凸起尖峰，一直是持续下降的；欧盟由于有新的成员国不断加入，关税浮动曲线是抖动的，但实际趋势也是下降的，而且比美国下降得还快。

长期贸易逆差导致贸易保护主义抬头

判断一个经济体是否出现贸易保护主义抬头，主要指标之一是它的关税。近几年间，美国和欧盟的关税税率一直在下降，但是其内部很多人不断呼吁要进行贸易保护，理由是它们的贸易逆差在不断扩大，也许正是这样的声音引起了人们对未来的担忧。

图 2-9 是世界银行给出的美国自 20 世纪 70 年代以来贸易逆差的走势图，里面的数据是贸易逆差占 GDP 的比例。不难看出，在冷战结束时，美国对外贸易基本上是平衡的，这在很大程度上

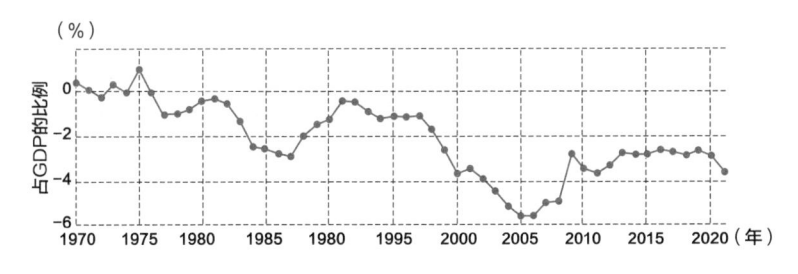

图 2-9　美国的贸易逆差与 GDP 的关系

数据来源：世界银行，https://www.macrotrends.net/countries/USA/united-states/trade-balance-deficit

依靠的是里根政府强硬的贸易政策。随后美国为了主导全球经济一体化开放了自己的市场，导致它的贸易赤字率不断上升。2008年金融危机后，由于美国率先走出金融危机，贸易逆差有所减少，但一直维持在高位。虽然中美贸易战后，美中之间的贸易逆差在减少，但美国只是把进口国从中国变成了其他国家，总的贸易逆差并没有减少，在拜登执政时还有所上升。

由于欧盟不是一个国家，世界银行并没有把欧盟作为一个整体进行统计，不过欧盟统计局提供了欧盟和世界各经济体历年来的贸易数据。从图2-10可以看出，欧盟对中国的贸易长期处于逆差状态，而且呈扩大趋势，2022年逆差已高达4000亿欧元。从图2-11可以看出，欧盟对越南的逆差情况其实更严重，2020年已经高达250亿欧元左右。要知道越南是一个GDP只有中国1/45的经济体。

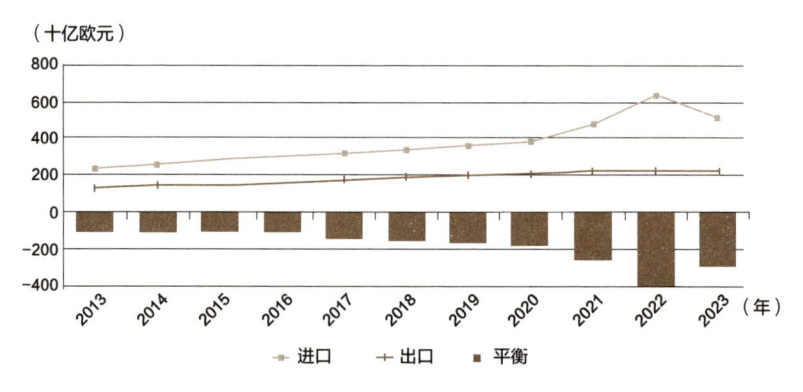

图2-10　欧盟和中国历年的贸易逆差

数据来源：欧盟统计局，EU trade in goods with China: Less deficit in 2023–Eurostat（europa.eu）

(十亿欧元)

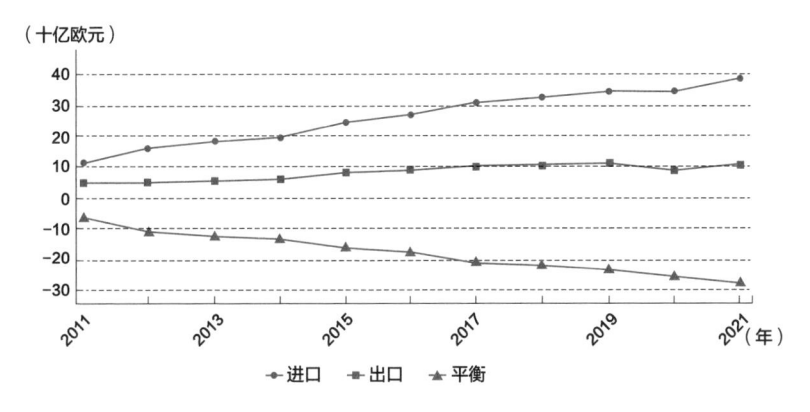

图2-11 欧盟和越南的贸易逆差

数据来源：欧盟统计局（online data code: ext_st_eu27_2020sitc and DS-018995）

也正是因为美国和欧盟各国对外贸易长期处于逆差状态，它们国内一直有贸易保护的声音。不过，直到今天它们没有采取过分的行动，毕竟它们的实际税率还是非常低的。

往远了看，今天的低关税不等于未来同样的低关税。对某些经济体维持低关税，也不意味着对所有经济体都会采用低关税的政策。当1995年WTO正式成立时，成员国其实承诺各自要让出一部分主权，特别是关税和市场准入，来换取其他成员国低关税或者零关税的承诺。但是当一些经济体无法兑现承诺时，会严重影响这个组织的正常运转，例如仲裁贸易纠纷的效率之低、时间之长，让它很难满足世界贸易的需求。通常WTO的仲裁贸易纠纷需要花几年甚至十几年的时间，而在技术和产业发展很快的今天，很多产业存在的时间都没有10年，大部分企业存在的时间都超不过 5 年，百年老店的数量其实是很少的。

一方面，当一个经济体长期处于贸易逆差时，其内部的贸易保护主义必然会抬头；另一方面，世界各国今天已经无法离开其他国家而独自发展经济了。于是很多经济体使用新的、开放的贸易协定，其中两个最大的自由贸易协定是日本和欧盟之间的贸易协定 EPA（全称是"日本与欧盟经济伙伴关系协定"）和美加墨自由贸易协定 NAFTA（全称为"北美自由贸易协议"），它们各占全球 GDP 的 30%。在这两个协定内，参与国之间几乎是零关税的。此外，美欧和美日的贸易协定，让这三个经济体基本上消除了所有的贸易壁垒。这些贸易协定的参与国，占了世界 GDP 的六成。

今天，回顾 1989 年年底柏林墙倒塌，冷战正式结束时的情景，不禁令人感慨万分。当时人们觉得不再会有战争和对抗，只有和平与合作。在随后的圣诞节之际，著名指挥家伦纳德·伯恩斯坦在柏林举行了他的最后一场音乐会，他指挥美、英、法、俄四国乐团一同在柏林演奏了贝多芬的《第九交响曲》，并且把最后的合唱歌词由《欢乐颂》变回了贝多芬最初想采用的席勒的《自由颂》。当年贝多芬为了避免德国政府找他麻烦，不得不把原先的《自由颂》改成了《欢乐颂》。伯恩斯坦在经历冷战结束这个历史事件时，欢呼不已。他说，我肯定，贝多芬会同意我们这么做的。自由，的确是贝多芬追求了一辈子的理想。几个月后，这位 20 世纪杰出的指挥大师就去世了。他去世时一定是笑着离开的，因为他认为贝多芬"人类团结成兄弟"的理想已经实现了。几年后欧盟成立时，采用了贝多芬的《欢乐颂》音乐作为盟歌[1]，那时的人们肯定也以为和平和开放会持久下去，但这种好日子在欧洲只持续了十几年，在美国持续的时间更短。今天，我们必须面对一个依然充满矛盾与冲突的世界，将来它可能会变得更好，这种可能很不确定，但是我们会坚持走下去。

1　这首盟歌没有歌词，是怕各国为歌词的语言发生争端。

3

社会
Society

人和人的关系、人和社会的关系决定了社会的特点，也是各个文明都试图要处理好的关系。当社会从过去的农耕文明过渡到今天的工业文明和商业文明之后，这两个关系也发生了重大的变化。今天，很多人会觉得当下的社会和自己小时候完全不一样，年轻人无法再过老年人过去的生活了，这就是因为人与人的关系从血亲关系过渡到合作关系，人与社会的关系从控制与被控制的关系过渡到契约关系。因此，每一个人都有必要对当下和未来的社会有新的认识，换句话说，过去被奉为金科玉律的有关社会的描述现在可能已经过时了。比如，每个人对于一个组织，或者一个社会来讲不再像过去那样是一颗螺丝钉，而成为社会的主体，换句话说，社会服务于个体。2000多年前孟子讲的"民为贵"，在今天才实现。

社会的变化必然产生新的矛盾。比如当一部分人富裕起来的时候，贫富分化就难以避免。在过去，有责任的社会精英一直设想设计一个完美的制度来解决这个问题，但是都不成功。这并非他们的想法不好，而是因为违背了客观规律。人性有很多弱点，比如猜忌、贪婪、怯懦、唯利是图等，试图把人的这些弱点都消除是不切实际的，是把自己当成了上帝。解决社会问题，是以承认人的这些弱点为前提的。因此，到了近代，终于有一批思想家发现人们过去的路走错了，解决社会问题不可能靠把现有制度推倒重来，而是要通过渐进改良的方式。

社会和人的变化

历史学家总是喜欢研究巨变的那一瞬间，比如 1912 年清帝退位，中国结束了 2000 多年的帝制，1945 年 8 月 15 日日本宣布投降，1949 年中华人民共和国成立，以及 1978 年十一届三中全会召开，等等。但是，绝大多数时候，社会的变化是非常缓慢的，而且是渐进的，直到半个多世纪前，几乎所有的历史学家都喜欢研究巨变的瞬间，而忽略长期渐进的社会变化。

我们生活的变化是渐进而缓慢的

相比历史和社会的变化，人们生活的变化更是缓慢的，即便产生了社会巨变，普通人的生活通常也不会发生巨变。

20 多年前，我在北京问过很多老一辈的北京人，新中国成立前后他们是否感觉到生活的突变，也就是第二天就开始过一种完全不同的生活。他们和我讲，北平和平解放的那一天，和前一天差别还是很大的，因为街道上出现了一批过去没见过的站岗的军人。不过，由于他们都知道解放军进城是早晚的事情，因此不太惊讶。至于以后的生活，头一天该怎么过、能吃得起什么，第二天还是如此。当时大家心里都很高兴，精神面貌也完全不同了，但生活、社会并没有随之快速改变，甚至货币暂时都是旧的。

我的母亲是南京人，她清晰地记得1949年解放南京时的情景——枪声响了半夜，大家都躲在家里，第二天清晨枪声停了，国民党走了，解放军来了，大家都欢天喜地。我问她和外公，生活会有变化吗？他们说至少一开始没有，头一天怎么过，第二天还是怎么过；头一天社会是什么样的，第二天还是。我又问外公，日本人投降前后，生活是否有巨大的变化？他说有，因为大家没有了恐惧感，活得扬眉吐气，这是涉及每一个人生活的变化。但是，他又讲百姓的生活，并没有因此得到改善，否则蒋介石也不会跑到台湾去。另外，无论是1945年日本人投降，还是1949年南京解放，其实他们都有预感，也就是说，历史是连续的。

无论是日本人投降还是新中国成立，我都没有经历过，只能听老人们讲。但是粉碎"四人帮"是我亲身经历的，这也应该算是20世纪中国发生的最具转折意义的大事件之一了，即使过了将近50年，当时的情景我依然记忆犹新。那时我的父亲是一位基层干部，他比别人早几天听到了风声，但没有和我们讲任何细节，果然过了几天，全国人都知道粉碎"四人帮"了，但是

"四人帮"怎么坏，我完全不知道，虽然我的家庭是"文革"的受害者。在这个消息被公布之后，各种庆祝活动持续了大约一周，大人们由衷地欣喜。几乎所有的家庭都把那微乎其微的积蓄拿出来，好吃好喝地庆祝了一番。但是当时的商品极为匮乏，百货店和食品店中所有能吃的东西一下子就被抢光了。我生活的地方更可怜，连个食品店都没有，只有一个一两百平方米的小卖部，店里只有一点点酒，早就被抢光了。不过大家的兴奋劲儿并没有因此受到影响。

然而，随着时间的推移，生活依然按照其固有的节奏进行，人们的思维习惯也并未发生根本性的改变。在我上小学的时候，从学会写完整的句子开始，我就被要求写各种批判稿，批评的对象从孔子到宋江。然而，这些人与我们并没有实际的交集，除了知道他们的名字，我们对他们并没有深入的了解。因此，我们所写的内容大多是抄袭的，空洞而缺乏真实感。不断变化的批判对象让我们发现，即使从历史的角度来看，社会发生了巨大的变革，但如果我们真正生活在那个时代，每天的变化其实也并不明显，现实生活的改变并非一蹴而就。

在未来的岁月里，社会的变化可能会更加微妙，甚至让人难以察觉。正是因为感觉不到变化，人们才会觉得人生漫长而艰辛。1903年，乐观的理想主义作家罗曼·罗兰在《贝多芬传》的序言中这样描述绝大多数人日常的生活："人生是艰苦的。在不甘于平庸凡俗的人，那是一场无日无之的斗争，往往是悲惨的、没有光华的、没有幸福的、在孤独与寂静中展开的斗争。贫穷、日常的烦虑、沉重与愚蠢的劳作，压在他们的身上，无益地消耗着他们的精力……"[1] 回过头来看，1903年是历史上最好的一段时间之一，当时无论是欧洲还是亚洲，战争的因素都消除了，大家都觉得和平会持续很久。类似地，同时代的著名作家茨威格在《人类的群星闪耀时》一书中也说，在一个人类的群星闪耀时刻出现以前，必然会有漫长的岁月无谓地流逝。那本书的成书时间是1927年，正是西方世界最好的年代之一，美国进入了柯立芝繁荣时期，以法国为中心的欧洲也是一片繁荣景象，茨威格本人正沉浸在和罗曼·罗兰、高尔基等不同国家、不同政治思想文化的人密切交往的兴奋当中。也就是说，在那么好的年代，人们依然会厌倦日常波澜不惊的生活。这是因为，每日的生活就是如此，不会有什么明显的变化，而一种日子过多了，人也就厌倦了，各种不满情绪也会油然而生。

一件事的发生很难改变一个人的命运

真实的世界如果用天、月，甚至年来衡量，变化很慢。其实人也是如此，很难通过一件事就彻底变成另一个人。虽然唐朝的孟郊曾经写过一首诗——《登科后》，讲考中科举前后境遇的差

---

[1] 罗曼·罗兰. 贝多芬传[M]. 傅雷, 译. 北京: 人民音乐出版社, 1978: IV.

异之大，但里面多是文人戏剧化的夸张和当时的梦想。《登科后》是这样写的："昔日龌龊不足夸，今朝放荡思无涯。春风得意马蹄疾，一日看尽长安花。"单读这首诗，很容易让人误以为作者的生活和社会地位在中科举前后是大相径庭的，但事实上，作者的生活和地位虽然因为中了进士有所不同，却不是一夜之间的变化。

在普通人的印象中，孟郊的出身并不高，他的父亲只是昆山县的小吏，属于没有品级的底层公务员。但是，如果把他们家放在当时中国阶层金字塔中，也比95%的家庭要高了。虽然史书中记载他家贫，但是从他50岁左右才当上官，此前依然能够长期读书考科举的经历来看，他家里应是有一些田产收入的。孟郊的科举之路并不算顺利，41岁时中了乡试，被故乡湖州举为乡贡进士，于是有资格到京城参加进士考试。前两次考试他都落第了，所幸的是，他的母亲鼓励他再去考。第三次孟郊终于高中，那一年他46岁。高中之后，孟郊一扫过去心中的阴云，在喜出望外之际写下了这首流传千古、概括了所有及第举子心态的《登科后》。

然而孟郊的命运并没有马上因此改变。虽然他在第二年衣锦还乡，得以告慰在梦中思念的母亲，却没有等来朝廷授予官衔的好消息。51岁那一年，孟郊在母亲的鼓励下，到洛阳去参加官员的补选（铨选），并且幸运地被选为溧阳县尉，这是他父亲当年的职务。努力了大半生，又回到了原点，孟郊显然觉得有负自己平生的抱负。第二年孟郊赴任，或许是心中觉得憋屈，也没尽到县尉的责任。溧阳城外有一处风景不错的去处，孟郊经常去那里游玩赋诗，以至政务多废。于是县令报告上级，另外请了个人来代他做县尉，同时把他薪俸的一半分给那个人，因此孟郊穷困至极。于是又干了三年，之后孟郊干脆不干了。没有了职务和收入，孟郊几乎活不下去了。还好，孟郊因为诗才结交了几个当官的朋友，比如大文学家韩愈就是其中一位。赋闲两年后，当时的河南尹（相当于河南省省长）郑余庆给了他水陆转运从事的职位，相当于今天交通局的一个下级官员。自此，孟郊的生活才算安定下来，免于冻饿了。此后，孟郊作为郑余庆的下属，随长官混迹于官场数年，直到64岁去世。

在唐朝的诗人中，孟郊算是活得相当长的，而且运气不算坏。虽然中进士时已经46岁了，但是考虑到当时有"五十少进士"的说法，也不算太晚，更重要的是，在他最落魄的时候，还得到了两度担任宰相的郑余庆的提携。但即便如此，他的人生该是什么轨迹还是什么轨迹，也没有因为中一次进士就被彻底改变。孟郊虽然一日看尽了长安花，但他也就看到了那一天的，第二天的生活照旧。而且，无论是当时还是此刻，绝大多数人都不可能遇到像孟郊这种改变命运的人生大事。在唐朝，一次科举也就录取几十名进士，其难度远大于今天高考的省状元。因此，绝大多数人不可能出现所谓的人生突变、一步登天。

但是遗憾的是，经历了这么多年、这么多代人，大部分人还是想不清这个道理，他们依然幻想着一夜改变命运。如今很多年轻人咬牙切齿地在高考前宣誓，要通过一次考试改变命运，但后来往往事与愿违。当一个人的认知没有提升时，即使有了机会和运气，最后也会走回原本属于自己的那条路。美国曾经跟踪统计过那些中了数千万到数亿美元彩票巨奖的家庭，结果表明，他们几乎无一例外地在10年后回到自己原先的生活状态。对于这样的结果，很多人抱怨社会不公平。但实事求是地讲，今天的社会是中国自有文字记载以来最公平的社会。在一个相对公平的社会里，如果觉得不公平，大概率不是社会错了，而是自己的认知错了。这就如同一个人在高速公路上行驶时，发现迎面而来的车都走错了方向，都向他打喇叭，那么不是对向的人都错了，而是他自己在逆行。

  人生活在社会中，是不大可能以一己之力改变社会的，因此也就不可能在一瞬间改变自己的命运。从数学和力学的角度来讲，达到结果的条件是加速度无穷大，也就是说外力要无穷大，这显然是不现实的。每一个人的行为和过往，会决定他最终的生命轨迹，但这些轨迹都是连续的、平滑的。今天大家上大学时，在同一个班里，有的人来自一线大城市，有的人来自三、四线小城市或者农村。虽然都是一条分数线招进来的，但将来的命运是否相同却很难讲。因为每一个人身上都有不同的经历，都具有不同的认知和能力，它们不是一条分数线能够衡量的。这就如同唐朝来自不同阶层、不同地区的进士，会有不同的命运。

我前面提到的郑余庆，估计今天很少会有人知道他，因为他没有留下什么好诗，但是无论在当时还是在史书中，他都比孟郊重要得多。郑余庆来自名门望族、"五姓七望"[1]之一的荥阳郑氏，他的祖辈父辈都是高官。郑余庆不到40岁就中了进士，然后开始当官，53岁时当了宰相，之后他一直是朝廷重臣，也是百官和文人的领袖，人们对他评价颇高。郑余庆同样擅长诗文，被誉为一代儒宗，只是他的心思放在了当官做事上，没有太多时间进行文学创作。可见，同样是进士出身，郑余庆和孟郊的结局完全不同。或许是因为郑余庆见多了，才不会写出"一日看尽长安花"的诗句，因为在他看来这是稀松平常的事情。

不要高估了近期的变化而低估了长期的演变

讲到这里大家会问，难道社会与个人都是一成不变的吗？恰巧相反，社会和个人每时每刻都在改变，只是没有大家想象的那么快而已。人们通常会犯一个错误，即高估一两年的变化，而低估5年、10年、50年的变化。

1996—2002年，我生活在巴尔的摩市。巴尔的摩在历史上是美国的名城，但我去那里的时候，已经是美国最乱的城市之一

---

[1] "五姓七望"是隋唐时期的世家大族，它们分别是陇西李氏、赵郡李氏、博陵崔氏、清河崔氏、范阳卢氏、荥阳郑氏和太原王氏。其中李氏与崔氏各有两个郡望，故称为"五姓七望"。当时官宦文人在婚姻上最高的追求就是能娶一位五姓女为妻。

了。那6年间，我几乎没有晚上去过市中心，据说晚上在那里散步一小时，遇到打劫的概率是50%。我没有验证过，不知道这种说法是真是假，但我知道没必要去做这种验证。那6年间，我没有觉得这座城市有什么变化，因为每天看到的它都一样，就如同你每天照镜子，不会发现自己比昨天衰老了一样。此后，我因为每年要去那里开两次会，而且每次的时间间隔会有半年或一年，所以逐渐发现了一些变化，比如，一片新的经济适用房建起来了，市中心多出来一栋高楼，等等。

2022年，我女儿到约翰·霍普金斯大学（位于美国马里兰州巴尔的摩市）读书，而我要在美国东部和欧洲旅行，每年会在那里住上几周时间，于是我突然发现，这座城市和我读书的时候相比，有了巨大的变化。首先，虽然巴尔的摩依然被认为是美国最不安全的城市之一，但市中心其实非常安全了。市中心在旧港的边上，靠着海，风景好，我经常晚上在那里散步，从来没有不安全的感觉。每天晚上有很多年轻人在那里跑步，没有人会有不安全感。我把车子停在路边，也不用担心会被砸。相比之下，在过去号称比较安全的旧金山湾区，现在变得很不安全，车经常被砸，我的车曾经在吃顿饭的工夫就被砸开过车窗。我不知道这20年在巴尔的摩发生了什么，总之20年后，我对它的感受已经完全不同了。我了解了一下那里的房价，低端的住房价格涨了将近10倍，高端的涨了4倍，说明这里的人有钱了。不过有意思的是，20年前盖的经济适用房，当时还很新，是很多低收入者的首选，今天它们已经破烂不堪，没有什么人对此感兴趣了。

变化的不仅是城市本身，也包括人的想法。巴尔的摩是一个非洲裔人口占大多数的城市，而且非洲裔和亚裔的价值观差异很大。以买车为例，亚洲人喜欢买日本车，因为不容易坏，维护成本低，而且省油。过去非洲裔喜欢买大大的、笨笨的美国车，因为大车看上去气派，笨笨的样子显得特别结实。至于德国车，在这里几乎看不到。这两年我再回到这座城市，发现非洲裔的居民开的都是日本车或者韩国车，我问了几个人，给我的回答是因为经济实用。德国等欧洲车，包括一些极致的轿车、跑车，也偶尔可见。这说明整座城市的生活水平是在上升的，也更愿意消费了。过去在巴尔的摩，很多非洲裔的人没有工作，就在街上晃；今天很多人开始去当优步司机了，经济状况得到明显改善，于是这些人就看到了希望，知道通过自己的劳动也能过上不错的富裕生活。我和当地的一些优步司机聊过，他们不少人也开始享受国外旅行了。倒回到 20 年前，没有人能够预测到今天人们的想法。

由于在巴尔的摩的时候有点闲暇，我就去了解了一下这座城市变迁的历史。直到 20 世纪初，巴尔的摩还是美国第二大城市，第一大城市是纽约。后来因为巴尔的摩作为出口的海港输给了纽约港，第二名就和第一名差距越来越大。而对于港口的依赖让它失去了发展其他工业的机会，到二战后，它开始被许多城市超越。不过，直到 20 世纪 50 年代，巴尔的摩的文化特点和 19 世纪末相比并没有根本性的改变。当时的城市居民主要是白人，而且他们信仰不同宗教，这和以清教徒为主的美国东北部有较大的不同。20世纪60年代的民权运动彻底改变了巴尔的摩的人口结构，当时大量来自南方的非洲裔涌入美国各大城市，而美国的白人出于政治正确，先是表面上欢迎非洲裔的到来，然后用两条腿投票选择了离开城市，到更平静的郊区生活。从那时候开始，美国有钱人开始住在郊区。到了70年代，巴尔的摩等城市已经乱得不像样了。90年代，美国开始了城市复兴计划，选定了十座城市参与计划，巴尔的摩就是其中之一。而我在巴尔的摩上学时，其实正赶上那里最破最乱的时候。后来城市逐渐开始往上走，虽然走得不快，但是20年累积下来，还是有不少进步的。

变化不一定是好的，也可能是坏的

从巴尔的摩这座城市的变迁过程大家不难看出，社会的变化不会在一天发生，但是它的的确确在发生，10年、20年下来，变化就不得了了。和巴尔的摩形成鲜明对比的是硅谷地区。20多年前我第一次来到这里，硅谷是我所知道的世界上最安全的地方——真的是可以做到夜不闭户，因为不会有人闯到你家里来。当时我在巴尔的摩养成了走路时时刻防范周围人的习惯，甚至一直遵照学校保安的建议走在马路的左边，这样就不会有人从后面袭击我。到了硅谷地区，我凌晨走在马路上，也不会有不安全感，但那是20年前。今天的硅谷，即便是最贵的阿瑟顿小城——

硅谷的大跨国公司总裁们大多住在那里，也时不时地会发生入室抢劫，我一些住在那里的朋友就被抢过。很多街区有监控摄像头，很多家庭有很高端的防盗系统，甚至很多人家养了德国牧羊犬，照样经常发生入室抢劫案。有些家庭还被抢了多次，甚至一些镶在墙上、四五百磅（180~230千克）重的保险柜都会被锯下来搬走。

当一个社会慢慢往好的方向改变时，一定是做了一些好的事情，或者人们的想法、做法在往好的方向改变。美国有很多城市在20世纪60年代衰落之后就再也没有复兴，比如底特律；有些还在恶化，比如芝加哥，因为没有什么能够让它们好转的事情发生；有些则在触底之后开始好转，当然，好转要有好转的原因。巴尔的摩受益于它所在的马里兰州的经济和社会发展。马里兰州是美国家庭平均收入最高的州，同时也是受教育程度第二高的州（第一高的是马萨诸塞州）。那里整体上工作机会较多，过去因为传统工业萎缩，缺少适合低端劳动力的工作，后来这个问题逐渐解决了，社会发展就慢慢进入了正轨。比巴尔的摩进步更快的老城市是匹兹堡。这是美国曾经的钢铁中心，在传统产业凋敝之后，一度迅速衰落，犯罪率极高，但是后来发展了医疗、金融和高科技产业，成为美国最宜居、犯罪率最低的城市之一。当然这个变化也经过了三四十年的时间。

相反，当一个好的社会变坏的时候，一定做了很多荒唐事。旧金山硅谷地区出现严重的社会问题既不是某一件事所导致的，也不是一两年就变成这个样子的,而是一个渐进的结果。今天你可能会在媒体上看到这样一些词句:"白左""零元购""非法移民""950美元不定罪""庇护城市""非法移民医保"等,都和旧金山湾区,特别是旧金山市有关。过去的20多年,加州特别是旧金山附近各县通过了无数的所谓保护弱势群体、保护非法移民、维护罪犯权利的法案,然后逐渐把自己变成了今天这个样子。硅谷地区过去一直是人口净流入的地区,但从2019年之后已经有好几年变成了人口净流出的地区。当然,你在一两年内看不到它的变化,但是如果一个趋势能够持续20年,情况就不一样了。20年前,当我告诉别人我来自旧金山湾区时,人们总是说那是个好地方;今天,当我告诉别人同样的信息时,别人会颇为关注地问我:"听说你们那里不是很太平?"是的,当大家从媒体上看到又有多少商店因为被零元购和无家可归者骚扰得不得不关店时,我是无法反驳的。

时间,加上看似极为缓慢,甚至察觉不到的变化,会彻底改变一个社会。比如四五十年前的中国,大家不会想到社会会进步得如此之快,人们能够买得起汽车、房子,而且还能在不同季节选择生活在不同的城市。这是近半个世纪缓慢变化的结果,在这四五十年间,你不会感受到今天的生活和昨天有什么不同,你可能觉得今天和昨天一样辛苦,甚至更加辛苦;你也不会感觉到哪条道路开通后你的生活因此有多大改变,但是累积起来就不同了。

不仅社会如此，人也是一样。你三四十年前的玩伴，今天可能和你过着完全不同的生活。当时你们没有什么差别，即使一个人进步快一点，一天两天、一个月两个月，也看不出什么变化，但是今天你们坐在一起喝咖啡的可能性恐怕都没有了。几年前，媒体上流行着这样一句话："我努力了十年，才获得和你一同喝咖啡的机会。"讲这句话的人应该想到的是他多么幸运，因为同时会有很多人失去了和他一起聊天的机会。当然，讲这句话的人也肯定做对了很多事，包括很多小事，让他在 10 年、20 年后能够脱胎换骨。

一个社会要想进步其实很容易，只要做对一些事情，假以时日就能实现；同样的道理，一个人要脱胎换骨也很容易，做对一些事情，假以时日就一定能办到。但问题是，无论是政治家还是个人常常都太心急。民主社会的政治家心急是有原因的，他们的任期就这么三五年，因此他们很少去考虑 5 年、10 年以后的事情，即使他们知道一些事情从长远来讲必须做。因此，大家看到的通常是每任政治家都在原地踏步。如果你去过威尼斯，就会知道这座历史名城海水一高就会被泡在水里，因为它的地基在不断下沉。作为一个在海边荒滩上挖出来的城市，这种情况是已知的，而且早就在发生了。在威尼斯过去千年的历史上，历任统治者，主要是商人组成的寡头们，都会投入很多资源加固城市，但这需要很长时间的努力。到了近代，当民选的政府走马灯式地轮替时，反而没有人去考虑几年后的事情了，于是这座水上城市就不断下沉。

　　对一个社会来讲，解决任何需要时间的问题，靠得住的其实常常不是哪个政治家，而是能够赢利的商业。即便一个社会出了一位具有远见卓识的政治家，他也不会有能力让所有人都和他一样能够长期坚持，因为大众是没有远见的。如果他一定要坚持，他就会被认为是暴君。但是如果大家能够在商业上获得好处，不需要人规劝，就会长期坚持。关于这一点，我在后面还会讲到。总之，为了大家的公共利益，就需要有利可图，当然也就需要让一些人因此致富才行。比如温室气体减排，如果每年能够减少2%，30年下来就能减少一半左右，就能回到100年前的水平。但是按照今天的做法，这件事一定做不到。大家10年后可以来检验，除非温室气体减排能够变成一个有利可图的生意。

　　相比随时可能被赶下台的政治家，个人实际上更有条件坚持长期主义，但遗憾的是，绝大部分人不会去做。这不是因为他们的意志不坚定，而是因为他做了两天看不到结果就放弃了。比如很多人想学好英语，背了两天单词，掌握了二三十个，看不懂的报纸还是看不懂；十天后，对于背单词的必要性就产生怀疑了，于是记住的百十来个单词又全忘了。人类在生理上天生就有一个"缺陷"，就是喜欢即时的反馈和鼓励，不喜欢等待。但是在自然界，要想看到一个完全不同的结果，又必须长期等待。这两件事本身就是矛盾的，甚至你给他多少利益，他都无法解决这个矛盾。

很多人问我,对此怎么办,我说没有办法,这是每一个人的命。今天,所有希望通过一次考试、一次机缘巧合、一个转折点,甚至一个贵人就改变人生的人,都逃不脱这个命。但是,正是因为很多人迷信所谓历史的巨变、人生的转折,才把原本非常广阔的道路留给了极少数长期主义者。

1000年前,高风亮节的范仲淹提出了"不以物喜,不以己悲"的修身原则,这1000年间,能做到的屈指可数。"不以物喜,不以己悲"的道理其实不难懂,正如我们前面所讲的,一个人往往不会因为遇到一件事就彻底改变人生路径。

思想并不总是进步的

在很多人看来,历史总是在不断进步的,人的思想也是如此。事实正相反,在历史上进步的时间和倒退的时间差不多一样长,剩下的时间则是在循环。而人类的想法,以及个人的思想有时是在进步的,有时是在退步的,有时是在循环当中的。

关于历史的倒退和循环,我们在前面已经讲过了,这里我们谈谈人的思想。

人类思想史上的群星闪耀时刻

我们在前面讲到,人类思想的底色是在轴心时代形成的,那时从东到西出现了一大批伟大的思想家和哲学家。在接下来的几百年里,无论是东方还是西方,在思想领域都没有太多进步。中国在进入近代之前,在思想上并没有超越孔子的时代,后世思想家的高度更是无法比肩孔子和老子等人,更关键的是,他们的思想没有跳出孔子、老子等人画出的圈子。到近代之后，虽然不能说哪位思想家的历史地位超过了孔子，但至少在思想上不再受中国古代儒释道或者儒法的限制，有了发展。今天很多人依然会说春秋战国百家争鸣的时代是中国思想界的一个高峰，这是对那个时代的一种赞誉，也是对后来思想退步的一种惋惜。

在西方，进入近代的时间要比中国更早一些。但是从伽利略、笛卡儿、牛顿和莱布尼茨等人开创近代科学算起，满打满算也就是400多年。在此之前，人们的思想比2000多年前也没有多少进步。2000多年前生活在罗马帝国的欧洲人还普遍相信民主，而1000年前，欧洲人一生下来就接受了神给安排的宿命。所幸的是，欧洲近代的思想家超越了古希腊人，不仅拓宽和加深了人类的思想，而且确立了人在自然面前的信心，激发起人在思维上的主动性。在科学启蒙时代，特别值得一提的是笛卡儿和牛顿。牛顿的贡献我们在前面已经讲到了，这里我们说说笛卡儿。

笛卡儿被认为是哲学史上划时代的人物，因为他将哲学的发展从本体论转向了方法论。在笛卡儿之前，轴心时代的哲学家们最关心的问题就是世界的本原是什么，这就是本体论。比如，德谟克利特和中国墨家学者提出了朴素的唯物论，认为世界是由一些基本元素构成的。柏拉图则认为世界是二元的，即有理念的世界和表象的世界。古代印度学者则认为我们看到的世界是幻象，它的本质是虚和空。在古典文明之后，西方哲学家从柏拉图主义出发，发展出基督教神学，他们认为世界是由一个绝对的本原产生的，他们称之为"太一"。"太一"的概念和老子所说的"道"非常相似，老子说："道生一，一生二，二生三，三生万物。"而"太一"则被基督教神学解释为神。不论是持哪一种观点的哲学家，他们的共同之处就是关注世界的本原。到了笛卡儿，哲学拐了弯。笛卡儿更关心的是人是如何获得知识、认识世界的。具体来讲，他强调理性的作用，他认为人类的理性可以创造出各种新知，比如只要运用逻辑，就能从几个最简单的公理推导出整个逻辑学的知识体系。和笛卡儿持类似观点的是牛顿、莱布尼茨和斯宾诺莎等人。如果大家翻开牛顿改变世界的巨著《自然哲学的数学原理》一书，对比一下它和欧几里得的《几何原本》，就会发现它们在结构上完全相同。这是因为牛顿就是按照《几何原本》的格式去写这本书的。在牛顿看来，自然界存在一些基本的公理，比如他总结出来的力学三定律，在此基础之上，所有的物理学结论都可以通过理性推导出来。在强调理性的这一批思想家和科学家中，除了牛顿，大部分人都生活在欧洲大陆上的国家，因此理性主义也被称为"欧陆理性主义"。

和"欧陆理性主义"的方法论相对应的是英国的经验主义，其早期代表人物是弗兰西斯·培根。培根认为，人的知识来自经验，并且为了获得新的知识，不仅要对经验进行总结，而且还要主动做实验。因此，培根也被认为是现代实验科学的始祖。有趣的是，培根最后的死，也跟他做实验有关。年迈的培根，为了验证当时人们已经总结的一个结论——冷冻能让肉保鲜，在大冬天的雪地里用刚刚宰杀的鸡做起了冷冻实验。由于他年事已高,顶不住风寒,等鸡全部冻上时,他也得了重感冒,之后一病不起,最后不幸去世。临死前,培根还不忘写下实验的结论——"实验已经大获成功"。

在培根之后,英国还出了很多经验主义思想家,包括托马斯·霍布斯、约翰·洛克、乔治·贝克莱和大卫·休谟等人。由于经验主义思想家大多来自英国,英语国家的人为了强调他们在思想上和欧洲大陆人的差别,喜欢将"英国经验主义"和"欧陆理性主义"对应起来。这倒不是说欧陆国家的人完全否认经验,或者英国人不理性,而是这种提法容易区分近代以来这两种思想文化的差异。

两个做法不同的启蒙运动,得到截然不同的结果

人类的思想从理性时代开始进步,到了启蒙运动时达到一个高潮。说到启蒙运动,人们一般想到的是法国的启蒙运动,但是当时在欧洲还有另一次伟大的思想革命,那就是苏格兰的启蒙运动。这两场启蒙运动虽然有不少相似之处,但是欧陆理性主义和英国经验主义的差异在这次启蒙运动中体现得淋漓尽致,以至启蒙运动的目的、主张、做法和结果都完全不同。

我们先来说说法国启蒙运动。很多人对法国这场思想解放运动并不陌生。从目的上看,法国需要同时完成摆脱宗教束缚和王权控制这两项艰巨的任务。直到18世纪，法国都没有完成像样的宗教改革，传统天主教的势力依然强大。虽然著名的宗教改革家加尔文是法国人，加尔文派（其实是它的一支胡格诺派）一度在法国有很多信仰者，但是天主教依然主导着法国人的精神世界。到了路易十四当政时，他在1685年颁布了《枫丹白露敕令》，宣布天主教为法国的国教，改变了之前的宗教自由国策。这位了不起的"太阳王"还做了一件事，就是把法国从过去的封建制变成了中央集权制，封建主都被路易十四召集到凡尔赛宫，天天过着歌舞笙箫的生活，地方的权力则逐渐落到了国王派去的地方长官的手里。在这样的情况下，法国启蒙运动的目的就是反对教会和反抗王权。这个任务是相当艰巨的。

18世纪中后期，法国开始了启蒙运动，出现了伏尔泰、卢梭和孟德斯鸠等一大批启蒙思想家。这些人都是知识精英，要么是贵族，比如孟德斯鸠；要么出生于富商或者官员家庭，比如伏尔泰和达朗贝尔；卢梭和狄德罗虽然是平民，但是前者长期是贵妇人华伦夫人的情人，后者后来成为蓬帕杜夫人沙龙的常客，生活也很富有。当然，他们还有一个共同的特点——都是理性主义者。

当处在上层的理性主义思想家开始对现实不满之后，他们提出了自己的思想和政治主张，为人类构建出一个理想社会的模型。按照法国启蒙思想家的设想，人类将建立一个完全平等、自由和博爱的社会，政府将按照人与人之间的社会契约建立，权力将通过分权的做法得到制约，暴君和独裁者将不再存在，法律将维护人的自由并且限制人们滥用私权力。法国启蒙思想家所设想的这个社会堪称完美。这些思想对后来美国的国父们和法国大革命时期的领袖们影响巨大,而且至今依然堪称人类历史上关于政治、国家和社会最重要的理论。

不过,由于法国启蒙思想家都没有机会去实践他们的想法,因此他们并不清楚这件事有多难。当一些无知而无畏的雅各宾派领袖不顾一切地去实践那些理想时,悲剧就发生了,法国大革命可以用血流成河来形容。

和法国情况不同的是,苏格兰启蒙运动既不需要颠覆教会的权力,也不需要推翻王权,因为在此之前英国已经完成了宗教改革和资产阶级革命,教会已经不干涉世俗权力了,而王权已经被关进了笼子。苏格兰启蒙思想家所要考虑的是如何构建一个公民社会,因此,苏格兰启蒙运动的思想属于渐进式改革。在做法上,它强调尊重社会既有的风俗和习惯,而不仅仅是普世原则;它支持自由,却不反对君主和贵族,这和法国人所要求的绝对平等完全不同;它崇尚理性,但是也承认在驱动社会变革方面,纯粹的理性是有局限性的,因此它也认可情感和道德在小范围内的作用。最关键的是,和法国大革命要实现大破大立不同的是,苏格兰启蒙思想家强调一切要在制度框架内进行。因此,我们从来没有看到英国社会发生欧洲大陆那样的动荡,而改良却在不断地进行。

可以讲,法国的启蒙运动为人类设计了一个理想社会,而苏格兰的启蒙运动用行动构建了一个现代社会的样板。因此，在改造和完善社会方面，英国人的经验主义做法不仅更有实际意义，而且在思想上形成了一种真正可行的实现公平社会的理论，也就是古典自由主义。

保守主义奠定了现代文明的基础

"古典自由主义"这个名词今天大家听说得不多，但是它的一个同义词"英美保守主义"大家可能并不陌生。今天媒体上常说的自由主义其实和古典自由主义完全是两回事，甚至是反对古典自由主义的，它更准确的表述应该是自由社会主义或者福利社会主义，只是在20世纪初兴起的时候，害怕别人说它是俄国布尔什维克的社会主义，因此才声称自己是自由主义。自由主义不是我们要讨论的内容，让我们还是聚焦在古典自由主义或者说保守主义的思想上。据我的观察，不少中国人在内心是认同保守主义或者古典自由主义的。

那么什么是保守主义呢？我们不妨从它的代表人物埃德蒙·伯克说起。伯克是保守主义的"鼻祖"，也被认为是近代重要的政治理论家和政治思想家。

要了解伯克的思想，我们需要对他的生平有些了解。严格来讲，伯克是爱尔兰人，不是英国人，但当时爱尔兰和英国是一个国家，因此今天英国和爱尔兰都把伯克当作自己的先哲。伯克于

1729年出生在都柏林,他的祖辈原本信奉天主教,家里还有不少人是神职人员。但是伯克的父亲改信了圣公会[1],也就是英国国教,并且成为一名新教的律师。不过伯克的母亲和母系家族里很多其他成员依然笃信天主教。伯克在这样的环境下长大,他随父亲信了圣公会,但是依然同情天主教徒,这在后来让他受到政敌的攻击。此外,伯克小时候还在清教徒的学校里读过书,清教徒虽然也算是新教的一支,但是在英国是被圣公会排挤的。伯克这样的经历让他一生一直坚持个人的信仰自由。

1744年,伯克到都柏林的三一学院就读。在大学期间,伯克对政治和历史产生了兴趣,并且于1747年创立了一个后来以他的名字命名的辩论社。这个辩论社一直保留到今天,被称为历史社,而且当年伯克在社里的活动记录都被保存了下来。伯克在1748年毕业,他的父亲让他学习法律,继承自己的律师事业,但是伯克在伦敦学习了一段时间法律之后,就到欧洲大陆游学去了。回到都柏林后,伯克开始给政治家们做秘书,并且逐渐形成了自己的政治思想。1765年,伯克成为当时辉格党自由派政治家、英国首相罗金厄姆侯爵的秘书,两人还成为挚友,一直到罗金厄姆去世为止。辉格党是后来自由党的前身,它倡导的是古典自由主义也就是保守主义,而今天英国保守党的前身恰恰是辉格党的对头托利党。因此,不能够完全简单地根据名称来推测其主

---

[1] 圣公会,基督教新教主要宗派安立甘宗的教会。——编者注

张的内容。

1765 年，伯克成为英国下议院议员。在担任议员期间，伯克一直主张宪法对于国王权力的限制，他强烈批判绝对王权，并且强调反对党对于保持政治平衡的重要性。在伯克看来，不仅王权要限制，而且掌握权力的执政党也必须受到制约。此外，在任何领域的垄断都不是好事，因此他反对英国国教对其他教派的迫害，反对宗主国对殖民地的压迫，反对东印度公司在商业上的垄断行为。伯克一生大部分时间是作为反对派议员存在的，但是到了晚年，他因为对法国大革命的态度和所提出的政策受到国王的器重，英王当时要封他为伯爵，但是伯克因为儿子此前早逝而变得心灰意冷，觉得这已经毫无意义了，因此他接受了英王给的一笔退休金就退休了。

介绍完伯克这个人，接下来我们来说说他的思想，特别是他的保守主义思想。

伯克从年轻时就开始写很有水平的政治论文，并在他的政治生涯中一直笔耕不辍。那些论文在当时就产生了非常广泛的影响，比如他早期的一篇论文《关于我们崇高与美观念之根源的哲学探讨》，就影响到狄德罗和康德。

伯克的第一篇论文是《为自然社会辩护：检视人类遭遇的痛苦和邪恶》。在文章中，伯克认为有一个坏的政府还不如没有政府，当时伯克还不到 20 岁，后来伯克将它出版时，也只有 27 岁。伯克后来一共写了大约 20 篇（本）论文和图书，它们都被认为是近代政治学重要的论著，其中非常值得一提的有三部著作。

第一，《当前国家的情况》(On the Present State of the Nation)。在这本书中，伯克指出了代议制的重要性。关于代议制，有很多文章介绍它，我们就不展开讨论了。

第二，《与美国和解》。这本书当时让伯克在英国备受争议，但是今天英国人却接受了书中的思想。

伯克在这本书中希望英国政府不要对当时闹独立的北美殖民地发动战争，而应该做出让步。为了解决殖民地的问题，伯克提出了六点建议，包括承认英国政府的错误行为，并对殖民地所造成的不满情绪表示歉意；允许美洲殖民者选举自己的代表参加英国的国会，解决没有代表的税收争端；在北美殖民地设立一个议会，议会具有监管税收的权力；停止当时向美洲征税的行为，仅在将来需要时才开始征税；等等。大家可能会奇怪，伯克作为英国人，为什么要站在美洲殖民地的立场上说话，这是因为他认为维护人的一些基本权利比维护英国政府更重要。在后来的美国独立战争中，伯克甚至支持美国独立的运动。这样一本书当时在英国产生争议并不奇怪，但为什么今天英国人又认同其中的思想了呢？因为他们意识到，伯克所批评的那种政府，能够剥夺殖民地人民的权利，也就能够剥夺本国人的权利，而伯克所要维护的那些人的基本权利，和国家是无关的。

第三，《反思法国大革命》。这是伯克最重要的一本书。这本书因为对法国大革命提出了激烈的批评，在当时很有争议，而批评他的人恰恰是自诩为自由主义者的一群人。由于伯克在法国大革命爆发前出版了《与美国和解》一书，因此他被认为是自由主义的代表。等到他出版了《反思法国大革命》一书后，他往日的支持者，包括远在大西洋对岸的"美国国父"杰斐逊都反对伯克新的主张。但是时过境迁，这本书不仅被认为是伯克最知名且最具影响力的著作，而且被认为是保守主义的奠基之作。这本书深刻地影响了 20 世纪的哈耶克和卡尔·波普尔等古典自由主义者。

伯克之所以要反思法国大革命，是因为这场大革命爆发后，他目睹了它给几乎所有人带来的灾难。在伯克看来，法国大革命已经从追求民主和自由的运动，演变为一场颠覆传统和正当权威的暴力叛乱。法国革命家的做法和代议制、宪法民主是背道相驰的。伯克在书中反对泛泛的民主，特别是暴民政治。他认为，一名理发师或是一名蜡烛制造者原本不可能受到国家的迫害，但是如果他们被允许统治他人，国家反而会受到这些人的迫害。伯克的这些观点当时受到了美国革命家的抨击，比如杰斐逊和《常识》的作者托马斯·潘恩，潘恩还特意在 1791 年写下《人权》（*Rights of Man*）一书反驳伯克。不过，"美国国父"一代当中的许多政治家，比如约翰·亚当斯则认为伯克对法国大革命的评价是准确的。

那么在伯克的心目中，革命应该如何开展呢？伯克给出的一个样板是英国的光荣革命，即英国通过不流血的方式推翻了绝对王权的统治，实现了近代民主制度。伯克强调，过去一切文明的发展证明，历史需要具有继承性，法国过去的情况和英国类似，因此世袭王权在当时具有不可替换性以及存在的必要性，因为只有这样，前人的经验才能得到传承。相比法国大革命，光荣革命一点也不波澜壮阔，很多问题只得到了部分解决，比如英国的等级制度问题、男女平等问题，但是解决一部分总比没有解决好。

相比之下，法国人在革命的过程中选择了大破大立的做法，将过去的历史传统弃之如敝屣，但是其结果就是破而不立，或者说无法立。法国当时最尖锐的一些社会问题，比如民生问题，不仅没有被解决，反而更加严重了。其他社会问题，比如等级制度问题、教会财产问题，也没有处理好。当一个政权无法解决民生问题时，它的合法性就会受到质疑，因此伯克由对于法国大革命做法的反思，发展为对于当时法国国民制宪议会法理性的质疑。伯克认为，由于当时的法国当权者不去解决问题，而仅仅是打着"自由"的名义，将它们一笔带过，这样的国民制宪议会本质上就是个错误。

伯克的这本书虽然因为观点过于犀利而在当时受到争议，但是大家都希望一睹为快。当时这本书的定价是同类书的三倍，但是一出版就卖了一万本，而且很快被翻译成法文传回了法国。不过，绝大多数法国人并没有因此反省，他们是一次革命接着又一次革命，直到今天。每一次革命时，法国人都抱有美好的理想，都无法忍受现实社会的不公平，希望从根本上解决问题。从1789

年大革命至今，也有200多年的时间了，法国经历了三段君主制时期、两段帝制时期、五个共和国，平均每个政权只有20多年。如此频繁的权力更迭，不仅没有解决问题，反而让法国成为西方发达国家中最为动荡的国家。

保守主义在经济领域体现为自由市场经济

在经济领域，伯克是自由贸易和自由市场体制的坚定支持者，他认为政府若是试图不择手段地操弄市场，便是违反了市场经济的原则。事实上，伯克坚持"自由放任"的经济原则。伯克在他《短缺的思索和研究》（Thoughts and Details on Scarcity）一文中写下了许多经济思想。亚当·斯密曾说过："伯克就我所知是唯一一个在与我相识之前便已经与我有完全相同的经济思想的人。"

从伯克的经历和主张中大家不难看出，伯克并不是一个保守的人，他所倡导的保守主义也不等同于保守。事实上，保守主义"鼻祖"这个头衔是后人加在他头上的，当时他没有以这个身份自居。今天人们容易从保守主义这个词联想到守旧、不变革，这应归咎于对conservatism不算太准确的翻译。其实在政治理念上，conservatism准确的意思是对一些价值观的坚守。那么伯克所主张的保守主义要坚守的是什么呢？主要是对于人的一些与生俱来的权利的坚守以及上帝秩序或者自然秩序的遵守。比如伯克强调尊重人的生命权、人的自由以及各种基本权利，这也是他在美国独立战争时站在美国一边的原因，因为在他看来，人的基本权利比英国政府的利益重要。同时，正是因为法国大革命伤害了人的这些基本权利，因此他会反对那场革命。保守主义者或者古典自由主义者，强调对于上帝秩序或者自然规律的尊重，他们反对将人的意志和人所制定的规律置于自然法则之上。今天大家在谈到古典自由主义时，就会引述哈耶克的一些基本思想，而哈耶克思想的基础便来自伯克。

后期的辉格党变得越来越激进，和早期的辉格党已经完全不同了。为了加以区分，大家把伯克所代表的辉格党称为"老辉格党"，后来的自由党称为新辉格党。英国早期的托利党更像是保皇党，后来它反而继承了老辉格党的政治理念。在今天的英美，保守派实际上是当年的古典自由主义者，而自由派则是激进派。英美的保守主义者并不是不改变、不进步，只是他们反对抛弃传统的巨变。

介绍完保守主义的思想，我们再来看看保守主义的实践。实践这些想法最好的是美国人，而这个现象则是由一位法国人发现的，他就是我们下面要介绍的托克维尔。

在介绍托克维尔之前，我们要对保守主义做一些评述。在我看来，保守主义或者说古典自由主义，是迄今为止人类在思想领域、政治学领域最重要的成就，它的主张也最符合人的自然天性和社会本身发展的规律。从柏拉图开始，人们就在反复设计各种理想的社会，有些还只是停留在书本上，比如柏拉图的《理想国》

和托马斯·莫尔的《乌托邦》；有些则被付诸实践，比如法国大革命和20世纪拉丁美洲的民族运动。其结果是，过激的理想主义实践都变成了灾难。每一次灾难之后，人们痛定思痛，常常会回归到保守主义的做法上。但是人类是不长记性的，消停一段时间后又会开始折腾，而每一次折腾之前，又会创造出所谓的新思想，比如今天西方各种极端自由主义思想就是如此。

极端自由主义思想的问题在于，它不承认差异，并且通过政治正确制造一个无差异的假象。本来，宇宙万物之间存在差异是不可否认的事实。比如，数量不到万分之一的星体占据了宇宙中物质质量（不包括暗物质和暗能量）的90%以上，这就是差异。再比如，同为哺乳动物，大象的质量是老鼠的千万倍，这也是差异。即便是同一个物种之间，比如人和人之间，智力上的差异也是巨大的。这个世界因为有差异而丰富多彩。人和人之间有了差异，经过一段时间的发展，在结果上，特别是在财富上就会有所不同。这原本是自然界的客观规律，但是今天很多人试图否认这一点，他们试图通过平均财富来实现一个无差异的社会。这种想法背后的依据，其实是很多人认为自己可以不需要理由就有资格占有他人的劳动成果。当然，和过去一些统治阶级通过武力占有广大民众劳动成果不同的是，今天这些人是通过一些政治正确的原则，把自己不劳而获的想法和行为包装成社会正义。很多人把自己的不如意都归结于社会，然后理直气壮地要求社会补偿，这种做法的结果就是整个社会经济的崩塌。在拉丁美洲，这种例子时不时都在上演。在世界其他一些国家,虽然没有采取如此极端的做法,但是这种想法很多人都有,甚至是他们的主流想法。当上述想法盛行时,我们不得不承认人类的思想在倒退,至少一大群人在倒退。

很多人觉得,人类的思想是沿着时间轴进步的,这其实只是一种误解。人类思想进步的时间只占到文明史中很小的一部分,大部分时候是停滞的,有时还是退步的。但是不管别人的想法如何,我们依然需要坚持人类思想中最进步的那些内容。可能有人觉得这非常难,但是在艰难的时候我们依然能够坚持我们的信念,这就是有理想的表现。

财产，而非良知，是自由的基础

我们前面提到了两个问题，但是没有展开讲，它们很重要，因此在这里我们有必要深入探讨一下。第一个问题是，为什么说（曾经的）美国人是保守主义的伟大实践者？第二个问题是，为什么说今天大部分中国人在内心是认同保守主义的？

托克维尔是法国人送给美国人的第二次大礼

我们先谈第一个问题，为什么说（曾经的）美国人是保守主义的伟大实践者。发现这个现象的是法国人托克维尔。大家对于托克维尔这个名字恐怕都不陌生，但我估计，大部分人对他的思想未必了解。因此，我们就先从托克维尔的生平和他思想的形成讲起。

托克维尔的父亲是旧贵族，差点死于法国大革命。托克维尔本人出生于1805年，当时已经是拿破仑当政时期了，法国在很大程度上恢复了旧秩序，因此他本人逃过了法国大革命的血雨腥风。但是一方面，父辈的经历让他对简单的民主特别是暴民民主一直保持警惕；另一方面，在接受了大革命的新思想后，他也反对王朝专制。1831年，年仅26岁的托克维尔同好友检察官古斯塔夫·博蒙被送到美国考察那里的刑法和监狱制度。美国之行之后，两个人合作写下了《关于美国的监狱制度及其在法国的应用》一书，算是对自己所接受的使命有一个交代。当然在考察美国司法制度的同时，托克维尔很细心地全面考察了美国的政治制度和美国社会。几年后，他将自己在美国的所见所闻写成了他的第一部代表作《论美国的民主》。这本书一出版就受到空前的好评，很快就被译为英文，传回美国。

《论美国的民主》是一部鸿篇巨制，其中译本就将近1000页，可见其体量之大。全书并不是简单地介绍美国的民主制度，而是详细分析了美国能够建成这样一种制度的社会根基和价值观。这本书的影响力不仅限于全面宣传一种政治制度，它也成为后来政治学著作的范本。比如今天大家都知道的"反对暴民的民主"，就是这本书中一个具体的观点。这本书的内容远比今天几个网红的观点丰富得多。

《论美国的民主》一书是从柏拉图的《理想国》和《法律篇》讲起的，书中分析了从古希腊开始国家和政治的本质，然后托克维尔逐一分析了之前思想家和政治家对于政治制度的构想。托克维尔指出，在历史上，很多思想家都把私人财产和人的贪婪看成各种社会问题的根源，认为需要靠道德高尚的知识精英，也就是他所说的"哲学家国王"对社会进行统治，才能实现社会公平。托克维尔在到达美国之前也有类似的想法，但是他在美国的见闻让他了解到，不仅他先前的很多想法都错了，他之前的柏拉图、托马斯·莫尔等政治学家也错了，甚至启蒙运动的思想家孟德斯鸠等人的很多设想也是错的。而所有人都出错的原因，是大家对于平等和公平的理解完全错了。当然，这也怪不得柏拉图或者孟德斯鸠，因为他们没有见过一个能够空前繁荣的社会是什么样的。

按照从柏拉图到早期托克维尔诸多政治思想家的想法，每个人的财富不均，造成了不平等和不公平，因此大家所想到的是，要想解决这个问题，就需要均贫富、等贵贱。但是人类对于这种空想的尝试已经进行了很多次，都不成功，也没有人知道原因在哪里。直到托克维尔在美国看到了社会空前的繁荣，有了一个比较公平社会的样本，才找到了真正的答案。

托克维尔看到的美国，是19世纪刚刚开始工业革命的美国，它当时的繁荣是相对当时欧洲而言的。当时的美国在财富的积累上还赶不上欧洲的英国和法国，但却是一片欣欣向荣的景象。更重要的是，当时美国人的思想和欧洲人完全不同。与欧洲旧大陆相反，美国社会将赚取金钱视为一种最主要的道德，结果是几乎所有人都抱持勤劳工作和超越他人的理想，也都获得了支撑他们社会地位的财富。同时，普通百姓从不服从精英的权威，而是发挥个人主义，这让美国一般的百姓也能享受到政治自由。

讲到这里，我们要补充一个内容，美国当时的主体民族是信仰加尔文宗的清教徒。这些清教徒大多是爱家之人，非常注重家庭责任。在家里，丈夫和父亲是全家的带头人，他们不仅要负责养家糊口，更重要的是以爱心和智慧担任全家属灵的领袖，并且给孩子们做出榜样。他们相信自己是被上帝挑选上天堂之人，而作为被选之人，他们不仅不能悄悄做坏事，还要按照《圣经》里的要求努力工作。在平日里，他们每天都从早忙到晚，绝不游手好闲，浪费光阴。在工作和生活中，这些人相信勤劳是一种美德。加尔文派从来不把财富当作罪恶的东西，反而认为合法获得财富是一种美德。在社会生活中，典型的清教徒对于政治都非常关心。在宗教上，加尔文派反对主教制度，认为人在上帝之下都是平等的。后来，著名学者马克斯·韦伯在《新教伦理和资本主义精神》一书中指出，这两件事存在着某种因果关系，前者是因，后者是果。

讲回到托克维尔的观察和发现，他发现美国在道德观上和欧洲人很不相同。美国人不把金钱当作万恶之源，他们反而认为自己经过努力获得财富是一件光荣的事情。同时，由于在思想上，当时主要是在宗教上，美国人没有等级观念，因此他们喜欢自由地发展并且享受自由。当时所有到达美国的人都可以拥有自己的土地，并且独立经营自己的生活。托克维尔认为，拥有财产是美国民主制度在经济上能够成立的基石。此外，托克维尔还发现一个现象，就是美国的富人没有成为社会仇恨的对象，反而成为民众的榜样，这在欧洲的历史上从来没过。

相比之下，当时欧洲的社会问题就显得非常多了。当时欧洲的土地资源通常掌握在少数精英和旧地主贵族手中。社会最底层的人对于赚取足以温饱以外的财富并不抱希望，而上层阶级为了显示自己的清高，将赚钱说成粗鄙下流的事情，和他们的贵族身份是不相匹配的。托克维尔在书中举了一个具体的例子。在欧洲一群贵族精英穿着豪华的服装，却到街头煽动民粹主义，以达到自己的政治目的；然而在美国，当劳工看到穿着豪华服装的有钱人时，所想的都是更努力工作来累积财富，有朝一日也能穿上同样的华服。托克维尔之所以反对暴民的民主，或者说泛民主，是因为那种民主很容易被少数民粹主义政治家所利用，最后做出伤害大众的事情。

托克维尔回到法国后，积极投身政治，并且活跃于七月王朝（1830—1848）和法兰西第二共和国（1848—1852）。1851年拿破仑三世政变上台，建立法兰西第二帝国后，他便退出了政坛，开始撰写另一部重要著作——《旧制度与大革命》。但遗憾的是，他只完成了全书的第一卷便去世了。但就是这样一本没有完成的著作，对法国旧制度弊病的分析，以及对随后法国大革命做法失当之处的分析，也是入木三分的，这让它成为理解法国社会变革的一把钥匙。

今天，无论是在法国还是在英语国家，人们对托克维尔的评价都很高。美国人讲，托克维尔是法国人送给美国人的第二次大礼，第一次大礼是在北美独立战争期间法国人给予美国人巨大的帮助。美国人把托克维尔一个人和整个法国国家相提并论，足以见得对他评价之高。这是因为，美国人自己都说不清楚的社会繁荣的原因，居然让一个法国人找到了。

柯立芝繁荣是自由市场经济的结果

托克维尔其实还没有看到美国后来真正的繁荣。他死后不久，美国就率先进入了第二次工业革命，并且在20世纪20年代迎来了柯立芝繁荣。

柯立芝繁荣距今已经有100年了，因此很多人对它无感。不过，历史学家和经济学家在谈论美国发展得最好的时代时，通常会给出两个时间段：一个是离我们比较近的克林顿当政时期，另一个就是史称"柯立芝繁荣"的柯立芝当政时期。从经济指标来看，柯立芝繁荣甚至超过了克林顿时期，柯立芝这位总统的很多做法也成为后世学习的样板。

我们先来了解一下柯立芝繁荣。柯立芝是从副总统位置接任总统职位的。他原本是第29任总统沃伦·G.哈丁的副总统，1920年和哈丁一起在大选中获得了压倒性的胜利。但1923年哈丁因为突发心脏病过世，柯立芝就接任了总统之位。柯立芝做副总统时十分低调，他刚接任的时候，很多人觉得第二年就是新一届大选了，柯立芝肯定会被选下去。结果柯立芝上台后一扫之前哈丁内阁丑闻的阴霾，成功恢复了民众对于政府的信任，在1924年大选中又取得了压倒性的胜利，并且在接下来的四年中开创了"柯立芝繁荣"的局面。

柯立芝刚上台时，美国刚刚结束一战后的经济危机，由于战争带来的巨大开支，美国政府当时是债台高筑，但比欧洲的情况还是略好一些。1923年夏天柯立芝上台之后，到1929年1月柯立芝离任，其间美国工业生产总值增长了近一倍，占到全世界工业总产值的一半左右。同时，美国的技术革新、设备更新和企业生产管理的科学化，也使得它在全世界的竞争力迅速提升。

那么柯立芝到底做了什么呢？简单地讲就是三件事。

第一，保护有产者。这是柯立芝一以贯之的政治理念。在成为总统之前，柯立芝曾经在马萨诸塞州担任州长，在就职演说中，他讲了这样一段话：

> 马萨诸塞州是一个整体，我们都是它的一分子。弱者的福祉和强者的福祉密不可分。如果劳工憔悴，工业也不会繁荣；制造业衰退，运输业也不会兴隆。任何单方的行动，都不足以提供普遍福祉。但也要记住，一个人的利益也是所有人的利益，忽视一个人就是对所有人的忽视；暂停一个人的股息，也意味着停掉另一个人的薪水。

这段话是在什么样的背景下说出来的呢？当时美国工会运动蓬勃发展，很多人都认为资本家太富有了，应该限制他们的利益。但是柯立芝指出，每一个人的合法利益都应该得到正当的保护，不能因为某些人富有就认为他人可以剥夺他们的财富。后世的历史学家也认为，柯立芝是一位典型的秉持古典自由主义理念的总统。

为什么柯立芝坚持保护有产者的利益？柯立芝是这样诠释这一理念的。首先他讲，美国人一直追求的自由，就是建立在尊重个人财产的前提之上。如果可以随意剥夺一个人的财产，就相当于可以随意剥夺他的权利和自由，这样的做法必然会伤害社会的正义。作为一位古典自由主义者，柯立芝认为享有自己的财产乃是人的天然权利。说到底，财产权和个人权利是一回事，一方遭到侵犯，另一方也难以苟全。就在柯立芝讲这番话的20多年后，大西洋彼岸的欧洲，纳粹政府开始剥夺公民的财产，社会的自由也就因此丧失了。

柯立芝保护有产者的理念并没有造成社会的不平等，而是造就了大量的中产阶级。当时美国的失业率只有3%~4%，达到历史最低点，美国失业率再次接近这个水平是新冠疫情之前特朗普当政时期。柯立芝在任期间，中产家庭年均储蓄额以每年8%的速度上涨；到他离任时，美国的汽车产量比一战后涨了3倍，平均每五个家庭就拥有一辆汽车。1921年刚刚被推向市场的电冰箱，到1929年已经成为美国中产家庭中的常见电器。柯立芝也在演讲中说，美国人民的生活达到了"此前人类历史上罕见的幸福境界"。柯立芝繁荣的说法也由此而生。

第二，减税。柯立芝多次在公开演讲中强调，应该让每一个人都拥有平等的机会，只有这样，现在的弱者和穷人才有可能在未来变得富裕；如果要剥夺富人的财富，穷人也会失去富裕的机会。这很好理解，如果一个人变得富裕，财富就会被拿走，那么人也就没有动力追求富裕了。对比托克维尔对19世纪美国的描述，不难看出一个社会欣欣向荣并且最终实现富裕，需要靠每一个人都有动力去创造，因此保护创造出来的财富，是实现这个目标的必要条件。

历史学家克洛德·菲斯（Claude Fuess）评论说：柯立芝体现了中产阶级的精神与希望，他能解读中产阶级的期待，表达中产阶级的意见。[1] 今天有人觉得柯立芝好像是站在富人一边，而这种错觉恰恰是今天美国社会发展速度赶不上柯立芝时代的原因。其实只有尊重每个人的权利，包括富人的权利，人们才会有动力去奋斗。如果个人失去了奋斗的动力，社会也就失去了走向繁荣的驱动力。必须指出的是，柯立芝的减税政策并没有产生财政赤字，而且由于削减了不必要的政府开支，柯立芝当政期间第一次做到了政府债务大幅减少。在美国200多年的历史上，只有两个总统做到了这一点，另一个就是克林顿。为什么减税反而让

1　参见：https://en.wikipedia.org/wiki/Claude_Fuess。

债务大幅减少呢？一方面，由于经济繁荣，个人和企业收入的总量增加，因此税收总额并没有什么减少；另一方面，西方政府债台高筑的重要原因，是去做了原本不该由政府做的事情，柯立芝在降低税率的同时，还砍掉了不必要的政府开销，促使当时债务大幅下降。

第三，重视科技的作用，发展新工业。柯立芝是一个农民的孩子，但是他从来不主张通过补贴的方式促进农业发展。一战后美国国会通过了《麦克纳利－豪根法案》，就是由联邦政府出面来购买农产品，帮助美国农民和欧洲农业竞争。柯立芝否决了这个法案，他认为，农业也必须"立足于一个独立的商业基础之上"。相比之下，柯立芝更支持通过实现农业现代化来增加农民的收益。在柯立芝当政期间，美国完成了农业的工业化。什么叫农业的工业化呢？人类自古以来的农业生产都是劳动力密集的小农经济和庄园经济，不像现代工业一样实行大规模生产，高度合作。而按照现代工业生产的方式生产农作物，就是农业的工业化。美国从20世纪初开始逐步实行农业工业化，大机械、化肥农药、杂交种子广泛用于农业生产，小规模的家庭作坊被大农场取代。政府一方面向农民传授科学种田的知识，另一方面通过由工业企业提供农业生产所必需的物资，即机械、化肥农药和种子，实现大规模生产。几千年来，农民都是自己留种子第二年再种，美国政府过去也鼓励这种做法，并且还无偿给农民发放种子。1924年，柯立芝政府停止了种子发放项目，开始由专业的种子公司提供更优良的种子。后来经过实践检验，优良的品种更有利于抗病虫害，提高产量，以后美国农民都采用从种子公司购买种子的方式进行生产。

有人觉得柯立芝只是运气好，因为在他卸任后不久，美国就爆发了1929—1933年的大萧条。当然，后来的大萧条并不能归因于柯立芝，就如同2001年互联网泡沫破灭不能归结于克林顿政府发力发展互联网。柯立芝之所以运气好，也是有他自身原因的，那就是让政府少做事。柯立芝的政治理念和"无为而治"有相通之处，他相信社会自我发展的能力，相信商业社会和企业的效率。类似地，在法律方面，柯立芝也认为"人无法制定法律，我们只能发现法律"。柯立芝讲，社会中存在着一些有利于社会的习惯、规则和文化，立法机构的职责是去发现它们，并将它们提炼成法律，而不是基于主观意见闭门造车，制定不合民情的僵硬的法条。柯立芝的一句话让我很有感触。他说："我们要广泛地、坚定地、深刻地相信人民，相信人民渴望做正确之事……国家才会长存。"

有人可能会问，如果人民和社会能够自我发展得非常好，那么还要政府做什么？事实上，柯立芝政府认认真真地做了两件事。第一件事是大力支持新技术、新产业。比如，当时航空业是最新、技术含量最高的产业，但是却很难在商业上赢利，柯立芝政府就大力支持美国民用航空业发展，推动航空基础设施建设，推动技术革新，等等。今天一些人以为，什么东西挣钱，政府就应该在那些方面投资,这就大错特错了。如果一个产业能挣钱,政府就不应该再与民争利了;相反,倒是那些暂时不能挣钱,将来却又特别重要的事情,需要政府扶持。

柯立芝政府做的第二件事就是通过鼓励民间慈善,实现社会公平。说到这里,需要先补充一下托克维尔的一个观点。托克维尔认为,要把创造财富这个经济问题,和救助穷人这个道德问题区分开来。他发现,过去很多人,就是因为把这两件完全不同的事情搅在一起讨论,以致永远找不到答案。一个社会的财富要想增加,就要让每一个人放手去挣钱,这是经济问题。当然,每一个人的能力不同、机遇不同,最终对社会的贡献也不同,获得的财富也不同。为了确保穷人能够生活下去,就要鼓励富人做慈善,这是一个道德问题。托克维尔认为,你可以在道德上鼓励富人去救助穷人,但是不能通过在经济上剥夺他们的财富达到这个目的。

柯立芝从担任州长时开始,就一直在这么做。他不断表彰那些通过慈善实现社会公平的人。美国20世纪初的那一批超级富豪,比如卡内基和洛克菲勒等人,绝大多数都是超级慈善家。对于穷人,柯立芝认为政府应该予以适当的照顾,但是政府不是保姆,它的职责不是供养所有人的生活。柯立芝强调,政府不能解脱人们的辛劳,因此人仍然需要自立,要能够自己照顾自己,自己取得成就。弱者需要保护,但并不意味着要打击强者。柯立芝举了这样一个例子,他说:"我们不会因为大学的知识密度比小学高，就废除大学，把大学的研究资料平均分给一百所小学，因为这样不会促进科研的进步。"同样的道理，柯立芝认为，应当保护那些通过奋斗获得了大规模财富的人和机构，因为这最终会有助于社会的整体繁荣。简单来说，柯立芝主张通过社会总财富的增加来解决贫困问题，而不是平均主义。

柯立芝并不贪恋权力，尽管他的支持率极高，但他仍然决定不再参加1928年大选。他说："如果我再任职一个总统任期，就会在白宫待到1933年……十年，比任何一个当过总统的人都长——太长了！"离任后，他和妻子回到了老家北安普敦，开始写作。根据传记作家唐纳德·R.麦科伊在《柯立芝传》（*Calvin Coolidge: The Quiet President*）中的描写，当时美国民众希望柯立芝再干一届的热情堪比当年挽留"美国国父"杰斐逊。

成功源于想要通过努力改变现状的内在动力

讲回到当下。今天很多人爱说这样一句话，19世纪是英国的时代，20世纪是美国的时代，21世纪是中国的时代。这句话有一点道理，但不是特别准确。首先，他们在说这句话时通常是以结果来衡量的，而真实的结果和这句话所描述的结果并不相符；其次，这句话所讲的几个时间点不准确。如果我们把它稍微修改一下，就会准确许多——从第一次工业革命（18世纪末）到20世纪初，英国人做对了事情；从19世纪到20世纪末，美国人做对了事情；从1978年至今，中国人做对了事情。任何一个国家如果做对了事情，它就是那个时代的代表。那么从工业革命之后，英国人、美国人和中国人各做对了什么事情呢？答案就是托克维尔和柯立芝所说的：所倡导的事情，也就是让每一个民众靠自身的努力富裕起来，获得财富，然后通过拥有财富获得自由。在这个过程中，会有人比其他人更富裕，但是社会并不因此剥夺富人的财富，反而将他们树立成样板，让其他人看到自己将来也能成为这样的人。过去的美国是这样，改革开放后的中国也是这样。这就是我为什么说中国很多人都认可保守主义的思想。在经过了2000多年不停地改朝换代之后，今天的中国人更愿意接受和风细雨般的改良，在经济上更愿意通过自己的努力改变经济地位，而不是一切依赖于社会。

与中国不同的是，21世纪的美国已经背离了这种做法。如果中国还能坚持下去做对事情，那么几十年下来，从结果上讲，未来的时代就是中国的时代。

今天，很多人呼吁社会公平和自由，这很好，但是如何做到社会公平和个人自由，很多人其实是一头雾水。对于这个问题，100多年前另一位古典自由主义思想家阿克顿勋爵就给出了很好的答案："财产，而非良知，是自由的基础。"

个体生命的意义

一个社会要发展、要进步,就要尊重每一个个体的自由和基本权利,但是这件事至今恐怕也没有人敢说做得很好了。过去,人们是以国王的名义或者神的名义剥夺人的自由,后来则是以各种冠冕堂皇的理由去做这件事。比如,一个单位以各种名义要求员工"996"地无偿加班,其实就是对人自由的剥夺;还有很多人会以"多数人"的名义去剥夺少数人的自由,这种现象比比皆是。在历史上,苏格拉底就是这样被处死的。因此,"美国国父"一代在制定宪法时,特别注意防范多数人的暴政,但是这件事至今也没有被杜绝。当一个社会无法保障每一个人的自由时,他每天只能靠本能去生存,根本不会去思考生命的意义。

古代个体生命的意义在于成就集体的成功

不过,随着社会的进步,人们还是获得了越来越多的自由。

一方面，每一个人变得比以前更自由了；另一方面，达到足够自由程度的人的数量和比例都在不断增加。在过去的帝制时代，除了皇帝，其余的人其实都不自由。在欧洲分封制的社会里，情况也差不多，贵族骑士是公爵和伯爵们的奴仆，而公爵和伯爵则是国王的奴仆。这种现象今天不再存在了。如果不满意老板，你可以换一个地方谋职；如果不喜欢一座城市，你可以换一个地方居住，甚至换一个国家居住。当然有人可能会说，换一个地方就失去了现有的工作，而且也未必能找到更好的工作。这其实和在法律上有没有迁徙的自由是两回事。在中世纪的欧洲，绝大多数人，甚至贵族，一辈子只能待在一个地方，服务于一个人；在中国，直到清朝，老百姓都没有迁徙的自由。因此，在个人自由方面，今天的社会比100多年前已经有了巨大的进步。当几亿来自农村的劳动力涌入沿海城市时，我不知道大家对此会有何评论，可能很多人会觉得这让他们的城市变得拥挤、变得不安全，但是这件事最大的意义在于，人自由了。

当人们获得自由之后，就会考虑生命的意义。今天大家会发现一个社会现象，明明很多人不愁吃、不愁穿，却满腹牢骚和不满。在西方福利社会，那些不用上班被养起来的失业者，不仅毫无感激之情，反而怨气是所有群体中最大的。这就是因为他们觉得自己的生命是毫无意义的，而在现代社会里，几乎没有人愿意过毫无意义的生活。换句话说，找到自己生命的意义是现代社会中每一个人必须要做，而且要做好的事情，否则我们就会浸泡在毒素中，在不满和抱怨中度过一生。

个体生命的意义到底是什么？我曾就这个问题询问过一些医学专家和社会学专家。虽然这两类人研究的课题完全不同，却在一点上看法高度一致。

一位斯坦福大学医学院的教授讲，个体的生命除了通过生育传承基因毫无意义，因此他认为不要刻意去寻找生命的意义就好。不过他又讲，人类作为一个整体，生命是有意义的，因为高等智能生物的存在或许就是宇宙存在的意义。我反问他，如果是这样的，那么他们花掉上百万美元的慈善善款，救活一个不工作、不为社会贡献任何价值的人，岂不是对社会的发展有害？因为这一大笔钱，原本可以用来做很多更有意义的事情。他没有正面回答我的这个问题，只是讲，那是一个伦理问题。根据我和医生们长期的接触，我知道他们一方面会全力救治病人，另一方面对于救不活的病人，会非常理性地建议家属不要再做无谓的努力。在他们看来，个体的生命意义远不如我们自己想象的那么大。

社会学家虽然不说个体的生命没有什么意义这类的话，但更多的是强调人在社会中的意义。也就是说，无论是医学专家还是社会学家，都觉得个体只有被放到群体中去考察，生命的意义才能得到体现。这种看法有一定的道理，当然不是很全面。我们先说说它的道理所在。

任何一个物种，传承基因，让生命不断延续下去，是它的首要任务。换句话说，各个物种的很多行为背后都是被基因控制着的。著名的基因进化论学者理查德·道金斯在《自私的基因》一书中讲，基因的传承是我们了解物种行为的钥匙，比如动物的利他行为，实际上就是基因为了自己的传承而让个体主动做出牺牲。因此，站在物种的角度看，它会看轻每一个个体的生命，而确保基因的传承。比如很多物种会大量繁殖，但只是确保其中少数具有竞争力的个体能够存活下去。但是在生命演化到哺乳动物出现时，繁殖的后代数量非常有限，每一个个体的生命就变得非常珍贵。不过，当人类演化到有了复杂社会之后，情况又发生了变化。为了一个族群在社会竞争中占据优势，牺牲个体的做法又被提了出来，并被冠以了"集体主义""牺牲精神"之名。

　　《史记》中记载了这样一件事。吴王阖闾与越王勾践各率大军交战。虽然越王勾践是本土作战，但无奈吴国军队太强大，越王勾践无法取胜。这时，越王勾践做了一件在今天人看来匪夷所思的事情，他让一些死士到吴王面前自刎谢罪，这让阖闾和他的军士们都看傻了。这时越王勾践乘机发起进攻，还没有明白过来的吴军大败，吴王阖闾也受了重伤，最后不治而亡。这是一个典型的通过牺牲个体换取族群生存的例子。在历史上，类似的例子有很多。比如著名的斯巴达三百士也是如此，国王列奥尼达一世带着三百精锐的勇士在温泉关成功地阻击了波斯的十万大军，三百勇士通过牺牲自己，为希腊城邦争取了时间，打赢了第二次希波战争。

对个体的尊重是集体获得成功的基本条件

但是到了近代，这种做法就不太管用了。在最近的100多年里，我们看不到真正影响人类的大事是靠这种方式完成的。相反，对于每一个个体的尊重却不断创造出各种奇迹，一个典型的例子就是二战后各种创新企业的出现。

创新企业批量出现是在20世纪50年代硅谷诞生之后。今天占全世界股市财富1/5的企业都诞生于那个长100千米、人口不足千万的峡谷地区。硅谷成功的因素有很多，我在《硅谷之谜》一书中有详细的论述，在这里我们只介绍它最核心的一点，就是对个人的尊重。硅谷的诞生本身就是几个缺乏集体主义精神、想着如何发挥个人价值的年轻人，从肖克利半导体公司叛逃的结果。这八个人包括后来发明集成电路的罗伯特·诺伊斯，提出摩尔定律的摩尔，创立凯鹏华盈风险投资公司的尤金·克莱纳等人。他们创立了仙童公司——这是"全世界半导体公司之母"。随后，仙童公司里一批又一批试图实现自我价值的年轻人不断叛逃创业，创办出成百上千家半导体公司，旧金山湾区才变成硅谷。再往后，今天大家耳熟能详的英特尔、苹果、谷歌、特斯拉、甲骨文、英伟达等，都是从这里诞生和发展起来的。到20世纪90年代末，硅谷的这种做法传到了北京中关村、深圳、上海浦东等开发区。中国几乎所有的民营科技企业都是这样建立起来的。每一个创业者，为了实现自己生命的意义，在无意间做了对社会有意义的事情。

当然，大部分人不会去，也不可能创办一家企业、建立一所学校，或者发明什么东西，但如果他们对文明产生哪怕一点点的正向贡献，他们的生命也会非常有意义，这也是我说的第一件有意义的事情。

比如，今天中国大量涌入城市的农村劳动力，他们有的在建筑工地上，有的在生产线上，有的在超市里，都为中国现代化的进程，以及全世界消费者的福祉做出了正向的贡献。这些人中的每一个人的贡献都是微不足道的，但是没有他们的贡献，就没有中国的现代化和全世界廉价的商品。不过，这里我们要强调的并非只有工作，只要有产出，就有贡献。我非常赞同松下幸之助说过的一句话，如果企业的产品因粗劣或不符合大众的需求而毫无利润可言，那样既浪费了社会财富，又亏了自己，难道不是一种罪恶吗？

有些大人物对社会、对历史的影响是负数

讲到贡献，很多人总是以为只有那些位高权重、有影响力、在历史上留下姓名的人才有贡献。这是一种误解，也是一种偏见。我在美国读书时，一位教授启发我思考这样一个问题：我和比尔·盖茨谁的贡献大？我说，当然是他的贡献大。那位教授讲，这可不一定，他虽然做了更大的事情，但是可能坏事做得比好事还多，贡献可能是负数。当然，我知道他不是针对盖茨个人，而是以一个大家都熟知的人举例来说明问题。这件事对我很有启发，很多事情不能只看绝对值的大小，还要看它们造成的是正面影响还是负面影响。中国很多皇帝，包括我们前面讲到的汉武帝，以及维持了所谓"康乾盛世"的乾隆皇帝，其实一辈子做的事情正负相抵。今天很多人创业，烧掉了投资人很多钱，浪费了很多资源，却毫无结果，甚至留下一地鸡毛，还让很多用户陷入财政窘境，他们的贡献就是负数。虽然他们曾经被媒体追捧，被奉为明星，但对文明的贡献真的不如一位生产线上的装配工。

当然，对社会和文明的贡献是正是负，自己说了不算，要让社会来说、让历史来说。社会和历史对于每一个人的贡献，向来能做出公正而准确的评价。同样是解决出行问题，亨利·福特发明了实用的汽车，但是有的人除了留下一堆废铜烂铁，没有对出行本身产生什么帮助；同样是为穷人提供资金上的帮助，有些企业通过小额贷款帮助了成千上万的人，有些企业除了留下一堆烂账，让很多人破产，没有产生丝毫正向的结果。因此，越是想干大事，想做贡献，想实现个人生命价值的人，在行动之前越要三思。

如果自己已经努力做了对大家有益的事情，但却失败了，甚至好心做了坏事，是否自己的生命就没有价值、没有意义了呢？也不一定。世界上的任何进步都需要尝试新的东西，而任何尝试都可能伴随失败。因此，我们说的第二件有意义的事情，就是通过牺牲自我来拯救他人。有些时候失败者也是有贡献的，如果他们能够让后来人不再犯同样的错误，这就是对人类的贡献。

今天，人们总会赞扬一些悲情的失败者，因为他们间接造就了后人的成功。比如在历史上特斯拉就是这样一个人，由于他对电磁波的性质一知半解，把电磁波的应用错误地押宝在传输能量上。但是，后来的马可尼吸取了他的教训，成功地把电磁波用在了信息的传输上，这才有了我们后来的收音机广播和今天的移动通信。

讲到这里，可能有人会说上面所说的两件事是互补的，如果没有直接对文明做出贡献，至少也为他人提供了教训。其实不然。如果一件事没有人尝试过，作为第一个吃螃蟹的人，失败了情有可原；如果明明知道一件事可能没有好处，还要坚持做，那就不仅没有贡献，而且是在阻碍文明的发展。我们不妨回想一下几年前中国多家共享单车公司争夺市场的情景。第一家、第二家公司，不知道这种做法是否可行，大胆地去尝试，胜则可喜，输了也给后人提供了一个教训。但是随后进入的百十来家复制同样想法的企业，就完全是在浪费资源了。很多人会以自己一开始想不到那些坏的结果为理由，为自己浪费资源开脱，但是，一件没有意义的事情，不会因为实施者的无知就变得有意义。很多人觉得，自己做事情没有功劳还有苦劳，但是站在社会和历史的角度看，从来就不认可什么苦劳，特别是那些努力工作却在阻碍文明进步的苦劳。

今天的社会，虽然还远不是理想的社会，但是已经给了人们很大的自由来实现自我价值。我在《见识》一书中讲过，人生是一条河，它的影响力取决于三个维度的因素：影响的广度、深度和影响时间的长度。一个人的价值也大抵如此，其价值取决于有多少人因为他的存在而受益、受益有多少，最后他的精神遗产能持续多久。当一个人时刻想到，他生活的每一天都要让自己的生命变得有意义、有价值，那么他的生活永远会是充盈的。

永远输钱的股民和永远失望的球迷

我们前面讲了，人一辈子，要尽可能地做对的事情，只要事情做得对，时间一长，想不进步都不可能。但是做对的事情并不容易，人总是在不断地犯错误。接下来的问题是，犯错误可怕吗？一个错误犯一次并不可怕，可怕的是同一个错误不断重复还不自知；当然比这更可怕的是，明知道什么是错误，明知道什么是对的，但依然要坚持错误。

讲到这里可能有人会问，世界上真的有这么蠢的人吗？答案是肯定的，比如大家身边就有这样两类人：永远输钱的股民和永远失望的球迷。

在股市上，有输有赢是一件很正常的事情，但是有的股民永远只输不赢，这就有大问题了，因为让一只猴子来炒股，它可能还是输赢各半。

什么样的人会只输不赢？有人觉得是那些运气背的人，他们总是高点进入、低点割肉退场。其实，当一个人试图把握进出股市的时间时，他离只输不赢就已经不远了。只输不赢的有以下这样三种人。

第一种人：把赌场当作投资的场合

我们都知道长赌必输这句话，赌场玩的是一个零和游戏，考虑到赌场本身运行的成本，也就是庄家必须抽取的费用，赌场是一个回报率为负值的地方。只要玩得时间一长，再多的钱都必然会交给赌场。这个道理大部分人都懂。

但是，很多人不懂的是，很多所谓的投资机会还不如赌场，因为他们每一轮投资下来剩下的本金要比赌场还少。比如很多人喜欢炒汇，特别是喜欢炒汇率非常大的新兴国家的货币。这种人绝大部分很快资产就清零了，原因很简单，只要时间拉长一点儿，几乎所有新兴国家的货币对美元的汇率都是负的。当一个人在美元上涨一点儿后换了新兴市场的货币，看似赚了一点儿，但是几周后，他们通常换不回原来数量的美元。再考虑到外汇交易的中间价差很高，即使平进平出也是亏钱的。再比如，如果你在一个大盘永远不涨，甚至还缓慢下跌的股票市场炒股，那也会永远赔钱，直到赔光为止。但是，这个市场居然还有很多炒家，那是因为总有人觉得，别人赔钱，自己则能够把那些"菜鸟"的钱挣到手，岂不知，想割"韭菜"的人，总是自己成为"韭菜"。

我们讲股市能挣钱，那是因为企业的利润在上市，股价也在上市。因此，即使交了一些手续费，大概率也是挣钱的。但是如果股市永远只是在围绕一个区间浮动，挣钱的理由就不成立了。天天泡在这种环境中投机，如抱薪救火，薪不尽则火不灭。

第二种人：相信自己能够把握住时机

我们从小就被教育要把握时机。我被这碗"鸡汤"骗了几次之后，就不再相信自己能够把握时机了。我只有获得我努力的必然结果的运气，从来没有获得别人也没有的好运气。试图在股市上把握时机，就是期盼别人没有好运气。

股市的时机为什么难以把握，或者说无法把握？因为相信自己能够把握时机的人，不是在与其他具有同样想法的人竞争，而是在挑战市场的有效性和自亚当·斯密以来不断被验证的最基本的经济学原理。今天，但凡一个具有充足流动性的市场，资产的价格和它的价值就是一致的，因此不存在别人看不到、你看到的机会。有人看到某只股票下跌了10%，觉得自己能够便宜10%买到同样的东西，殊不知，昨天的这只股票和今天的这只股票不是同一个东西。我在前面讲了，股价是靠共识维持的，换句话说，当共识不再了，其价值也就不再了。

试图把握时机的人所犯的另一个错误，就是总在不当的时候把上涨的股票卖出。2016年，我出版了《智能时代》（第一版），有几位企业家和我聊了一两个小时后，买了英伟达和特斯拉的股票，结果几个月后就赚得盆满钵满。这时他们打电话给我，告诉我这个情况，我说自己从来没有推荐过任何股票，因为我自己不炒个股。我对他们说，那是他们运气好，遇到一只生蛋的鸡，养好了。他们告诉我，想把那些股票卖掉，因为涨得实在太多了。我反问了一句，卖掉之后买什么呢？这一下就把他们给问住了，毕竟把挣的钱放在保险柜里不是办法，总要让它们通过投资再生利吧。但是，卖掉生蛋的鸡，再去买哪只鸡却是一个难题。后来我也没有管他们是如何决定的。2023 年，英伟达的市值突破了万亿美元，特斯拉在此前也涨了 10 多倍。有一次吃饭我遇到那些人，我问他们，这些年收益应该不错吧？他们很沮丧地告诉我，在当年问过我之后，他们就把那些股票卖了，因为觉得涨得太多了，总想着将来跌回来再补仓。但是，那两只股票再也没有跌回到当时他们卖的价格，最后只能望洋兴叹了。我安慰他们说，没关系，这种事情我早年也做过。但是，我已经十七八年没有再犯这类错误了。

第三种人：相信自己看到了别人看不到的投资机会

比如某只股票的价值大家没有发现，让他给发现了，这种情况如果有，那么和中六合彩也差不多。今天，很多人投资喜欢买那些"仙股"，也就是几分钱、几角钱一股的股票，因为他们觉得这些股票的价格已经低到无法再低了，只有向上的空间，没有向下的空间。事实上，一角钱一股的股票，未必比 100 元一股的更便宜，这是一个显而易见的道理，但是很多人无法理解。有一次我对一位中学老师讲这件事，他无论如何都理解不了，于是我想到了一个能够让他理解的例子。我说，你班上有两个学生，小吴是学霸，每次都考 90 分以上；小田是"学渣"，每次都不及格。下一次考试，谁取得进步的可能性大？他说当然是小吴，小田每次不及格，自然有他的原因。我说企业也是如此，一家股价不断上涨的企业，说明它赢利越来越多，这背后体现的是管理好、市场大、产品优；一家长期股价在一角钱徘徊的企业，内部一定存在一大堆问题，如果有人告诉你，那家问题多多的企业下个季度要成为明星企业，他非蠢即坏。

为什么总有人在股市上输钱？不是他运气坏，而是他的认知有问题，或者性格有问题。存在上述问题而不自知，就是认知有问题；知道问题在哪里，还要固执己见，就是性格的问题了。性格决定命运，这话不假。

和在股市上不断赔钱的股民相对应的，是永远失望的球迷。如果一支队伍永远输球，永远让球迷失望，作为球迷该怎么办？有人认为该坚持，该继续支持它。虽然说坚持有些时候是一种美德，但是在上述情况下，放弃才是智慧。在这个世界上，具有智慧的人不多，如果你有幸成为其中的一员，恭喜你，因为即使你今天还很落魄，将来一定会成为了不起的人。我 30 年前就确定，很多球迷早到了该放弃的时候了；可 30 年后发现，绝大部分人并没有这种智慧。有人可能会说，我们坚持支持它，或许它能够翻身呢？或者说，如果我们不坚持，情况岂不更坏？其实世界上任何人、任何组织，包括球队，都没有那么重要，放弃它们，世界照样运转，更重要的是，我们可以把资源和专注度放在更有意义的事情上。

人性的贪婪

人性的贪婪常常超出你的想象

前几天一位朋友来家里,讲了一件让他愤愤不平的事情。他到一个中国朋友家,那个朋友家里堆满了从超市卫生间偷来的公用手纸,而且家里的院子里还有三四辆从超市推回来的购物车。这个人并不穷,买了三四栋房子。我的这位朋友讲,真是丢海外中国人的脸。我和他讲,这种贪便宜的人哪个族裔都有,然后就给他讲了两个故事。

第一个故事是我亲身经历的。有一次我在开市客购物,要买一块肉,怕包装盒里的血水滴下来,需要扯一个塑料袋。那一卷免费的塑料袋旁站着一位中年女性,我肯定她不是中国人。她张着口袋一个接着一个地扯,一边扯一边往口袋里装,已经装了三四十个了,口袋都撑满了,还在扯。我在旁边等了半天,有些不耐烦了,她看我在等,又舍不得马上停手,就和我讲:"这东西非常好用。"看到她如此无耻的样子,我忍不住对她讲:"你真可耻。"她这才悻悻地走了。

第二个故事是我们一个商业合作伙伴的经历。他因为要去埃及投资,就乘飞机前往开罗,这是他第一次去那里。这位朋友经常旅行,往往都能比较早地登机,这一次让他吃惊的是,登机口排了几十辆轮椅。美国机场出于对残疾人的照顾,只要你申请,就会提供轮椅服务,而且还是在其他旅客之前先登机。我的朋友十分诧异,为什么那趟飞机上有如此多的残疾人,结果到了埃及,由于开罗机场不提供轮椅服务,这几十个人健步如飞地下了飞机。

贪婪是人的本性,想戒除贪婪,难之又难。我有一位朋友是非常虔诚的佛教徒,照理讲,他应该看得很开,为人豁达,但是在生活中他却经常喜欢与人争吵,完全不像个佛教徒。后来我发现,他的原因在于贪婪。佛教讲,要戒除贪嗔痴,他一项也没有做到。这位朋友从来不占别人的便宜,但是不损害周围人利益的贪婪事,他隔三岔五地总要做。比如社区给老人的福利,他根本不需要,但总是不辞辛苦地去取,一大堆免费的东西拿回家,家里人觉得没用,只好再捐给慈善机构。

有人可能觉得,贪婪是上一代人因为物质匮乏所造成的,其实贪婪与物质多少无关。一些贫穷的人照样不贪婪;一些好莱坞影星,照样到百货店去"顺"化妆品;一些NBA(美国职业篮球联赛)球员住酒店,照样把洗漱用品甚至手纸一卷而空。贪婪不仅仅体现在物质上、占别人和社会的便宜上,也体现在试图获得能力所不及的一切上。

我有几个朋友,和我讲孩子在大学里太忙了,而且成绩还不好,甚至有的孩子已经开始吃抗抑郁的药了。这令人吃惊,在我的印象中,在美国大学得个 A,可比在清华考 90 分容易多了。后来我发现,那些孩子太贪婪,什么事情都想做,什么课程都想学。通常大家在大学里生活四年,获得一个学位,这属于正常。对于一些有能力又好学的人,拿两个学位也是有可能的。但如果想读三个学位,对大部分人来讲,其实是办不到的。如果还想到海外做半年的交换生,同时在两个以上的俱乐部里兼职,再从事一项运动,那就属于贪婪了。人的精力是有限的,贪多不仅事情做不好,还会把身体搞坏了。

贪婪的结果不是获得,而是损失

贪婪的人是成不了大事的,因为成大事者要的是专注。当一个人天天想着去超市偷塑料袋、去卫生间偷手纸,他的注意力就没有完全放在自己所要做的最重要的事情上。有人讲,我也没有耽误工作,我对他们讲,那是你对自己的要求太低。比如,一个人在一家企业待了十多年,每一年都能达到预期,但职位还很低,那就是他对自己要求太低的缘故。但凡他对自己的工作更上心一点,对自己的同事更上心一点,对自己的老板更上心一点,都不会是这样的结果。那么人为什么会分心，或者说在该上心的地方没有上心？那是因为他自己的兴趣太多，在不该贪婪的地方太贪婪了。

贪婪会让人做事时动作变形。我虽然不下围棋，但会时不时地看围棋比赛。我发现围棋对弈中有一个现象，一些年轻棋手其实水平不低，而且记忆力还好，把人工智能下棋的前四五十步都背得烂熟，因此他们在对阵那些成名已久的世界冠军时不落下风。但是他们经常在最后阶段动作变形，被对手翻盘，原因就是太贪婪。明明忍让一下，少赢一点就可以平稳收官结束比赛，却非要把棋撑得满满的。

贪婪引起的动作变形体现在方方面面。我有一个做对冲基金的朋友，一年多下来每个月的回报都不错。到了年底，想着把业绩做得更好点，多拿点奖金送太太一辆豪华轿车，结果多加了杠杆，又赶上那个市场表现不好，把半年挣的利润都赔了进去。他和我说起这件事时懊悔不已，如果他因此懂得了守规矩，这学费就交得值，因为这可以让他避免在金融危机时"见外婆"[1]。

当然可能有人会对我说："吴老师，你做了那么多事情，难道不贪婪吗？"这是一个好问题。如果你把这个问题拿去问了解我的人，比如我太太，她会告诉你，我真的一点儿都不贪婪。但是，如果你拿这个问题问我父亲，他会说，你们吴老师不够专注，

---

[1] "见外婆"是二级市场操作者的一句俚语，是 wipeoff 的谐音，就是清零走人的意思。

否则他应该有更大的成就。事实上，直到他去世，我都没有达到他所期盼的专注程度。我不知道如果他活到今天，是否觉得我的成就还说得过去，但总之我知道，如果用比较高的要求来要求我，我似乎应该更专注于某些事情。不过，即使我做了那么多看似不相干的事情，每一次也只做一件事，并不贪多。

贪婪是人的一种天性，因为要一个人放弃真的很难。2022年，我经营的硅谷高创会组织了一批国内的企业家去参加伯克希尔-哈撒韦公司的年会，其中有一位企业家有幸中奖，能够当场问巴菲特一个问题。这位企业家问："在人工智能发达、交易技术先进的今天，你的投资策略还有用吗？"巴菲特的回答是："还有用，因为有件事一直没变，就是人性的本质，即贪婪。"巴菲特的回答非常耐人寻味，也道出了他能够半个多世纪一直获得巨额回报的原因。巴菲特很好地利用了人性的贪婪，让别人不断主动送钱给他。

了解了人性的贪婪，我就告诫自己两件事。首先，不要天真地以为别人是不贪婪的。如果你在一个单位里，周围人为了自己的提升、自己的业绩，给你使坏，你千万不要吃惊；如果你再看到有人在超市偷包装袋，把几盒鸡蛋中大的鸡蛋合成一盒，也不要吃惊。当然我们应该制止这种行为。其次，我们自己不要成为贪婪的人。这种两分的心态或者看法，是我从马可·奥勒留的《沉思录》中学来的。这位哲学家皇帝告诉我们，我们自己要做一个理性的人、善良的人，要约束自己的不良想法，但是我们也必须清楚,这个世界上很多人和我们不一样,不要对他们有太高的估计。

那么如何做到不贪婪呢?日本女作家山下英子在《断舍离》中给出了一个很好的答案,就是放弃一些东西,只保留生活的必需品。但是,我们都知道,对很多人来讲,放弃真的很难。为了养成放弃的习惯,我20多年来一直在坚持一个原则,就是每年必须给出去一些东西。我给出去的,包括大量的金钱,也包括家里还非常新的日用品。为了防止乱买东西,我从10多年前开始就不再退货,如果买得不合适,我就直接捐给慈善机构。由于拿不回钱,下次再有购物欲望时,我就会三思了。后来,我把每年定期放弃一些东西,作为我们家庭成员必须遵守的规矩,久而久之,不仅自己在物质上的贪欲减少了,在其他方面也能把贪心关进笼子里。

人类的虚伪是否源于生存的要求

在自然界,人类可能是唯一虚伪的物种。各种研究都表明,其他哺乳动物的行为不虚伪,或许是因为它们没有必要虚伪,或许是因为它们的脑力还没有演化到能够虚伪的程度。总之,人类足够聪明,能够做到想一套、说一套,又做另一套。毫无疑问,这一方面是人类聪明的体现,但是另一方面在社会层面,也会让社会运行的成本剧增,以至于人类长期没有什么发展。

接下来我们就来谈四件事,看看虚伪的人类是如何行事的。

人与人最重要的是宽容

我们在前面讲到人类的不宽容,主要谈及宗教和信仰方面。在中国,宗教氛围非常淡,大家对于宗教的不宽容可能没有太多感觉。但是大家环顾一下四周就会发现,另一种不宽容体现在生活的方方面面。

比如，你是一个淘宝的商家、滴滴出行司机或者外卖小哥，遇到的最头疼的事情估计就是被顾客打了一个差评。有了一个差评，恐怕十个好评都弥补不了。顾客为什么会打差评？当然肯定是没有获得自己所期望的服务，比如收到一件假货，或者送餐晚到了 10 分钟，等等。对于前者确实应该给差评，因为我们每一个人都有责任清除假货，但是对于后一种情况，有的人就不再追究了，有的人则绝不宽容，甚至有些人会鸡蛋里面挑骨头，明明没有给自己造成什么损失，却要故意难为外卖小哥一把，以显示自己的"权力"。对此，我们是否应该宽容一点呢？我不对大家提出这种要求，毕竟每一个人都有权利按照自己高兴的方式处理这种事情，我想说的是，这种不宽容的现象是很常见的。

在这样不宽容的环境中，做事其实是很难的。在单位里，一个人做事，难免有些人在旁边等着找他的不是。这个人不管做了多少好事或者做成了多少事，旁边的捕食者们都不会有任何感动和感激；当他不小心把事情做砸了的时候，捕食者们就会像非洲的鬣狗一样毫不留情地上去撕咬。

我说的这些情况大家都遇到过，或者都会遇到，但是今天的人们依然把"宽容"二字挂在嘴边。大家看看各种励志的图书、各种"心灵鸡汤"，甚至无厘头的短视频，都在教人如何宽容。如果你做一次调查，问问大家是否会宽容别人的行为，99% 以上的人都会给你肯定的答案，但是大家再转身看看周围的人，真正能宽容你的又有几个呢？因此，我们不要对今天人们的宽容程度抱太多的幻想。

守规矩是一种态度

动物界有自然的规矩，各个物种都不会破坏它。比如，狮子和老虎会划定领地范围，不会轻易闯到其他同类的领地范围内。人类在演化的过程中变得越来越聪明，于是就开始破坏各种规矩，然后恃强凌弱。大家如果读一读《霸商》这本书，就会发现当时的人是多么不讲规矩、多么野蛮，完全按照拳头的软硬来行事。但是在这样的环境中谁都过不好，于是就要有规矩、有法律。周公旦制定了周礼，那就是规矩。类似地，在古巴比伦早期，欠债的不还钱、盗窃现象很普遍，盖的房子都是豆腐渣工程，于是汉穆拉比要定规矩，颁布了著名的《汉穆拉比法典》。在法典的前言中，他还特别说明，不指望子孙能够靠所谓的领导力管理好国家，但希望子孙能够用这部法典，也就是遵守规矩来管理国家。《汉穆拉比法典》的条文在今天看来有点严苛，偷盗者要砍手；对于修建豆腐渣房屋的人，房子倒了修建者要偿命；欠债的要卖身为奴抵债。但不管怎样，有规矩总比没规矩强。因此，美国的立法机构——国会，把汉穆拉比的像刻在墙上，他被认定为制定法律规矩管理国家的先行者。

守规矩可以让一个政权、一个文明免受昏君、暴君和阴谋家的破坏。罗马人留给世界最大的遗产就是罗马法，这一点我在

《文明之光》中讲过。罗马法不仅是当时大家要守的规矩，而且告诉后世之人定规矩的原则，即要符合人的自然属性，而不是个别强人的意志。靠着讲规矩，罗马延续了大约 800 年，此后又在原来的希腊化地区延续了 1000 年。

当一个社会不再守规矩时，文明就开始倒退了，孔子称之为"礼崩乐坏"。当然世界历史中发生礼崩乐坏的时候很多，孔子抱怨的中国春秋时期还不是最不守规矩的时期，如果他知道中国在战国时期发生了什么事情，他会气得从棺材里跳起来。当一个社会饱受不守规矩之苦之后，大家都不得不达成一种共识，就是守规矩还是需要的。久而久之，守规矩成为人类文明的共识，于是人们提出了维护"法律和秩序"（law and order）这个更专业的术语。

但是，由于守规矩意味着每一个人都需要放弃自己的一些资源、财产和自由，人们总不免暗地里破坏规矩。破坏规矩不一定是违法或者反叛，因为那么做损失太大，得不偿失，而是选择做那些不符合规矩，但是处罚他们的成本又很高的事情。比如，在美国加州，小额的偷盗行为就是如此，处罚一个偷盗 100 美元财物的罪犯，成本要远高于 100 美元本身，于是就会有人提出干脆算了，这也就助长了大家都不守规矩。

不守规矩的现象今天比比皆是，大家不要觉得我夸大其词，但凡一个人用过盗版软件，包括 Windows 视窗软件或者 Office 办公软件，都或多或少地属于不守规矩。在纽约等大城市，横穿马路的现象非常普遍,这也是不守规矩的行为。很多人在内心里并没有要守规矩的想法,或者碍于面子,不好意思不遵守规则,或者担心损失,不得不遵守规则,但是在背地里却可能做着破坏规矩的事。比如在美国看盗版录像、使用盗版软件,哪怕只是保留了它们,每一个都会罚款2500美元,如果一台计算机中装了三个盗版软件、五部盗版电影,一旦被发现,一罚就是2万美元。因此大多数人没有必要为了省几百美元而冒损失几万美元的风险。但是即使在美国,数字化产品的盗版量也是巨大的,据估计大约有30%的人都接触过盗版的数字化产品。

由于很多人在潜意识里就不想守规矩,因此当看到很多人都不守规矩时,被压抑的潜意识就体现在行为上了。比如,在美国小镇或者市郊长大的一向遵守交通规则的大学生,到纽约实习一个暑假,就时不时地会在红灯时横穿马路了。

今天,几乎每个人都说该守规矩,既要求别人守规矩,也在别人面前把自己标榜为守规矩的人,但是内心里想的却是另一回事,在别人看不见时做的也是另一回事。规矩屡屡被破坏,大部分时候不是那些明目张胆的破坏者所为,而是大量虚伪的守规矩者在暗地里破坏。

应对气候变化问题上的虚伪性

环保的重要性不言而喻。我们前面讲过,今天全世界有大约 80 亿人，每年却产生了等同于 500 亿吨二氧化碳的温室气体，导致地球气候变化异常。

但是，今天全世界并没有采取太多有效的措施来解决这个问题，这个问题反倒成为各国为了达到自己的目的做文章的议题。比如，最支持温室气体减排的是美国和西北欧国家，最不愿意减排的是正在工业化的发展中国家，包括印度和大部分东南亚、非洲国家。于是人们得到的印象是前者在关心地球的未来，后者只想着如何发展工业赚钱。但事实是什么呢？我们不妨看看各国人均温室气体排放的具体数据。

全世界有大约 80 亿人，排放了大约 500 亿吨等价二氧化碳的温室气体，人均大约排放 6 吨。如果一个国家的人均排放水平超过 6 吨，就说明它的排放量太高了，对世界的伤害太大了。在全世界大约 200 个国家中，人均排放量最高的是世界上的各大产油国，特别是阿拉伯地区的产油国，比如卡塔尔、科威特、阿联酋和沙特。其中卡塔尔的人均排放量超过 38 吨，北美和中亚的产油国，比如加拿大、美国、哈萨克斯坦，也都超过了 12 吨，即全球平均数的 2 倍。第二档的人均排放量大国是大多数北欧国家、德国，以及刚刚完成工业化的中国，人均排放量超过全球平均数的 120%，但不到 200%。在欧洲发达国家中，真正做得好的是气候较好的意大利和葡萄牙，以及长期致力于再生能源开发的法国、英国、瑞士和瑞典。在全世界，真正做到"低碳生活"的，只有东南亚和非洲那些几乎没有工业的国家。这并非说那里的人环保意识强，而是因为那里的工业还没有发展到大量使用化石燃料的阶段。

因此，把每年500亿吨温室气体排放的数据掰开来，摊到各国头上一分析，大家就不难看出，有很多人在减排问题上是很虚伪的。以德国为例，它原本有很多核电站用来提供清洁能源，但是后来因为怕核反应堆出现安全问题，也出于成本的考虑，关闭了全部的核电站，转而从俄罗斯进口廉价的天然气。天然气虽然比煤能够减少一半的二氧化碳排放量，但是和几乎没有温室气体排放的核电相比，就不那么环保了。有人可能会奇怪，在2022年俄罗斯中断了对德国天然气供应后，德国为什么不恢复核电站的运行，而要以更高的成本从美国和加拿大进口天然气？这一方面是因为能源设施不可能短期内从天然气切换回核电，但更重要的是，德国关闭核电站的决定并非政府和议会做出的，而是全民公投做出的。换句话说，它的能源政策要想转回到核电上，还要再进行一次公投。

当然，泛泛地谈论人们在环保议题上的虚伪可能缺乏说服力，我们不妨来看两个具体的例子。如果让大家在全世界范围内选出两个最有影响力的环保人士，我想那一定是美国前副总统艾伯特·戈尔，以及瑞典网红、被称为环保女孩的格雷塔·通贝里。前者因为拍摄了宣传环保的纪录片《难以忽视的真相》(*An Inconvenient Truth*)而成为环保的符号，这部纪录片还获得了第79届奥斯卡最佳纪录片。那么在生活中戈尔是不是一个环保的人呢？据ABC（美国广播公司）新闻在2007年报道，戈尔仅在田纳西州的房子，一年就用掉了10万多千瓦时的电，是美国家庭平均用电量的20倍。虽然当地电价很便宜，他每年的电气账单也高达3万美元，这还不算他在加州住所的用电。为什么戈尔家用电这么多呢？因为他的大房子有大小20个房间。那么是否戈尔家人太多，几代人住在同一个屋檐下呢？其实他家只有他一个人，他离了婚，孩子也不在身边。

我们再来看看格雷塔。格雷塔出生在瑞典一个中产之家，父亲是演员，母亲是歌剧演员，但是她似乎没有继承父母的艺术细胞，从小就沉默寡言，以至于父母不得不带她去做检查，看看她有没有交流障碍。不过不善表达的格雷塔并没有因此停止对别国环保问题指手画脚，她一辈子做的事情就是在媒体面前控诉世界各工业国和很多族裔不环保。那么格雷塔自己做得怎么样呢？

和从不掩饰自己在大量消耗能量、出门坐头等舱商务舱、日常大量用电的戈尔不同的是，格雷塔在公众前要维持自己环保的形象。比如，她不准家人乘坐飞机、汽车这种排碳的交通工具，她的母亲只能每天骑着自行车上班，如果遇到要坐飞机出国演出的情况，只好不去演出了，最终不得不结束自己的演艺生涯。2018年9月瑞典大选期间，格雷塔突发奇想，不去上课，而是拿着一块"为气候罢课"的牌子静坐在瑞典国会门口。此后，她每周五都以这个理由逃课，后来为了搞环保干脆退学了，到世界各地去参加各种气候大会。但是，为了出席会议，她又不得不常常坐飞机。为了表示自己能不坐飞机就不坐飞机,她到美国时,乘坐了一艘豪华的帆船横跨大西洋,但算下来乘坐豪华帆船的二氧化碳排放要远高于乘坐飞机。更要命的是,在横跨大西洋的整个过程中,还有一架直升机全程跟踪拍摄她,制造和使用直升机所产生的污染物远比乘坐飞机要高得多。等她到了美国之后,那艘帆船还要想办法被运回欧洲,而她带的一个庞大团队的所有成员也要坐飞机返回。这一趟下来比她一趟往返的飞行不知道多排放了多少温室气体。随着格雷塔的出名,她的日常行为也经常被媒体拍到,大家发现她一方面倡导全世界禁止使用一次性餐具,另一方面自己却大量用一次性餐具进食,并且浪费食物,将面包圈直接扔掉不吃。

如果说格雷塔当时的行为多少还可能是因为她的年幼无知,缺乏基本的教育,那么她背后的推力——联合国、达沃斯论坛、世界气候行动峰会、《时代》周刊就不能以无知为借口掩盖自己的虚伪了。对于格雷塔,美国前财政部长史蒂文·姆努钦建议她先考上大学并念完经济学课程。这个建议是一个忠告,毕竟一个人需要掌握基本的加减乘除和经济学理论,了解哪些做法才是最浪费资源,哪些做法才能从经济上保证温室气体减排可以持续。不过格雷塔并没有这么做,2023年,已经21岁的她既没有去上学,也没有凭自己的双手挣钱养活自己,而是成为一名职业抗议家,但凡有能够吸引眼球的抗议,都有她的身影,从抗议警察逮捕罪犯,到抗议以色列。当记者问到她迫使自己的母亲中断了演艺生涯，是否有愧疚感时，这位已经成年的女生毫无悔意，说那是她母亲自己的决定。

人类的虚伪并未随着文明的进步而消减

前面几个例子讲的都是普通人，他们或许需要通过虚伪得到一些还没有的东西，但是如果你认为所谓的成功人士就不虚伪了，那就大错特错了。我们不妨来看看在过去几年闹得沸沸扬扬的爱泼斯坦事件。2024年一开年，这件事居然上了联合国的新闻网页[1]，下面这段话我就节选自该网站：

> 根据媒体报道，爱泼斯坦原是一名纽约私立高中的老师，后经学生家长引荐踏入金融界，并成立专为超级富豪服务的财务管理公司。据称，他曾将一座私人岛屿打造成所谓"萝莉岛"，以招募按摩师为由诱拐年轻女孩提供性交易，供权贵阶层享乐。
>
> 2019年7月，在警方掌握了大量证据之后，爱泼斯坦因涉嫌组织性交易及合谋拐卖未成年女性被捕并遭到起诉。然而一个月后，等待审判的爱泼斯坦在狱中死亡，法医称他是"自缢而亡"，但据称有诸多细节仍受到舆论质疑。

---

[1] 参见：爱泼斯坦案法庭文件被公开，人权专家强调"无人应凌驾于法律之上"[OL].[2024-01-09]. https://news.un.org/zh/story/2024/01/1125932。

关于这些事情的细节，大家自己到互联网上去查，因为那些权贵的行为实在是太可耻，我不愿意在这里描述。简而言之，爱泼斯坦和享受他所提供服务的那一群人所做的事情，不仅极为可耻，而且有罪。爱泼斯坦作为一个靠伪造学历才当上中学老师的底层人，能变成一名巨富，靠的是接受他所提供的性服务的一大群社会名流、有钱有势的人。那么接受他服务的都有谁呢？

2024 年，随着一批法庭文件被解密，一份涉及上百人的"爱泼斯坦名单"被公开，再度引发轩然大波。在这个名单中，除了有之前大家都知道的英国王弟安德鲁王子、美国前总统克林顿等人，又曝出了奥巴马夫妇、特朗普和拜登三位美国前总统和现任总统，以及前首富比尔·盖茨，加拿大总理特鲁多，天天宣传极"左"福利社会思想的美国参议员伯尼·桑德斯，联合国人权大使、影星安吉丽娜·朱莉，哈佛大学前校长劳伦斯·亨利·萨默斯等，甚至包括大家很敬重的科学家。这份名单被公开后，大家一方面感到震惊，另一方面马上就明白了很多离婚案为什么会发生。这些人原本被认为是有较高文明水准，至少有基本体面的人，做的却是最让人不齿的事情。可能有人会讲，他们只是偶尔猎奇，但是站在被害者的角度看，轻描淡写地用"猎奇"二字文过饰非，无疑是对被害者的第二次伤害。

人类的虚伪还表现在日常生活的各个方面，如果我们一一展开讲，十本书的篇幅也不够。接下来的问题是：人类为什么要如此虚伪，而且虚伪的程度似乎没有随着文明的进步而有所消减？这其实是社会学家经常探讨的一个大问题。根据我读到的文献和自己的观察，我把人类虚伪的原因总结为两条。

第一，这样做成本最低，能免去很多麻烦，更容易达到自己的目的。比如你到西方国家，发现大家很少一起谈论政治，这和中国人在饭局上无话不说完全不同。这是因为大家都试图隐匿自己的政治观点，以免造成不必要的争吵。近年来的特朗普现象就是这种虚伪的集中表现。如果你去问 100 个美国人，几乎没有人会和你讲他支持特朗普，但是特朗普大约一半的支持率又是如何获得的呢？特别是在共和党建制派集中财力支持妮基·黑利女士后，特朗普在 2024 年年初的共和党初选中还是取得了压倒性的胜利。对此你只能认为大家在说一套、做一套。如果谁真的站出来说他支持特朗普，会引起很大麻烦，于是为了避免麻烦，大家选择了成本最低的做法。

第二，工业革命之后，社会进步的速度要远比人进步的速度快。比如今天很多地方的人均收入大约是 20 世纪初的 20 倍，人均寿命是 20 世纪初的 2 倍多，但是自身的进步可不一定有 20 倍。

在社会进步的同时，人们为了公共的福祉确立了更高的道德原则和集体主义原则，包括对弱势群体的照顾和缴纳很高的税负来维持公共事业的开支，但是这些原则其实绝大部分人并不认同，只是希望别人遵守。再比如，今天你会看到很多人对他人的道德要求极高，但涉及自己时就会找各种借口逃避道德的约束，这就是因为社会确立了很高的大部分人根本做不到的道德规范。又比如，你会听到有关逃税的报道层出不穷，从企业到个人，这是因为所有人都想着慷他人之慨，定了一个很高的税率，自己却不打算遵守。这里面最虚伪的是巴菲特。巴菲特是我很敬重的人，我在"硅谷来信"中多次介绍了这个人的智慧，但是他总在呼吁提高所谓有钱人的税率，的的确确是虚伪的表现。为什么这么说呢？因为巴菲特虽然财富很多，但他的薪酬收入极低，而且他通过不派发股息的做法，让他的投资几乎没有已经实现的回报。在美国，一项投资收益即使再高，只要你不卖掉，就永远不算实现回报，就永远不需要上税。因此，即便美国把税率增加到100%，巴菲特每年上的税连他资产的十万分之一都不到。但是，提高收入所得税，就会让那些高薪却没有什么资产的人背负沉重的负担，而这些人通常是靠薪酬和奖金吃饭的青年人和中年人。换句话说，如果美国把税率提得很高，就会让工作的青年人和中年人养拥有巨大财富的老年人。如果巴菲特真的觉得他该多交点税，只要让其所投资的苹果、可口可乐等公司派发股息即可，这样他每年至少要比现在多交几千倍的税。

总的来讲，社会进步的速度和人自身进步的速度有一个"剪刀差"，而且这个张口越来越大，使得巴菲特这样的慈善家都无法免俗。这也就是为什么人们会说越是在文明的社会，大家越虚伪，反倒是在原始部落里，民风更加淳朴。

最后的问题是，虚伪是一件坏事吗？是的，它使得我们社会的运营成本极高，使得双赢变得几乎不可能，我们每一个人都在为此付出代价。更可怕的是，虚伪的时间一长，当人们想坦诚的时候已经忘记该如何坦诚以待了。

可能并不存在的双赢

人类在 20 世纪的一大成就，就是从数学上证明了博弈双方双赢的可能性是存在的。但是同时人类犯的一大错误就是在没有搞清楚双赢的条件和场合下，一厢情愿地滥用双赢的理论。当然在讲人类一厢情愿地滥用双赢之前，我们先说说博弈论中的双赢，以及为什么双赢会成立。

囚徒困境谜题

讲到双赢，先要讲讲囚徒困境，因为这个问题通常被当作解释双赢的例子。最初的囚徒问题是美国作家威廉·庞德斯通提出来的，他最初对这个问题的描述如下。

有两个囚徒一同作案，被警察抓住。由于警察没有非常强有力的证据给他们定罪，因此就把两个人分开单独审讯，然后

和他们讲:

1. 如果双方都交代认罪,每人会被判刑 2 年;
2. 如果一方交代,另一方抵赖,交代的一方有立功表现,会被释放,而抵赖的一方会被加刑 1 年,也就是分别被判 0 年和 3 年。
3. 如果双方都不交代,警察又没有足够的证据给他们完全定罪,那么每个人会被各判 1 年。

为了清晰起见,我们把上述四种情况的量刑时间总结在表 3-1 中。

表 3-1 "囚徒困境"解析

囚徒 A \ 囚徒 B	不交代	交代
不交代	各判 1 年	A: 3 年 B: 释放
交代	A: 释放 B: 3 年	各判 2 年

上述问题其实是两个囚徒之间的非零和博弈,即一方所得未必等于另一方面所失,双方通过合作反而可能有所收获。不过,由于庞德斯通的设置既不能体现非零和博弈中双赢的原则,也和美国司法的量刑原则不一致,因此人们后来再讲述囚徒困境时就不断修改上面四种可能性中的数字,于是囚徒困境问题就有

了不下十个版本。其中最能说明双赢特点，又符合美国司法量刑原则的是下面这种，我在学博弈论课程时，老师引用的也是这个例子。

1. 如果双方都交代认罪，每个人因态度好，会被各判刑 5 年。
2. 如果一方交代认罪，另一方抵赖，交代的一方因有立功表现，会被减刑到 2 年，而抵赖的一方会被判 10 年。
3. 如果双方都不交代，控方因为没有证据，因此无法定罪，双方都会被释放。在这种情况下，双方实现了双赢。

上述的游戏规则可以总结为表 3-2。

表 3-2 "囚徒困境"中的"双赢"解析

囚徒 A \ 囚徒 B	不交代	交代
不交代	均释放	A: 10 年 B: 2 年
交代	A: 2 年 B: 10 年	各判 5 年

显然在上述例子中，两个人都相信对方不会出卖自己，选择合作会得到最好的结果。但是，在数学上，如果双方真的无法沟通，合作的选择是达不成的，因为它在数学上不是这个零和游戏的均衡点，均衡点是大家都采取保底的不合作策略。在现实

中，由于担心相信对方而使得自己有可能被判 10 年刑，大家宁愿不相信对方。因此，这个游戏如果玩多次（当然每次由不同的人来玩），最后大家会停止在选择不信任对方的选项上，也就是被各判 5 年。上述非零和博弈问题的均衡点是双方互不信任，它也被称为纳什均衡点，因为这个问题最初是由纳什解决的。

  在纳什从数学上向大家证明存在博弈双方都获得利益的可能性之后，人们就试图劝和对立的双方，以合作取代对抗，获得更多的好处。在现实中，博弈的双方是可以沟通的，也就是说，他们可以"串供"，达到双赢，但问题是，对方是否能接受自己的诚意。在冷战期间，人们把上述例子稍作修改，用来劝说美苏双方停止核军备竞赛。这些人用的例子如下。

1. 如果双方都不信任对方，都发展核武器，那么会形成核威慑的平衡，导致双方都不会被核讹诈，但是这样会严重损害经济，相当于每一方都付出 5 分的代价。

2. 如果一方发展核武器，另一方没有，那么发展核武器的一方形成全球战略优势，但是付出的代价是缺乏发展经济的资金，得失部分相抵，付出的代价是 2 分。但是没有核武器的一方被核讹诈，付出的代价是 10 分。

3. 如果双方都能信任对方，都不发展核武器，双方都能把自己的精力用于发展，实现双赢，没有付出，收益各是 5 分。

为了清晰起见，我们把这个例子的具体数据列在了表 3-3 中。

表 3-3　以停止核军备竞赛为例解析"双赢"

B 国 A 国	不发展核武器	发展核武器
不发展核武器	各 5 分	A: -10 分 B: -2 分
发展核武器	A: -2 分 B: -10 分	各 -5 分

现实的双赢，其实可能是单赢

那么，非零和博弈的双赢在现实中是否有达成的可能性，还是说仅仅停留在纸面上？历史上真实的情况是，在一定的时间范围和地域范围内，真的可以通过各方合作实现双赢。比如下面三件事：

1. 1648 年，《威斯特伐利亚和约》的签订和遵守。
2. 20 世纪 90 年代，美苏核裁军和冷战的结束。我们享受到的这几十年的和平红利，其实就是那次双赢的结果。
3. 冷战后经济的全球化。

这里我们要特别说说冷战后经济的全球化。
为什么全球化能够实现？这是因为在世界各个经济体之间

存在比较价格优势，如果实现全球化，就会让各方获利。举个例子，A国生产一辆汽车的成本是1万美元，生产电视机的成本是250美元；B国生产一辆汽车的成本是2万美元，生产电视机的成本是1000美元。那么该怎么做呢？有人会说，都由A国生产，因为它具有价格优势。错！如果是这种情况，B国就会通过提高关税，让购买A国产品的价格比在B国生产还高。正确的做法是，A国生产电视机，不生产汽车；B国生产汽车，不生产电视机，然后A国用卖电视机的钱向B国买汽车，B国用卖汽车的钱向A国买电视机。为什么要这样做呢？因为A国生产汽车的成本是生产电视机成本的40倍，B国这个比例是20倍。也就是说，虽然A国在这两种产品中都有价格优势，但是B国在生产汽车方面有相对的价格优势。A国如果用生产一辆汽车的资源和成本生产电视机，可以生产40台电视机，并可以到B国换回2辆汽车。也就是说，A国通过放弃汽车的市场配额，能够获得更多的汽车，只有这样双方才能实现共赢。当然，世界各经济体生产不同产品的成本不会像这个例子中所描述的，总是A国比B国低，通常会有不同的优势，因此实现全球经济合作应该比这个例子更容易。事实上，冷战后的几十年全世界的经济体就是这么做的。

但是，几乎所有的博弈放到更大的时空中来看，至少以目前人类并不高的认知水平和自私自利的本性来看，都是零和的，即使是非零和，大家也会选择更安全的不合作的策略。我们不妨用核裁军和经济全球化这两个例子来说明。

当美俄两国都接受了《全面禁止核试验条约》后,在短时间内,这两个国家之间似乎实现了双赢。但是,这两个国家的竞争并非仅仅在核军备一个方面,而是在地缘政治、经济和常规军力等诸方面。在这些方面,俄罗斯完全无法和美国相比。因此,俄罗斯看似因免除维护核武器的高昂费用获得了一定的利益,但很快就发现自己从一个全球性的大国变成了GDP连广东都比不上的"破落户"(拜登语)。也就是说,这件事在更大的时空内来看,只实现了单赢。

我们再来说说全球化这件事。虽然全球化可以让各个经济体都获得较快的发展,但是全世界市场的份额加起来是100%,这件事不会改变。也就是说,虽然从经济总量来看,全球化似乎是一个非零和博弈,但是从市场占有率来看,它永远是一个零和游戏。一个经济体增加了1%,必然要有经济体减少1%。由于各个经济体发展的速度不同,只要时间一长,有的发展较快,很快就占领了巨大的市场份额;有些经济体则相对发展较慢,在全球经济中的地位就越来越无足轻重。也就是说,即便各经济体之间能够恪守自由贸易的原则,但时间一长,也会有很多经济体不满意。当然,这还不是今天自由贸易所遇到的最大的问题,最大的问题是,博弈的一方采用了合作的策略,但是另一方却总想占便宜,采用了不合作的策略。具体来说,它们表面上喊着全球化的口号,背地里却在进行贸易保护,于是,并不稳定的双赢就不复存在了。由于贸易上的博弈不是一次性的博弈，而是反复进行的长期博弈，那么它最终必然收敛到纳什均衡点上，也就是大家都采用不合作的策略。

不仅在经济体之间如此，人与人之间也是如此。如果大家都能够采用合作的策略，不伤害对方，那么社会运行的成本就很低，否则就会不断提高。最近几年，我往返于美国东西海岸之间，对这件事感触颇深。

双赢是个不稳态

20多年前，我从中国到美国（当时在马里兰州）后，特别享受在美国购物的快乐，尤其是如果买的东西不喜欢，可以无条件退货。当然我盘算着排队退几美元的货在时间上划不来，因此除非是在家里很占地方的东西，否则即使不喜欢也就凑合用了。我想大部分美国人也是我的这种想法，因此退货的人并不多，更何况大家退货之后，通常又顺便在那家商店买一些其他的商品。所以，当退货率不高时，商家没有太多损失，顾客也方便。

后来到了加州，我就发现一个大问题：退货的人特别多，每次排队都要排很长时间。我在排队时，总时不时会看到一些匪夷所思的情况。比如一位家庭主妇，买了一桶大约两升的橄榄油，吃到还剩了个底儿，跑去退货，说不喜欢；还有一次，一位家庭主妇拿了一个只剩下土的花盆去退货，说买的花养不活。店员也按照要求给她们退了。不过逐渐地，在加州商店里退货就越来越难了，像开市客这样的会员店，干脆关闭了一些经常退货者的会员卡。但即便如此，大家在开市客退货，也得排一刻钟甚至半个小时的队。在加州住长了，我也习惯了，觉得现在民风大抵如此吧，反正我很少退货，也没有去管这件事。

这几年我有时生活在美国东部，就发现那里退货的人依然很少。在开市客退货，依然不问任何理由，不需要排队。接下来我发现，同样的电子产品，东部马里兰州的开市客的价钱要比加州便宜一点，有些产品，比如谷歌的硬件产品，还便宜非常多。照理讲，那些产品都是亚洲制造的，加州的运费还会更低一些。我因为经常和销售人员打交道，所以知道商店的定价原则：退货的损失，都会打到定价中。谷歌的产品在加州成本低，定价还高，全拜很多占便宜的人退货所赐。

商家和顾客的博弈其实不是一个简单的零和博弈，如果双方配合，减少不必要的浪费，顾客付出的价钱就少，商家的利润也高，而且大家花的时间也少。如果顾客总想着占便宜去退货，最终 10 件商品只收回 8 件的钱，那就只好把商品单件的价格提高 1/4 了。在美国退掉的商品常常被直接扔掉或者捐掉，因为回工厂再修理包装，成本比制造还高。同时，由于商家不得不雇用很多人处理退货，利润也下降了，这就是双输。至于为什么加州这种地方的商业这些年越来越多地出现双输的情况，大家读到这里，结合前面讲的机场提供轮椅服务的例子，恐怕自己已经有了答案。总之，一个能够彼此信任的社会，运行的成本会低得多。但是，当一个社会还不具备彼此信任、能够双赢的时候，却要天真地以为大家都是可以信任的人，一定会付出巨大的代价。

条件不具备，不奢谈双赢

莎士比亚在《雅典的泰门》中塑造了泰门这样一个前后矛盾的形象。泰门原本对人类具有无限的善意，他非常富有，慷慨地对待所有的人，但是雅典人却把他当智障者，想方设法地在经济上占他便宜，直到他破产。没有了钱的泰门，找谁借钱都借不来，大家都躲着他，这真应了中国的那句古语——"贫居闹市无人问，富在深山有远亲"。后来泰门跑到了森林中，与动物为伍，他无意间发现了大量的黄金。对人类已经有极大恨意的他，把那些钱给了一位将军，让他向所有雅典人复仇。如果当初泰门没有把人想得太好，他后来也不会把人想得那么坏。

今天，天真地相信世界处处充满双赢的人，和早年的雅典泰门差不多。他们想双赢，但是其他人总在利用他们，最后总有一天，他们要么自己被这个世界吞噬，自暴自弃；要么最终变得对世界充满恶意，也未可知。比如美国有一些城市，曾经非常欢迎移民，包括非法移民，以为善待后者就会帮助他们融入社会，实现共赢。但这种想法显然非常天真，最终的结果是，要么这些地方开始反弹，排斥非法移民，甚至排斥合法的移民；要么整个地区就衰落了。在不该使用合作策略时单方面地使用它,结果只能自己承担,同时对社会的危害可能也很大。

那么,怎样才能构建一个运营成本较低、大家能够彼此信任、不用天天防着他人的社会呢?开市客的做法是,对于不能合作双赢的人,就不带你玩了。最近几年,开市客取消了很多人的会员资格。这些人主要有两类,除了前面提到的经常退货的人,还有把会员卡借给他人的人。购物只是一件小事,世界上还有很多大事,我们来看两个例子。

硅谷的风险投资,原本就是一项靠合作获得双赢的好事情。投资人承担金融上的风险,在没有担保的情况下把资金投给创业者;创业者信守诺言,尽力做好项目,回报投资人。但是,由于没有担保,创业者把投资人的钱烧光了一走了之,投资人也没有办法。这就是一方采用了不合作的策略去"坑"另一方。在硅谷地区这种事情并不多,因此风险投资还在扩大规模,新的企业也层出不穷,但是在中国前些年发生了太多创业者不负责任地烧钱,甚至卷走投资人钱的情况,以至于后来的投资人通常都要定一些非常严苛的霸王条款,比如对于接受了天使投资的失败者,要让他们背上一辈子的债;对于已经有收入的企业,要签订对赌条款。这两种做法都不利于创新,但是没有办法。

再讲一个投资移民的例子。从 2023 年开始,世界上主要的移民国家都停止了投资移民计划,或者大幅度提高门槛。这是为什么呢?在一般人的想象中,一个国家接纳一个有钱的外国人成为本国的公民，一方面，可以获得一大笔收入，同时由于那个人挣钱能力强，还会给国家带来税收；另一方面，这个移民国家也会给对方带来庇护和各种生活便利，包括大量的福利。这本是一件双赢的事情，但是，很多投资移民除了一开始投资买了房产，并没有把自己的收入带到移民国，仅享受那里的福利，甚至还声称自己没有收入，以获得税务补贴。在澳大利亚和加拿大的移民中，这类人非常多，接下来的结果就可以预知了，双赢变双输。当然，这样的博弈不是一次性的，于是，各个主要的移民国家几乎同时取消了投资移民计划。

前面开市客的例子，还只是把不愿意合作的人踢出去，维持一个能够继续运行的合作者的社群；后面两个例子则是干脆彻底放弃合作策略，通过不合作的做法，保证不会得到比纳什均衡点更差的结果。如果大家反省一下，为什么会得到这么坏的结果，其实当初很多人都有责任。

今天很多人觉得自己活得很累，为什么累呢？因为大家采用了不合作的策略，总要提防所有人。但是，对世界过分乐观，不考虑条件和环境轻易采用合作策略，又不免吃大亏，很多人最后反而恨社会。对此，我的做法和开市客有点相似，把不能够信任的人从联系方式中删掉，这样就不需要再在提防中生活了。

文明的距离只有 30 米

文明的范围竟如此之小

2023 年读到一篇文章，讲文明的距离只有 30 米。读完后我感触良多，后来再想找那篇文章就找不到了，因此只记得一个大意。这篇文章讲的是，今天大部分人，文明的距离不出家门，因此也就是 30 米的范围。在家里，收拾得干干净净的；一出家门，觉得什么东西都是公众的，不属于自己，便肆意滥用，甚至毁坏。

2010—2012 年，我有很多时间住在深圳。深圳是新开发、新规划的城市，居民来自中国各地甚至世界各地，城市中建有不少公共的街心公园。由于深圳常年温暖湿润，公园里植被繁茂，因此我经常在那里跑步锻炼。让我唯一感到不方便的就是公园里时不时能看到小孩大小便，甚至会经常遇到老人领着孩子蹲下来小便，这让我十分诧异。我和深圳的同事讲起这件事，他们和我讲，那都是农村来的老人，就让孩子们随地大小便了。但是我觉得这和人来自哪里没有关系，因为我去一些周围的住宅小区就没有这个现象。这个道理很好理解，因为没有人愿意把自家门口给污染了。不过，我说的这个现象在世界各地都有。比如在日本，天黑以后，会有一些穿着西装的工薪族躲在街边偷偷小便。还有一些研究心理学的人专门研究过这个现象，认为他们的工作压力太大，通过这种方式解压。不过，他们好像从来不在自家门口做这件事。在美国，虽然在外小便的情况我没见过，但是把狗屎拉到邻居家的情况倒不罕见。我岳母原来有个邻居，家里养了一条狗，时不时地把屎拉到我岳母家前院的草坪上而且不收拾，但是从来没见他们不收拾自家院子里的狗屎。于是有一次我就去敲他们家的门，让他们把狗屎收拾干净。他们见我不好惹，也就不再敢让狗到岳母家的草坪上拉屎了。但据邻居讲，他们家的狗在街上乱拉屎的事情还是经常发生。

当然，大家会说，任何社会总会有少数素质低、不文明的人，你看到的现象可能只占不到人口的1%。这句话确实没有错。我举的例子可能比较极端，如此不文明的行为确实占比不高，但如果我们把文明的标准稍稍提高一点，很多人都会中枪，比如在公共场所乱扔垃圾、大声喧哗，在旅游景点乱涂乱画、随意插队、爬树采花，在公交车上抢座位，甚至为此大打出手。有这些行为的人所占的比例并不低。即使在所谓高端人群中，有不文明行为的比例也不低，这里不妨讲一个我的亲身经历。

　　我在过去的十多年里经常打高尔夫球，去过很多球场，既有非常便宜的、二三十美元一场的社区球场，也有很贵的圆石滩球场或者旧金山的奥林匹克乡村俱乐部。我经常注意观察打球的人是否会爱惜草皮。通常，球员在草地上击球时，会把草坪切下来一块，球落到果岭上时，会把果岭砸出一个小坑，因此，球场都会准备一些混合好草种和沙子的小瓶子给大家，希望大家每次把破坏的草坪补好，同时也要求大家把果岭上的坑修平。据我这十几年的观察，但凡是对外开放的公共球场，多数人都没有修草皮的习惯，因此球场就像被狗啃过一样，果岭也常常高低不平。即便是在圆石滩这种顶级球场打球的人，也有不少人不修草皮，见没人看见就扬长而去。那个球场一直被维护得很好，主要是因为工作人员跟在屁股后面修个不停。相比之下，私人拥有的乡村俱乐部情况就会好很多。通常乡村俱乐部会把所有权拆成几百股，每个会员一股，随时可以转让。如果俱乐部维持得好，将来转让时还可以挣钱。因此，这种乡村俱乐部可以算是大家的私有财产、自家的延伸。既然是自家的，球员们就很爱惜。不过，由于俱乐部成员可以带客人来打球，客人就不会把球场看成是自家的。通常只要前面有几组客人，球场上马上就会出现很多没有被修过的坑。这个例子虽然只是一个特例，但是窥一斑可观全豹。即便是那些从事所谓高尚运动的人，其中很大一部分人的文明水平也超不出自家的范畴。

很多人认为，文明的程度和收入的高低密切相关，有些人自小贫困，养成了不文明的习惯，如果整个社会的物质生活水平提高了，整体文明程度也会提高。这种说法不能说是错的，但是每一个人的文明程度和整个社会物质丰富的程度是两回事，两者之间没有因果关系。事实上，仅仅拥有很多物质财富，并不能保证人能变得更文明，比如我们前面提到的"爱泼斯坦名单"上的那些人便是如此。他们的行为比在别人看不见的地方大小便或者不修球场要不文明得多。

扩大自我边界是提升社会文明的关键

一个人为什么会爱惜家里的一切，但同时肆意滥用公共的财产？为什么会在人前装得很体面，在背后却做很多龌龊的事情？社会学家对于这件事有很多的解释，比如有人认为，那是因为人们只知家庭，不知社会；没有公共意识，更没有公共教养。这些解释只是对现象的描述，不是发生现象的原因。在所有的分析中，我比较赞同萨古鲁的分析。

萨古鲁是印度的瑜伽士，曾经担任联合国千禧高峰会（Millenium Summit）和平峰会的和平大使，是一位积极参与公共活动的和平主义者和环保主义者。值得指出的是，他不是空喊环保口号，而是带领人们采取行动，种了上千万棵树。萨古鲁从哲学的角度解释了为什么很多人的文明距离只局限在周围很小的范围内。他认为，人们缺乏公德心和同理心，是因为把"我"的边界限定得特别小。萨古鲁的讲法可能有点抽象，我举个例子大家就容易理解了。

当你在感情上认可配偶是你的一部分时，你就会把他/她划入"我"这个边界中，你和他/她在花钱时可能会不分彼此。当你在生活中和配偶严格区分我的钱、你的钱时，你就没有将他/她当作自己的一部分，对方只是你的某一种社会关系而已，虽然这种关系比较近，但毕竟不是你自己。

对很多人来讲，家的范围被划入了"我"这个边界中，因此他对家里的一切都很爱惜，但是，小区、公园等没有被他划入"我"的范围内，在他看来，那些是公共的，甚至是别人的，于是就会放任宠物狗随地大小便、破坏小区的环境，甚至在与他更不相干的街心公园里，任由孩子小便——毕竟孩子被他划入了"我"的范围，憋尿不好，但公园不是。不仅人与环境的关系如此，人与人之间的关系也是如此。萨古鲁讲，很多人之所以会争夺利益，就是因为他们认为其他人和自己没有关系，对方的利益是否受损也和自己没有关系，只要不被人发现、不丢面子，便不在乎。我们在前面提到的"爱泼斯坦名单"上的那些人，他们可能觉得那些被他们伤害的人与自己无关，反正没有人知道自己的行为，因此也不需要尊重他们/她们的感受。

在萨古鲁看来，要提高全社会的文明程度，就需要把"我"这个概念的范围划得大一点，把其他的人、周围的事都包容进来。人不需要刻意表现得无私，相反，只要像对待自己那样对待他人，像对待自己的环境一样对待周围的环境，各种不文明现象、不文明行为就会减少。

人不是上帝

我们在前面讲了这么多的社会问题，肯定会有人站出来说，我们去改变这个世界吧！其实，这个世界不需要我们改变，我们只要恪尽职守，把自己的事情做好，把自己变得更好，不拖累这个世界，就是对这个世界的贡献了。

但是，世界上总有人把自己当成上帝，试图规划别人的生活。当然他们不会赤裸裸地讲"我要规划你的生活"，而是冠以下面三个借口。

第一，"现在的世界不好，我们一同设计并实现一个天堂。"
第二，"很多人很可怜，我们要帮助他们。"
第三，"我是为你好。"

我们就来一一谈谈这三个借口。

通向天堂的道路也可能通向地狱

先说第一个,这里面又分两种情况。

第一种带有很强的私利动机,比如中国历史上的王莽、商鞅。这种情况我们就不展开讲了,因为不难理解,这些制度的设计者和践行者是把民众作为试验品,满足自己的欲望。

第二种是真心觉得现在的世界不好,哪怕当下是历史上最好的时代,也要为大家设计出一个天堂。我们在前面讲到的法国大革命就是如此,雅各宾派的革命家真心觉得他们能拯救世界,虽然他们有贪念权力的缺点,但是他们的很多想法和行为还真不是为了自己的私利。法国著名画家雅克-路易·大卫在他的代表作《马拉之死》中设计了一个细节:在马拉旁边的木箱子上,有一张写有马拉遗言的字条,上面写着:"请把这五个法郎的纸币给一位五个孩子的母亲,她的丈夫为祖国献出了自己的生命。"大卫不愧是古典主义绘画的"开山鼻祖",把他的朋友马拉这位法国大革命骁将刻画成一位无私爱国的圣徒。现实生活中的马拉确实是一位有着远大抱负、一心要开创一个新社会,而且不谋私利,为民众鞠躬尽瘁的革命家。但是他和他的政治团体,却将成千上万的法国人送上了断头台。那里面不仅有所谓的革命对象保皇党人,也包括很多底层民众,甚至是他们的革命战友。我每次阅读法国大革命的历史,都有一种头皮发麻、不寒而栗的感觉。人们每天出了门,能不能再回家都是一个未知数。

法国大革命过去了 200 多年，法国没有实质性的进步。它不仅如我们前面所讲，一次革命接着一次革命，"改朝换代"多达十次了，而且还在向全世界输出着它的民主和自由。2008 年年底金融危机时，趁着欧元便宜、去法国的游客少，我去那里游玩了一次。一天我在地铁站听到了一阵骚乱声，陪同我的法国朋友赶紧拉我躲到了一个安全的角落。我朝着传来嘈杂声音的方向望去，看见一群穿着奇装异服的男女，打着标语旗帜，唱着我听不懂的歌在地铁站里游行。我的朋友解释说，他们是在声援中东的巴勒斯坦人。我不觉得当时中东发生了什么突发性事件，倒是法国的经济岌岌可危，于是我问我的朋友："你们的金融危机过去了？中东发生的事情和这些人有什么关系？恐怕那里面绝大多数人连中东都没有去过。"朋友讲："这就是法国人，他们心怀世界。"

实事求是地讲，上到马拉，下到欧洲大陆的这些热血青年，真的是心怀一种要改变世界的美好理想。但他们不知道的是，人们并不需要他们为大家设计一种幸福生活；他们更不知道的是，他们梦想的天堂即便存在，和现实之间也是一片血海。这种情况在 200 多年前的法国发生过，在 70 年前的阿根廷也发生过。

在 2024 年达沃斯论坛上，阿根廷总统、经济学家哈维尔·米莱讲述了阿根廷 70 年前的那段悲惨历史。米莱讲，19 世纪末，阿根廷通过自由的市场经济，仅仅花了 35 年就成为当时世界上最富有的国家之一。但是在随后近一个世纪的时间里，由于激进的经济政策，国家陷入了系统性的贫穷。米莱没有点名，但大家都知道这些厄运拜有着美好却不切实际想法的庇隆夫妇所赐。胡安·庇隆在二战后担任总统的大约 10 年时间里，发明了一种自称比资本主义和共产主义都美好的庇隆主义，实际上这是早期空想社会主义和德国、意大利国家社会主义的混合产物。庇隆在他的第一个任期内大大提高了劳动者的福利，但也耗尽了阿根廷几十年来积累的财富。他的第二任夫人就是著名的歌唱家艾薇塔，她虽然靠音乐表演获得了巨大的财富，但是因为出身低微，一直为劳工说话，并且用自己的钱救助穷人，因此深受广大劳工的爱戴。但是，庇隆的一系列激进政策产生了很多经济问题，让政府高度腐败，同时破坏了阿根廷的天主教传统，导致这个国家在政治上陷入动荡，经济上陷入中等收入陷阱，半个多世纪都无法走出，而且越陷越深。因此，在达沃斯论坛上，米莱告诫欧洲国家的领导人，不要试图为民众设计什么好的社会，我们可是有着惨痛的教训。

因此，有人觉得理想社会无法实现的原因，是领导人以私心取代了公心，事实上，有理想，并且一生廉洁无私的人并不少，但是这些品质并不能保证他能把事情办好。

"白左"——西方文明的埋葬者

当然，有能力去设计并实现一个社会的是少数人，但并不意味着其他人不想管理他人的生活。很多人位不高、权不重，自己的事情没有管好，却热衷于规划别人的生活。他们规划和干涉他人生活的借口，就是我们前面说到的——"很多人很可怜，我们要帮助他们"，这些人的典型代表就是今天西方的"白左"。

"白左"是《牛津词典》中为数不多的由当代中国人发明的新词。根据英语词典的定义，"白左"通常是指极端自由派（或者进步主义者），他们有三个特征：居高临下、虚伪和天真。"白左"不一定都是白人，也包括美国的很多亚裔。"白左"强调政治正确性，只关心大而空、无法落实的事，而不是以现实的方式解决现实世界的问题。"白左"这个词在中文语境中带有一定的贬义，但是在西方，"白左"并不觉得这个称呼是做错了什么事情，相反，他们认为自己在动物保护、环境保护、平权、肤色平等、LGBT[1]、女权主义、素食主义和对待非法移民等方面的态度是完全正确的。他们批评中国的民族主义和西方的保守主义。

在中国，"白左"一词的含义略有不同。它带有贬义，令人反感，最令人反感的地方是他们泛滥的同情心、虚伪的人道和自我感觉良好的道德优越感。

照理说，有同情心是件好事，那么什么是同情心泛滥呢？它又是如何侵害社会的呢？我们不妨来看两个例子。

第一个是美国左派对罪犯滥用同情心的例子。

美国很多左派认为，罪犯犯罪是因为对他们不够好所导致

---

1 LGBT，性少数人群，即性倾向、性身份、性实践不同于主流社会的人群。——编者注

的，因此要对他们格外照顾，要宽容他们的罪行，要善待他们的生活。左派的候选人和他们的支持者主张取消最低刑期，大量释放罪犯；监狱罪犯种族比例要协调，非洲裔和拉美裔比例不能过高，因此要更多地释放黑人和拉美裔罪犯；彻底废除死刑，消灭死刑对犯罪的威慑力；取消罪犯的保释金，罪犯可以在出庭之前拥有自由。此外，他们还有一项主张是动摇文明社会根基的，那就是削减警察经费。拜登亲口承认，他支持把警察经费"分流"到其他机构。这些左派人士主张，对于轻罪就不要处罚了，比如在加州 950 美元以下的抢劫不入罪；对于重罪，比如强奸罪，也要从轻发落，比如在美国强奸罪通常量刑不超过三年。等到那些被定了重罪的犯人开始服刑后，这些左派人士又主张要改善监狱环境，让罪犯更舒适；罪犯出狱后没有住处，政府还要提供免费住房。

由于左派人士滥用同情心，导致给一个嫌疑人定罪成本变得极高，比如要对一桩谋杀案定罪，特别是定死罪，没有上百万美元的诉讼成本是下不来的。即便定了罪，处置一个罪犯的成本也是极高的。比如，2017 年 3 月加州立法分析师办公室公布了上一年（2016 年）看押刑事犯人费用的报告，这份报告经媒体报道后引起公众哗然，因为每年看押一个犯人的费用居然高达 70812 美元，而当年上哈佛大学一年的学杂费加上食宿费也就是 63025 美元。因此，媒体嘲笑道，还不如让那些罪犯去上哈佛，反而更省钱。为什么美国看押犯人的成本如此之高呢？其实监狱设施费用、伙食费和改造费（让他们学点技能）很低，高就高在看守人的工资和医疗费用上，每人每年的医疗费用高达21582美元，是当年美国人均医疗费用（10241美元）的两倍。

不难想象，这样的司法制度破坏了社会的法律和秩序，让法律对犯罪没有太大的威慑，从而导致美国的犯罪率极高。根据联合国毒品和犯罪问题办公室给出的数据[1]，美国的重罪（谋杀、入室抢劫和强奸等）犯罪率大约是日本的20倍，是韩国的3倍。

上述现象不仅出现在美国，在欧盟大部分国家也是如此。比如，欧盟中最大的两个国家——德国和法国，前者重罪率接近美国，后者甚至超过美国。如果把联合国给出的各国犯罪率和各国人均GDP做对比，全世界总体趋势是人均GDP越高，犯罪率越低。但是深受"左倾"思想影响的美、德、法等国是例外，它们的人均GDP明显高于其他大部分国家，整体社会发展水平应该更高才对，但是犯罪率却相对高很多。

第二个是欧洲非法移民的例子。这个问题我在前面已经提到了一些，这里再做一点补充。欧洲旧大陆的国家，在历史上就不是移民国家，这和美国、加拿大、澳大利亚等新大陆的国家不同。可以讲，前者毫无处理移民问题的经验可言。在这种情况下，它们通过开放边界，大量引入非法移民和难民，造成了很多社会问题。其中最大的问题，就是新移民不是以个体的身份进入欧盟国

1　参见：https://dataunodc.un.org/dp-crime-violent-offences。

家的，他们是成批到达的，因此完全没有意愿融入当地社会。对此，欧洲的左翼人士以支持多元文化的名义纵容一些极端宗教的传播。相比英语国家，欧洲大陆的国家左翼势力更为庞大，他们控制着媒体，使得大家几乎听不到中间派和右翼的声音。由于欧洲大陆国家并没有应对移民问题的经验，它们对移民问题缺乏深度思考，导致它们的很多做法非常幼稚。由于当地人滥用同情心，新来的移民开始以多元文化的名义摧毁当地原有的宗教和文化。在治安方面，大量非法移民严重破坏了社会秩序；在经济方面，他们的福利开支也大大增加了纳税人的负担。

同情心泛滥的另一个问题是慷他人之慨，剥夺他人的劳动成果。做任何事都是有成本的，使用同情心帮助罪犯或者非法移民，即便是在做好事，也是有成本的。对于任何一个经济体，这个成本通常都被分摊到所有人的身上。也就是说，张三想做一件事，却要李四和他共同承担费用，如果李四不愿意，张三就对李四进行道德绑架。有人觉得帮助罪犯或者非法移民，从长远来看或许对社会有好处，这种想法要么是天真，要么是虚伪，当然也可能是一种自欺欺人。欧美国家越来越高的犯罪率说明宽容罪犯并没有带来什么好处，即便是 100 年后可能有好处，那也是不确定的事情，而当下大家的损失是确定的。在历史上，所有的邪教都有一个共同的特点，就是许愿遥远未来虚幻的利益，而让大家损失当下的利益。

欧美社会滥用同情心的结果，一方面是让警察对一些移民聚居区或者犯罪率高的地区干脆撒手不管，从而导致其治安极度恶化，因为管就有种族歧视的风险，于是各类"禁入区"如雨后春笋般纷纷冒出，遍布欧洲和美国大地。在欧洲很多地区，外来的宗教通过欧洲各国言论自由的便利，反过来要求更多福利，从而压迫其他族群，甚至压制其他族裔的言论。在美国一些地区，比如芝加哥的某些地区，干脆黑帮化了，也就是说，警察懒得管，黑帮替代了警察，当然，外人也就懒得去了。另一方面，这也导致欧美国家民粹主义的兴起，加剧了不同族裔之间的对立，甚至国家之间的对立。

接下来再说说虚伪的人道。在经济领域，"白左"信仰的福利国家，主张让搭便车的懒人受益，是慷他人之慨，让他人为此买单。在安置非法移民方面，"白左"一方面表示欢迎为他们建造安置房，另一方面又将这些安置房建在别人的社区。当有人把非法移民送到他们家时，他们却经常把那些移民赶走。正是觉得自己有同情心和人道主义，很多左派人士自我感觉良好，对不同意他们的政治主张和想法的人口诛笔伐。殊不知，对于弱势方溺爱式的照顾，有可能最终害了弱势方。溺爱得越过分，弱势方越会认为这种溺爱式的照顾是理所应当，然后索要更多的利益。今天，民粹主义之所以能够形成气候，和左派长期实行的"逆向压迫"和"逆向歧视"有很大关系。

在很多中国人看来，西方的"白左"把自己装扮成圣母，然后毁掉自己的文化，简直就是又蠢又坏。中国人的这种看法是否有道理，抑或过于偏激呢？如果有道理，那么为什么那么多被他们称为"白左"的西方人会那么傻呢？其实这反映出奋斗的第一代对于富二代想法的不理解，以及富二代自身的傲慢。这里我们说的富二代不是那些含着金汤匙出生的经济上的富二代，而是那些被称为"民主富二代"的人。

什么是民主富二代呢？任何一个国家，经历了工业化和现代化，实现了基本自由和经济上独立的几代人，相当于创业奋斗的一代。他们的后代，可能是子孙辈，也可能是后几辈，生来就在一个富裕自由的环境中，就是民主富二代。他们完全不了解当初他们的祖辈为了争取个人权利和经济上的地位所付出的艰辛努力，不懂得珍惜自由，不尊重他人的权利，自我感觉良好，居高临下地对待他人，滥用他们的同情心。生活在当下中国社会中的这几代人，都属于现代社会的创业者，而与他们生活在同时代的欧美国家的大部分人，都是民主社会或者现代社会的富二代。我们都知道两代人之间会有代沟，相互难以理解；奋斗的创业一代和享福的富二代之间自然也有代沟，也难以相互理解。在前者看来，后者愚不可及，自己这一代人吃了多少苦，才有今天安稳的日子，可是下一代放着好日子不过，却要折腾；而在后者看来，前者不文明，同时，后者还有点少爷脾气，动不动就用政治正确的大道理教训人。

现实情况是，世界上没有那么多的可怜人需要大家同情，有些时候对人过分的同情反而是一种侮辱，因为这是把自己放在了高高在上的位置去俯视他人。每个人都不是神，不需要滥用同情心。如果一个人真的富有同情心，觉得自己该帮助这个世界，用自己的力气去做就好，比如安置几个非法移民在家里，不用要求社区去给后者什么帮助。我在"硅谷来信·第三季"中讲，我非常钦佩中世纪的圣徒圣方济各。今天旧金山（圣弗朗西斯科）这座城市就是以他的名字命名的。圣方济各了不起的地方在于，他是用自己的钱财和生命帮助他人。在方济各生活的年代，人们不关心穷人，方济各先是把自家的布卖了钱去救助穷人，后来他的父亲知道此事之后震怒，把他怒打了一顿后，和他断绝了关系，当然他也就失去了财产的继承权。此后，方济各就开始用行动帮助穷人。他先到修道院做工，修复破旧不堪的小教堂，让当地人有祈祷的地方。在随后的20多年里，他自己过着赤贫的生活，同时尽心尽力帮助穷人和病人，特别是当时大家唯恐避之不及的麻风病人。后来他的行为感动了他人，越来越多的人开始加入他的宗教团体。今天，如果有人真的想当圣徒，就不妨学学圣方济各，先把自己的财产和一辈子的时间拿出来做善事，不用绑架他人。

　　当然，有人可能会觉得，我说的"白左"都在西方，在中国没有这样的人，但是今天没有不等于明天没有。我前面讲了，今天的中国人还都属于创业的第一代，但接下来的几代人就不好说了。事实上，今天很多亚洲移民在美国的第二代，就成为被他们父母称为"黄白左"的人。根据我的观察，今天很多在中国的中国人，虽然不同意"白左"的主张，却采用了与他们相同的做法对待社会问题、对待他人。比如在对待社会问题上，你会发现很多人在谈论遥不可及的中东时头头是道，却从来不会把自家门前的水坑填上；他们对国家的宏观决策有很多看法，对政府的做法指手画脚，却不去思考一下如何改进自己单位的产品和服务质量，或者提高销售业绩；在对待他人上，他们常常喜欢代替公权力去伸张正义，甚至一大群人试图通过网络舆情左右司法、左右公共政策，甚至左右选举。大家通过互联网和社交媒体表达意见原本是件好事，但是给予他人、政府机构和司法部门压力，这就干扰了别人的生活。

上面讲的这些人往好里说，叫作心怀天下，但是对社会发展不会产生什么好的作用；往坏里讲，就是把自己当成了上帝，对他人、对社会指手画脚，滥施同情心，破坏社会原本的运行法则。社会自有其发展和运行规律，不需要谁把自己当成上帝去改变它。

好心办坏事的现象很普遍

我们经常听到干涉他人的借口就是"我是为你好"。中国有句俗话，好心办坏事。管了不该管的事情，良好的愿望常常会带来坏的结果。这种例子在历史上非常多，这里我就不列举了。在平时生活中，大家也会经常看到，其中，最典型的例子恐怕就是很多家长对孩子的管教，最后适得其反。

每一代人都有自己的生活，但是很多家长出于对孩子好的目的，过分干涉孩子的生活。孩子读书时，他们"鸡娃"；孩子长大了，他们逼孩子买房成家；孩子自己都当爹妈了，他们还在传授所谓的经验。家长们觉得，自己比孩子长一辈，自然更有经验。其实那些二三十年前的经验，如果真还有用，家长不教，孩子们也会从别人那里学到；如果社会上都见不到了，通常就已经失效了。用30年前的经验去教育这一代人，将来去处理30年后的事情，恐怕得不到什么好结果。中国的家长活得可能比世界上大部分家长都累，原因就是管了太多不该管的事，而管的结果，通常又是好心办了坏事。

很多家长后来意识到当初在孩子的幼年和少年时无意间对他们造成了伤害，但已经无法弥补了，因为没有人能够重新活一遍。即使没有伤害，对孩子过分塑形也会让他们培养不出很多能力，而且那些能力的培养一旦过了培养期，就再也无法补救了。几年前有两件事让我印象颇深。

第一件事是一位来自中国的朋友向我咨询了一个问题。他讲自己在国内的生活和教育条件还算不错，也参加过各种数学比赛，经常得奖，虽然没有能代表中国参加国际奥林匹克数学竞赛，但也进入了训练营。后来他进入中国最好的大学，又在美国顶级大学获得了博士学位，随后在两家著名的跨国公司先后工作。但是他在到了40多岁的时候发现自己身上的一个问题，就是一辈子在学习别人的东西,工作中也在跟随别人的研究方向,对于自我存在的价值产生了怀疑。他想不清楚的一件事就是,他从小条件不错,运气也很好,似乎没做错过任何事,因为每一次都能做出最佳选择,以他的水平和运气来讲,在中国的同龄人中说是名列前茅也不为过。照理讲,他今天的发展应该在世界上也算出类拔萃的,但事实却不是。虽然他现在的生活条件和工作都不错,但是相对高度远达不到当年的程度。后来通过对他更多的了解,我发现他的经历有很多中国同龄人的普遍问题,就是一切都被规划好了,缺乏自我。他在青少年时显然不可能意识到这一点,否则就会被当成叛逆青年,人生也不会这么顺利,但是,替他规划人生的父母、老师,甚至社会都有责任。换句话说,那些人管了不该管的事情,以至于让他养成了跟随既定轨迹的习惯。

第二件事是一些踢足球的朋友和我讲的有关土耳其著名球星哈坎·苏克对足球和中国足球的看法。我这个年龄的人对苏克多少会有一些印象,他是 21 世纪初一名世界级的球星,可能也是土耳其有史以来最伟大的足球运动员,曾经带领土耳其队获得过 2002 年世界杯的第三名。苏克退役后从政,但后来被政敌清算,流亡到美国,在硅谷教孩子踢球。一些中国的家长把孩子送到他那里去学球,课余就和他聊一聊足球和他对中国足球的看法。在 2002 年世界杯上,土耳其队曾经 3∶0 战胜了中国队。苏克讲,中国球员最大的问题不是技术不好,也不是身体素质不好,而是缺乏对足球的感觉。"感觉"这个词很抽象,简单讲,就是知道球该往哪里踢。当然,在球场上球员不可能想半天再出脚,因此知道该往哪儿踢是一种感觉。这种感觉不是天生就有的,而是靠从小训练出来的。如果从小接受的是没完没了的基本动作训练和体能训练,他长大了就不会踢球。显然,没有哪个教练希望教出来的徒弟都是机械的球员,但是他们所谓的严格要求,常常害了自己的徒弟们。苏克还举了一个例子,南美洲有大量天才球员,这些人在小时候就是不受限制地踢球,没有人规定他们一定要怎么踢。

父母对孩子,师长对学生,教练对弟子,应该都是真心实意地希望后者好,并且是尽自己最大努力去做的,其结果还通常事与愿违,那么其他人的善意有多少真的能变成好结果,就更难讲了。很多时候,我们觉得人没有管好,是管得太少,然后越管越多,直到把事情搞砸了。其实正确的做法是少管。平时,大家总会遇到一些管闲事的人,他们真的是好心,但是他们给我们带来的麻烦比解决的问题还要多。

20世纪80年代,几位美国学者做了一项研究,看看是朋友还是宠物更有助于人们缓解压力。研究人员把参加实验的人分为三组,让他们各自在一个封闭的空间内完成一项压力较大的任务。一组人和自己的朋友在一起,简称为"朋友组";另一组和宠物在一起,简称为"宠物组";还有一组独处,作为"对照组"。结果表明,宠物缓解压力的效果要远超朋友,而朋友组受到的压力甚至比对照组还大。这项研究的结论可能颠覆很多人的认知，但细想起来也能理解，朋友的作用有时是正面的，有时却是负面的。当人在受到压力时，有些时候就想一个人待着，很烦别人来搭讪。这项研究成果"人类朋友和宠物狗的存在作为女性对压力的自主反应的调节因素"发表在1988年《人格与社会心理学》[1]上。近几十年来，还有很多研究成果都得到了同样的结论，也就是说，即使他人需要我们的帮助，我们能不能真的帮到他们也很难说。

现代社会的一个特点，就是大家尽可能地少干涉他人的事情，给予每一个人充分的自由。但是老一代管下一代、权力大的人滥用权力、大家爱管闲事的传统并非一朝一夕就能改变的，而且常常一个人本事越大，越想管他人、管闲事。究其本质是大部分人思维和心态的改变其实跟不上社会前进的步伐，以至于想管人、爱管闲事的习惯改不掉。今天，对于维护社会公德的闲事当然应该管，而且要多管，但除此之外，给予他人最大的自由，让他人自己选择该过什么样的生活，是对他人最大的善意。我们常说人是万物之灵，既然是万物之灵，每一个人就会明白怎么做事情才对自己有利。他们无论怎样做事，只要不干涉我们的自由，都是少管为好。至于他们是否会做错事，那是他们自己的事情，他们会接受自己行为的结果。保证每个人都做对事情，是上帝要

---

[1] 参见：K. Allen, J. Blascovich, J. Tomaka, and R. M. Kelsey. Presence of human friends and pet dogs as moderators of autonomic responses to stress in women [J]. Journal of Personality and Social Psychology, 1988 (83): 582–589。

关心的事情，和我们无关。

在现代社会中，人与人之间、人与社会之间，最重要的是宽容。人与人之间距离的缩短，人参与社会活动越来越多，容易产生矛盾和冲突。我们要做的不是让大家都过和我们一样的生活，更不是为了让一些人过上我们的生活而损害其他人的利益，而是尽可能地给他人自我选择和发展的空间。

未来
Future
4

关于未来有很多未知数，但有些事情在未来必然会发生。早在柏拉图时期，人们就意识到人类不同于其他的物种，我们同时具有精神的世界和物质的世界。反映到今天的日常生活中，我们有现实世界的生活，也有精神世界和虚拟世界的生活。随着人类的不断进步，后者的重要性越来越大。未来的世界，将会是一个现实和虚拟环境高度融合的世界，甚至有时会分不清我们是生活在现实世界中还是在虚拟世界中。相应地，人们在虚拟世界中的财富也会变得越来越重要。

在未来，人类面临的一大挑战就是全球气候变化问题。对此，人类别无选择，只有认真应对。今天很多人对移民火星感兴趣，把它当作地球的备选，其实更现实的做法是保护好我们已有的生存环境。当然，人类从来就对未知的世界具有好奇心，探索未知也是必须做的。只不过我们有很多种方式探索未知，特别是当我们可以完美地在虚拟世界中再现现实世界时，我们可以用更低的成本、更安全的方式进入未知的世界。

人类发展经济和科学的一个重要目的，就是想活得更好、活得更长，以至当经济发展和医学进步帮助人类将寿命延长一倍之后，很多人重新拾起几千年前长生不老的幻想。事实上，当今天人们在欢呼人类寿命增加时，却低估了老龄化社会产生的巨大问题。从整个人类的发展来看，个体生命的无限延长只会让人类的发展停滞。因此，即便是在未来，个体存在的意义也依然是对文明的贡献，而非无限的生命。

虚拟经济

一个社会的文明程度越高，服务业的 GDP 占比就越高。不仅如此，物质产品的生产，也就是人们常说的实体经济，增长将会极其缓慢。换句话说，如果没有非物质的虚拟经济支撑，人类的发展将停滞不前。要了解这一点，我们要从工业取代农业成为人类社会的主要产业说起。

为他人提供服务是未来经济发展的唯一解

在人类开启文明后的绝大部分时间里（大约 6000 年），一个文明的水平可以根据其创造和利用能量的水平来衡量，这种情况直到 19 世纪电报、电话和传媒的出现为止。在这长达大约 6000 年的时间里，农业占用了大部分劳动力，同时农业在经济中的地位也是最高的，这种现象直到 19 世纪初机械动力成为人类大部分能量的主要来源才结束。以中国为例，在 1949 年，农业产业增加值依然占到国内生产总值的一半以上，农业人口则占了90%。虽然当时已经有了近代化的城市，有了铁路、电报、电话、汽车等工业文明的产物，但是由于还没有全面开始工业化，农业依然是最重要的产业。自那之后的历代领导人都明白一个道理，就是安置好农民，让耕者有其田，是解决社会问题的根本。

农业生产的本质其实就是获取能量，保证人类的生存与繁衍，并且养活一部分人，让他们从事非生产性的工作，包括管理社会、研究科学问题、进行技术发明、发展文化艺术和宗教等。当一个文明人均创造的能量小于它的消耗时，这个文明就消亡了；当二者相同时，它仅仅能维持，却不能发展；只有当它创造的能量远高于消耗时，才能让更多的人脱离农业，去发展文明。遗憾的是，在农耕文明时期，这部分人只占人口数量很少的一部分，因此才出现了我们前面讲到的现象——几千年文明进步的速度极慢。

科学革命和随后的工业革命，从根本上解决了人类的吃饭问题，这一方面是因为每一个农业劳动力能够耕种的面积增长了上千倍，另一方面是因为单位土地的产量提高了好几倍。那么为什么工业和科学的进步会对农业有这么大的帮助呢？我们来看一个简单的例子——化肥的使用。

从19世纪初开始，植物营养学的奠基人冯·李比希发现了氮、磷、钾等元素对于植物生长的作用，并出版了《农业化学基础》一书，人们才逐渐搞清楚植物生长和氮肥的关系。在此之前，土地种个两三年就会因为肥力耗尽而收获不到农作物了。农业技术比较落后的地区，包括美洲、北欧的一部分地区，只能通过不断烧毁新的森林来开垦新的荒地；稍微好一点儿的地区，比如欧洲大部分地区，需要采用两年一耕的轮作制度。到15世纪大量使用农家肥之后，欧洲才普遍改为三年两耕的轮作制。即便采用了上述方法，农作物的产量也不可能很高，比如北欧地区能够收获种子的10~20倍就属于高产了，这是因为农家肥中氮、磷、钾等植物所必需的元素含量都不高，一吨牛马的粪便含氮量仅有3.5千克。工业革命后，特别是化工工业诞生后，才从根本上解决了粮食高产的问题。化肥中必要元素的含量极高，比如尿素的含氮量高达46%，超过农家肥约100倍，而化肥的总量又不像过去那样受限于牲畜的数量。当然，其他新技术，包括农业机械、农药、除草剂、良种等，也为粮食大幅度增产提供了条件。

今天，美国农业人口只有大约200万，占到劳动力人数的1.2%，他们耕种了1.58亿公顷，也就是23.7亿亩的土地，人均种植面积大约是1000亩。[1] 这么少的人生产的粮食美国自己消费不完，所以每年要大量出口到世界各地。但是，如此多的粮食和农作物，（未加工成食品）在美国GDP的占比还不到2%，也就是说，无论农业多么发达，都无法支撑美国的经济。假如美国把农产品的产量提高10倍，会是什么结果？全世界都吃不完！因

---

[1] 美国国家统计局2023年数据。

此产量多到一定程度后，就不会再有增加的可能性了。事实上，任何国家一旦开始工业化，农业在经济中的比重就会迅速下降。1949 年，中国农业产业增加值占到国内生产总值的一半以上；到改革开放初期的 1980 年，只剩下 1/3 了；今天（2020 年）只剩下 7.6%。[1] 今天，如果中国把农业的产量提高一倍会是什么结果？市场上供大于求的情况越来越严重，所有的农民都会破产。相反，如果让中国的农业产量维持现状，把从事农业的人减少一半，所有的农民就都能富裕起来。至于减少的农业人口做什么，就是我们后面会讲到的服务业。

工业革命之前，人类家中几乎没有工业品，但之后很快实现了工业品极大地丰富，甚至过剩，这个过程只用了大约半个世纪的时间。这段时间，是从一个经济体开始全面工业化算起，不是从 1776 年瓦特推广蒸汽机算起。以美国为例，其工业化是从 1870 年全面工业化算起，到 1920 年的"柯立芝繁荣"，共半个世纪的时间。在工业化完成之后，经济主要靠需求驱动，换句话说，没有需求，就没有发展，而一旦有了需求，几乎可以在一夜之间，生产能力就能满足需求。这和在农耕时代供给总是严重不足截然不同。

工业革命之后，全世界工业产品的产量扩张到了骇人的地步。

---

[1] 腾讯研究院. 麦田里的云计算：全球农业发展大趋势及数字化转型战略机遇 [OL].[2021–07–13]. https://new.qq.com/rain/a/20210713A0A4F100.

工业革命不仅是技术的革命，也是生产方法的革命。亚当·斯密在《国富论》中用了一个非常简单的例子——制作缝衣针，来说明工业革命后由于分工合作，劳动生产率提高了一个甚至几个数量级。到第二次工业革命后，美国人兰塞姆·E.奥尔兹和福特发明了流水线作业，让生产效率又提高了一个数量级，使得汽车便宜到了工薪家庭也能买得起的地步。中国在改革开放仅仅20年后，已经具备了供应几乎全世界所需工业品的水平。20年，在文明史上的长度，只相当于人生中的四个月。今天，只要有需求，产能就能在近乎无限短的时间里被无限地扩大。比如，假定有外星人给中国下订单，需要提供地球人所需量10倍的工业品，中国的加工企业很快就能生产出来。今天中国的制造能力，特别是在一些小商品方面，大得超过绝大部分人的想象力。比如袜子、扑克牌、电子表的芯片，浙江或者广东的一个家庭工厂，就能生产全世界每年用量的一半。接下来问题就来了，很少的劳动力就能制造出全世界所需的物质商品，其他的劳动力怎么办？答案只有一个，为他人提供服务。

正确认识实体和非实体的GDP

今天，全世界所有的富裕发达国家，服务业在GDP中的占比都特别高。比如，美国这个比例高达约80%。有人可能会觉得美国的制造业空心化，制造业衰落了，其实，美国单纯制造业的 GDP 为 2.6 万亿美元，并不算低，如果加上建筑业，大约有 4 万亿美元，[1] 接近德国的 GDP。只不过它一共只有 3 亿多人，虽然人均消费能力在全世界已经很强了，一年也消费不掉 4 万亿美元的实物商品（贸易逆差给美国额外贡献了 8000 亿美元的商品）。相比制造业，美国的服务业则非常发达，每年贡献的 GDP 高达 18 万亿美元，超过中国的 GDP。当然，如果大家觉得美国不具有代表性，那么我们来看看大家印象中的制造业大国德国和日本，它们的服务业占比也高达 70%。即使是最近十几年制造业蓬勃发展的韩国，这个比例也接近 60%。相比之下，中国服务业的比例接近 54%，还有很大的发展潜力。

讲到制造业的 GDP 和服务业的 GDP 时，很多人有两个错误的认识。

第一个错误的认识是：服务业太虚，并不直接提供看得见摸得着的东西。你为我服务，我为你服务，不过是钱从左口袋放到右口袋，并不创造价值。这种看法对于经济活动的理解还停留在商鞅的水平，即它只认为维持人类基本需求的经济活动有意义。照这种理论，人类回到野兽生存的状态就好了，不需要盖豪华房子、穿漂亮衣服，因为它们都是可有可无的。但实际上，这些超出基本使用功能的附加值，既能让人类生活得更舒适，也占用了人类更多的劳动。今天的服务业也是如此，正因为有它们的存

---

[1] 美国国家统计局 2023 年数据。

在，不仅让人类生活得更好，也让从事每一种生产的人能够高效地制造出实物商品。比如我们前面讲到的美国农业，虽然今天真正下地干活的人很少，为他们提供服务的，以及将他们的产品再加工并最终端上我们餐桌的人数，则是农民人数的 9 倍。这些人包括一开始培育种子的，后来生产农药、化肥的，以及为农民提供飞机施肥和喷洒农药服务的人，甚至包括提供农业保险的人。此后，在农产品被生产出来后，它们要被加工成食品，通过运输和销售，才能进入每一个家庭中。当然部分农产品被餐馆加工成为食物，并且通过服务员的服务，才成为我们享受的佳肴。所有这些构成了整个的食品工业，我们不能仅仅把种植农产品的劳动看成是有意义的，把其他工作都看成是自己也能做，不过是从一个口袋装到另一个口袋的行为。事实上，上述的每一项劳动都创造了附加值。

工业时代的产品也是如此。比如苹果手机，一半的价值来自大家看到的那个巴掌大的实物，另一半则来自里面的各种软件和服务，以及制造前的研发、设计和实验，制造后的物流、仓储和零售。今天，一些无知且无聊的人，总是喜欢把苹果手机拆开算成本，以证明苹果手机是暴利的。其实在工业革命之后，商品的销售价格早就不是由那一点实物的价值构成的了，信息革命之后更是如此。

早在 1957 年，半导体的发明人罗伯特·诺伊斯在寻找投资创立仙童公司时就指出，未来的电子产品，原材料就是沙子和铜线，制造成本极低，值钱的是知道如何将沙子和铜线变成半导体元器件的工艺，也就是技术。在那个年代能够认识到这一点的人并不多，但是谢尔曼·费尔柴尔德听懂了，他果断投资了诺伊斯等几个身无分文的年轻人，最终他们一同创造出硅谷的奇迹。

　　60多年后的今天，如果人们还没有搞懂诺伊斯话中的深刻含义，他们的思维就还停留在二战后的水平。今天，不要说让他们从沙子和铜线开始造手机，就算把元器件堆在他们面前，让他们造出一部和苹果同样性能的手机也是不可能的。再退一步讲，就算把一些专家凑到一起，用同样的元器件造出同样性能的手机，他们的制造成本也比苹果公司高很多。大家恐怕就不是几千元买一部苹果手机了，而是要多花两三倍的价钱。这中间的问题出在哪里？因为没有苹果公司那些看似不从事生产的人的工作，没有富士康的研究和管理人员想办法把制造成本降得很低，我们是无法享受到今天相对廉价的工业品的。这些工作都属于服务。此外，在开始制造手机之前为了保护技术而申请专利的工作，之后为了促销而制作和传播广告的工作，都属于服务业的范畴。没有这些人的服务，苹果手机也卖不出今天的价钱。大家如果不相信，你就把苹果手机贴一个自己的品牌去卖卖看，看能卖掉多少，又能卖什么价钱。大家喊破喉咙也卖不了几部，不完全是顾客不相信你手机的硬件质量，即便相信了，也知道它就是苹果手机，买来后能否享受后面使用时的各种服务，包括保修和维护，也都是未知数。换句话说，今天没有服务支撑的产品是不值钱的。当大家在购买一个实物商品时，享受的是里面蕴藏的以及后面跟着的一系列服务。

第二个错误的认识是：制造业产生的 GDP，特别是基础设施和永久性建筑是真正的财富，是实实在在的，服务业的 GDP 计算没有标准可言，有很大的水分，甚至有虚假成分。这种认识是把 GDP 和财富混淆了。在人类的经济活动中，有些活动创造的价值会被人类消费掉，比如食物、日常消费品和很多的服务；有些则会被保留下来，比如基础设施；有些则是为将来继续创造更多价值而做的积累，比如科学研究、发明创造。被消耗掉的，自然成不了可以积累的财富，但是对于人类的发展却必不可少，不能因此贬低它们的意义。有些经济活动创造的是精神财富，除了科学技术，还包括艺术、音乐、文学等，它们对于人类今后的文明发展作用可能比大楼、道路还要重要。

今天很多人错误地以为单纯建多少大楼、建多少高铁，社会就先进了，购买多少物质产品就有了资产了，其实，没有服务的基础设施是债务，而不是资产。比如一些相对落后的国家，当年为了现代化建了一些铁路，现在上面一天也没有几趟火车在跑，每年都赔钱，它们就是负担，不是资产。类似地，很多人几年前喜欢网购一大堆打折商品，这些实实在在的东西他们看着很高兴，但是当这些东西堆满了家里不大的壁橱后，它们就成了负担。

我刚到美国的时候，因为刚刚脱离生活困难的阶段，并没有体会到为什么美国学生平时在穿着打扮上花钱相对较少，在周末去餐馆吃饭、看电影、看球赛和听音乐会却非常舍得花钱。在我当时看来，下一次馆子花的钱够在家吃两天，看一场职业联盟的决赛就可以买一台电视机了。等我在美国工作了以后才体会到，那些实物的财富，多了也是负担。我母亲过世时，留下一大堆衣衫，有些她恐怕一次都没穿过，最后好的全部送给了慈善机构，差的只能当垃圾扔了。我有一个同学，在拍卖行工作，我问她拍卖的物件都是从哪儿来的。她告诉我，大部分都是老人去世之后，子女们也不愿意要，就送给他们处理了，毕竟每代人都喜欢过自己的生活，而不是生活在父母的环境中。子女们大多挑几件有纪念意义的留下，剩下的就交给了拍卖行，当然拍卖行也只对少数高价值的感兴趣，其余的基本上等同于垃圾处理了。可见，实物的财产未必像想象的那么有价值，人活着的时候也未必有工夫享受它们，特别是这些财产多了之后。相反，对普通人来讲，在衣食问题解决之后，把钱用来看球、听音乐会，享受到了，那钱才算是自己的，人的生活也才会因此变得丰满。

新冠肺炎疫情前，我经常去欧洲旅行，喜欢去看那里的宫殿和城堡。了解了它们的历史后，我发现一个普遍问题：修建那些宫殿和城堡的王公贵族，大多因此破产了，而且有些宫殿和城堡，几百年来经历了好几个大家族，常常是谁一接手，用不了多久自己就步了前一位主人的后尘——破产了。今天，在法国南部有很多庄园城堡，价钱低得叫人难以置信，还不如北京一处三环内的四合院值钱。但是，那些宏伟的城堡后面都是一个个无底洞，光每年的维护费就是天文数字。

相比这些盖永久性建筑的贵族，佛罗伦萨的美第奇家族就聪明得多，他们把主要财富用来复兴文艺，这才有了 14 世纪的意大利文艺复兴。他们资助的米开朗琪罗，任何一件作品今天的价值都超过他们当时居住的皮蒂宫，更不要说他们还资助了伽利略，他所做出的科学贡献的价值要超过世界上任何实物资产。我想，在当时的普通人看来，美第奇家族把钱投给米开朗琪罗、伽利略这些不从事生产、不创造直接财富的人，简直是糟蹋钱。今天当然没有人这么想，但是如果今天的人还停留在只认可实体经济，只看得见高楼大厦、铁路公路的层面，见识也就是中世纪的水平。

非实体经济包括什么

当今的中国，已经发展到了中等收入的水平，要想不像拉美国家那样陷入中等收入陷阱，唯一的办法就是发展各种服务业，即各种看似"虚"的产业。

那么非实体经济包括什么呢？它们能有多大的规模呢？我们不妨看一下 2023 年美国 GDP 的构成。之所以用美国的数据，是因为它的数据比较完整，而且美国是一个比较发达、体量足够大、具有代表性的经济体。

2023年，美国最大的产业是专业服务，包括法律、会计、咨询等各种服务（不包括金融），它们创造了3.5万亿美元的GDP，占GDP总量的13%。接下来分别是房地产租售和工业制造，各创造了3.3万亿美元和2.9万亿美元的GDP，占GDP总量的12%和11%。随后是教育和医疗服务，产值是2.3万亿美元，GDP占比为9%。需要特别指出的是，医疗服务只包括医院、保险公司的收入，不包括你买药、买血压计等产品，因为这些产品都被算作零售。金融服务和IT（信息技术）服务被单独统计了，分别贡献了2万亿美元和1.5万亿美元的GDP。IT服务值得多讲两句，它包括谷歌的各种服务、亚马逊的云计算服务（不包括亚马逊的零售业），但是不包括电子产品（比如苹果手机）的制造。在美国，零售加批发，也就是我们所理解的传统意义上的商业，一共提供了3.2万亿美元的GDP，对比一下2.9万亿美元的工业制造，卖东西的成本比制造它们的成本更高。当然，传统的商业也包括二手货的销售。最后两个超过万亿美元的产业是文化娱乐业和建筑业，产值分别是1.2万亿美元和1.1万亿美元。也就是说，文化娱乐市场比建筑业还大。[1]后面还有很多长尾的产业，我们就不一一列举了。这些数字可能大家记不住，没有关系，我们只要记住一个简单的结论就好。如果中国的各个服务行业GDP的占比能够达到美国的比例，中国目前的GDP会大约翻

1　以上数字均来自美国国家统计局2023年数据。

一番，总的 GDP 就会超过美国；但是，如果服务业的 GDP 没有增加（甚至反而减少），即便是制造业的产值翻一番，GDP 依然无法超过美国。

当然，有人可能会想，如果制造业的产值再增长 10 倍呢？这种想法只是异想天开，因为全世界消费不掉这么多实物产品，也不需要把城市都建成水泥森林，或者把高速公路建到人迹罕至的地方。1990 年日本陷入衰落后，为了提振经济，修建了很多这种没有用的道路，但是多一条无人走的道路放在那里，对增加人们的经济活动没有任何帮助；相反，由于维护道路需要钱，原本可以用来做更重要事情的资金就被浪费了。

我通常不喜欢用虚拟经济来描述非实体经济，因为这样会引起混淆，让人们觉得那些非实体经济是泡沫和骗局。不过，实和虚是相对的概念。各国发行的纸钞相比金银货币就是虚的，但是相比大家股票账上的那些数字，这就是实的。经济上也是如此，计算机软件、互联网服务，相对制造业来讲是虚的，但是相对银行的各种金融衍生产品来讲就是实的。从这个意义上讲，把所有不直接生产实物的产业都称为虚拟经济也没错，而未来的社会，虚拟经济将远远超过实体经济。

在经济的实体部分占比越来越低、虚拟部分占比越来越高之后，我们的资产和财富大部分也将是虚拟的。比如 20 世纪 50 年代世界首富保罗·盖蒂的资产都是实实在在的真金白银，但是今天那些世界首富的资产绝大部分是公司股票，而今天股票的

脉络·312

价值其实是对未来赢利能力的预判，相比盖蒂的资产就是虚的。而持有数字货币的人所拥有的资产则比股票更虚。对每个人来讲，未来还有一笔可能相当可观的虚拟资产，就是大家所拥有的数据。

非实体经济中什么最值钱

从 20 世纪第二个十年开始，大数据的价值越来越凸显出来。对今天很多互联网企业来说，真正值钱的是它们所拥有的数据，而不是它们自己的那点儿产业。比如蚂蚁集团，因为拥有几乎所有中国互联网用户的数据，所以它可以非常容易地把中小银行的钱贷给每一个互联网用户，这种能力任何银行都做不到，这让它具有非常大的价值。但是如果没有了数据，它并不比传统银行更有优势，可能还会因为中间多一道手续增加贷款的成本。

当那些大数据公司都在使用数据的时候，有一个问题其实是它们刻意回避的，就是那些数据的所有者是谁。对此，不同国家的公司给出的答案不一样。欧美的公司承认数据是用户的，它们只是托管；中国的公司则认为数据是它们的，或者它们至少拥有部分所有权以及无条件使用的权力，因为它们提供了服务。当然，大部分中国公司的负责人不会在媒体上天天这么宣传，但是当他们被问到这个问题时，他们都要表达这种看法以维护自己免费使用这些数据的合法性。为什么欧美的公司和中国的公司在这方面会有不同？这其实是欧美用户努力争取的结果，并且通过立法得到了保障。

那么个人的数据能值多少钱呢？我的师兄、香港科技大学常务副校长郭毅可教授给我讲了他的一个亲身经历。

郭教授在一次女儿的家长会上，和女儿某个同学的父亲交谈了一会儿。大家熟了之后，那位先生和郭教授讲："很抱歉，明年我不能参加家长会了。"郭教授就问他是否有什么其他安排，那位先生讲，自己患了5种癌症，命不长了。郭教授听了很难过，也帮不上忙，不过告诉他如果去做一次基因测序，或许某个医生看到相关的癌变基因，会有一些延长生命的办法。那位先生询问了一下基因测序的价格，说自己考虑一下。他们的对话就这样结束了。

第二年，那位先生果然没有来开家长会，郭教授也就知道发生了什么。这时一位女士来和郭教授打招呼，自我介绍说是去年一起聊天的那位先生的太太。郭教授在确认那位先生已经去世后，向他的遗孀表示哀悼。那位太太随后对郭教授讲，感谢他让自己的先生做了基因测序。郭教授就好奇，问是否对她先生有帮助。那位太太讲，对他没有帮助，但是对我们（太太和女儿）有很大的帮助。郭教授就奇怪为什么会对这位太太和女儿有帮助。这位太太解释道，罗氏制药公司得知她先生的基因测试结果非常特殊后，花了大价钱把数据买去了。郭教授就很好奇这位患者的数据能值多少钱。他太太不愿意透露细节，只是告诉郭教授她们母女"这辈子衣食无忧"了。根据英国的生活费用来估计,这位患者的数据至少卖了200万~300万英镑。

虽然这个例子有点特殊,并非每个人的数据都能值这么多钱,但是在未来每个人的数据将是一大笔资产,甚至对很多人来讲会是他最大的一笔资产。当然我知道现在要让大家接受自己的数据比钱更值钱,并非容易的事情,我们不妨换一个角度来看这个问题。

大约10年前,我和当时新上任的约翰·霍普金斯大学工学院院长施莱辛格博士畅谈学校未来的发展方向。我们都谈到一件事,就是摩尔定律对全球经济的影响。施莱辛格博士讲,自20世纪70年代以来,如果把摩尔定律对经济的帮助抹去,全球的人均GDP增幅可能只是农耕时代的水平,因为全球绝大多数产业都受益于芯片技术的快速发展。这也是施莱辛格博士从上任之日起就致力于将约翰·霍普金斯大学工学院向IT相关的学科全面转型背后的逻辑。事实证明,他的转型是成功的,该工学院在美国各大学中的排名节节攀升。

从10年前开始,如果我们把大数据对全世界产业的贡献扣除,经济也是停滞不前的。2023年年初,全球市值最高的6家公司,除了沙特阿拉伯的国有石油公司沙特阿美,剩下的5家,即苹果、微软、Alphabet(字母表公司,谷歌母公司)、亚马逊和Meta(脸书母公司),都是大数据公司,而它们营收的提升都是使用大数据的结果。换句话说,数据能够创造价值,那么它们自身就有价值。如果我们说在股市上一家企业每赢利1美元，它的市值就有20美元，那么帮助创造1美元的数据也应该值20美元。上述5家大企业，一多半的利润和数据的使用有关，而它们的总市值超过了10万亿美元，因此讲它们拥有的数据值5万亿美元并不过分。

讲到这里大家会问，这些数据的价值该如何交还给用户，或者让用户收益？我们在后面还会讲到，这里大家可以先对数据的价值有所体会。

未来的经济发展趋势是轻实体、重虚拟的，今天体会这一点，就如同在工业革命后要体会轻农业、重工商，在信息革命后体会轻机械工业、重电子工业。对于个人，虽然实物的资产很重要，但是绝不要忽视了保护自己的数字资产。

新的不平等：技术的不平等

社会不平等的问题从古至今一直存在，从未消除，今后这个问题不但不可能消除，程度可能还会加剧。这不是说我们今天看到的不平等现象不会消除，而是未来会产生今天还没有出现的新的不平等现象。既然还没有出现，或者只是在萌芽状态，也就无从消除，但是等到它们所造成的不平等问题趋于严重时，消除它们的社会成本就会很高。要了解未来的不平等现象，就要从不平等产生的根源说起。

对信息的控制是造就不平等的原因之一

最早系统性论证人类不平等现象起源的是卢梭。这并不是说之前没有人思考过这些问题，只是他们的思考不得要领，比如柏拉图和托马斯·莫尔。卢梭了不起的地方在于，他总是在仅获得了少量数据的情况下，就能准确地找出问题的原因。卢梭在

《论人类不平等的起源和基础》一书中，给出了人类不平等的一个重要原因，即私有制或者财产的不平等导致人类的不平等，而在远古时代，由于没有太多的私有财产，也就不可能不平等。后来人们在新几内亚岛、亚马孙雨林和非洲的一些原始部落中，看到了人类社会是如何因私有财产的增加而逐渐变得越来越不平等的。不过，卢梭忽略了另一个造成人类不平等的重要原因，就是少数知识精英所掌握的读写能力。这可能是因为在卢梭的时代，欧洲学者无法对早期文明的社会结构有全面的了解。

在卢梭死后的一个世纪里，有两个人完成了一件大事，他们是法国的商博良和英国的罗林森，他俩分别破译了古埃及的象形文字和美索不达米亚的楔形文字，这让人们对早期文明是如何从以血缘连接的简单社会变成分阶层的复杂社会的过程有了比较详细的了解。当很多聚居的部落建设城市、建立邦国的时候，原先的首领是无法直接管理整个社会的，于是就出现了专职的管理阶层。在早期除了一些血亲贵族，这个管理阶层的人通常是识字的僧侣。识字的僧侣在社会各阶层中有两大优势：第一，他们拥有对神的意志的解释权，用今天信息论的话讲，就是控制了人与神信息传播的信道；第二，他们识字，能够发号施令，也就是控制了人与人之间信息传播的信道。在任何文明中，一个首领或者君主再能干、权力再大，要想管理一个国家，都离不开一群专业的、能识字的管理者帮助他们完成管理。这些人因为拥有了读写能力而拥有了权力，从而形成了一个特权阶层。一些尚未进入文明状态的游牧部落，因为缺乏这样一批人，他们要么进入不了文明状态，要么不得不依靠其他族裔的知识精英帮助他们进入文明状态。

在美索不达米亚文明的各国，以及古埃及和古印度，神庙和僧侣阶层都具有极大的权力，并且拥有大量的资产，他们处于各自社会不同阶层的顶层，这是因为他们读书识字，垄断了知识。但是到了古希腊和古罗马文明时期，几乎每一个公民从小都接受教育，能够读书写字，文化精英的特权就消失了。再到中世纪的欧洲，贵族和农奴大多是文盲，在很长时间里，只有教士识字，贵族领主们就不得不依靠他们做秘书（也被称为枢机），起草文书和信件。当时教士的地位超过了普通贵族，成为等级制度中的第一等级，贵族反而是第二等级。法国大革命时期，大家反对的就是这两个等级，因为他们拥有很多特权，社会自然不平等。

简单消除不平等现象是一件可怕的事情

法国大革命的目标是消除一切不平等，但是在血雨腥风之后大家才明白，这个目标实现起来太难了，于是退而求其次，用一种新的不平等取代了旧的不平等，即财产上的不平等取代了出身的不平等。虽然依然保留了不平等，但也是巨大的进步，因为财产的不平等是后天可以改变的，而出身的不平等不仅不能改变，而且还要代代相传。欧洲近代社会财产的不平等和古代财产不平等的性质不同，后者的财富积累是靠权力，前者是靠经营。在近代之前的欧洲，城市的空气相比庄园是清新的，于是大量农奴逃到了城市，得到了保护，他们最终变成了市民阶层，并且通过和领主几个世纪的权力较量，获得了很多权利。早期来到城市里的农夫农奴经济状况都差不多，但是在一个能够自由竞争的社会里，由于人和人能力的差异、机遇的差异，用不了多久就会出现财富上的巨大差异，一两代人下来，就形成了经济上的不平等。

对于经济上的不平等，近代以来一直有两种态度：一种认为，不平等是无法接受的罪恶，因此要强行拉平；另一种则认为，不平等是一种自然现象，难以避免，如果要拉平，就会对全社会带来灾难。这些内容我们前面已经分析了，这里不再赘述。总的来讲，在经过近两个世纪的努力后，人类的不平等状况还是得到了缓解。不过，在进入信息时代之后，人类在经济上的不平等状况又开始加剧。其原因不像很多人想象的那样，一些富人在剥削穷人，事实上今天是逆向剥削，掌握了新技术的个人和国家不可避免地获得了巨大的竞争优势，使得人与人之间、国与国之间的差距迅速拉大。

技术带来新的不平等

技术所带来的不平等在工业革命之后就已出现，但是现象不显著，因为技术变成财富的时间很长，而且通常拥有技术的个人无法控制社会，更无法控制世界。比如当年瓦特发明万用蒸汽机，让英国的工业上了一个台阶，瓦特也成为万人景仰的人，但是瓦特左右不了英国的政治，更不可能在世界范围内呼风唤雨。真正让技术所带来的不平等加速是在硅谷崛起之后，也就是20世纪60年代半导体技术开始全面升级全世界的工业之后。掌握了将沙子和铜线变成半导体元器件技术和工业的诺伊斯、摩尔等人，将旧金山湾区那些曾经的果园和牧场变成了世界信息产业的中心，并且仅仅用了十几年的时间就改变了世界工业的格局。原本在机械和航空领域发展水平差不多的美国、欧洲和苏联及其"卫星国"，在这一格局下很快就分出了高下。美国及其在亚洲的盟友，包括日本和亚洲"四小龙"，受益于信息革命，远远领先于其他经济体；重视传统机械工业的德国和英国，就相对落后了；而在信息革命中没有建树的苏联，后来经济干脆崩溃了。

诺伊斯、摩尔和他们的同事及其下属们，因为掌握了技术，成为世界上最富有的一批人。媒体给这些人起了一个好听的名字——"知本家"，即拥有知识的资本家。毫无疑问，这些人对世界的贡献是巨大的。不过和科学家、发明家通常在有生之年默默无闻、过着清贫的生活不同，这些"知本家"当时就在经济上、社会影响力上获得了巨大的成功，并且在主动影响国家和社会，这就如同几千年前那些少数能够识字的知识精英一样。

在经济上，在20世纪六七十年代，当百万富翁还不多见时，他们就迅速获得了超过这个门槛的财富，甚至更多，而此前很多老家族要通过几代人的时间才能跨过这个门槛。20世纪80年代，苹果公司的共同创始人史蒂夫·沃兹尼亚克离婚，支付给对方价值数千万美元的股票，这在当时的美国成了新闻。但是等到2019年亚马逊公司创始人贝佐斯离婚时，分手费已经高达380亿美元了，当然他自己留下的更多。贝佐斯等新一代靠技术挣钱的富豪财富增值的速度相当惊人，无论是和那些同样成功的科技前辈相比，还是和当时世界其他领域的富豪相比。比贝佐斯长一辈、非常受人尊敬的摩尔博士，因为成功创立仙童公司和英特尔公司，在去世时留下了65亿美元的遗产。这已经是一个天文数字了，但是和贝佐斯2000亿美元的身价相比，也不过是一个零头。贝佐斯的情况不是特例，特斯拉公司的马斯克、脸书的扎克伯格、谷歌的拉里·佩奇和谢尔盖·布林，财富都超过了1000亿美元。

不仅这些创始人和控股股东通过技术获得了巨额财富，大量有技术专长的员工也同样是受益者。在谷歌和脸书等公司，一个顶级工程师拥有数千万美元的资产是很正常的事情。曾经在谷歌领导了自动驾驶汽车项目的安东尼·莱万多夫斯基，在谷歌从事自动驾驶汽车开发的6年间，工资、股票和奖金收入总额高达1.2亿美元。从20世纪60年代开始，美国科技精英的收入大约是每20年增加10倍，而普通民众的收入则是20年增加一倍。可以讲，科技精英一个人创造了几百个普通人才能创造的财富，同时也贡献了上百倍的税收。但一个不争的事实是，这无疑是一种由技术引起的不平等。

科技精英在拥有了巨额财富之后，并没有满足于当一个富翁，而是开始在全世界范围内影响科技、经济甚至是技术。

比如一些公司的创始人，为了自身利益，会绑架上亿用户和上百万商家，让他们无法使用竞争对手的服务，这在行业里被称为二选一。虽然有些时候用户、商家或者竞争对手可以通过法律诉讼的方式维护自己的权益，但是这些诉讼成功的概率极低，特别是小商家通常坚持不到那些马拉松式的诉讼胜诉的那一天。在获取自己商业利益的同时，科技精英在技术上的偏好会影响技术的发展，他们决定了某个技术能够成功，而替代技术永远无法成功。

在自己的技术领域之外，科技精英通过设置研发中心，建立或者转移供应链，影响一些经济体的经济格局。比如特斯拉在上海工厂的建立，三星在越南供应链的建立，富士康和苹果在印度供应链的建立，都影响了当地的经济，同时供应链被移出的地区经济则受到打击。正是因为这些人掌握了科技产业的决定权，他们会利用权力最大化自己的利益。比如，2023年，印度为了吸引富士康、联想等企业建厂，提供了20亿美元的补贴。这样做的一个结果是，这些科技精英变得更富有，相应地，其他行业从业者的利益就会受损。

今天，最热门的科技领域当数大数据和人工智能，和它们相关的企业，包括谷歌、脸书、亚马逊、阿里巴巴、腾讯和字节跳动，都在重塑全球的经济结构并改变人们的生活方式。它们让很多人不得不改变自己的专业，转而为它们从事最低端的、只需要具备识字能力的工作。比如今天的人工智能其实是一个需要大量人工才能获得智能的产品，设计人工智能算法的人属于前面讲到的科技精英，数量很少；背后则是数百万标注数据、审核内容的白领工人，这些人有的是刚毕业的大学生，但很多是原来媒体行业的专业人士，包括编辑、记者甚至主编。在中国的一些二线城市，几乎所有传统媒体的从业者，要么没有了工作，要么在为那些"高智能"的产品做最简单的甄别、标注和编辑工作。在硅谷的旧金山有一家很有名的人工智能企业 Scale AI，它其实并不做任何人工智能产品，而是给包括 OpenAI 在内的诸多人工智能公司提供数据。它开发了自动产生和过滤数据的产品，拥有无数来自世界各国、可以远程工作的数据标注者。在美国，一个数据标注者每小时能挣 20 美元，低于大学毕业生的平均工资，但是高于低端服务业工人的工资；在肯尼亚，同样的工作只需要支付 2 美元；在中国，成本介于美国和肯尼亚之间。

今天，绝大部分人以为大数据和人工智能只是影响了少数从业者的生活和将会被取代的行业，其实相关的服务，甚至仅仅是 AI（人工智能）这个概念，就已经把上百万人绑到了同一艘船上，只不过这些被迫上船的人更能感受到严重的不平等。

科技精英对世界的影响力

当然，科技精英不会仅仅满足于用技术改变世界的成就感、已经获得的巨大财富，以及对世界经济的影响，他们还通过自己的影响力、产品和财力影响政治，甚至是战争。在这方面，最典型的代表是埃里克·施密特、扎克伯格和马斯克。

施密特是谷歌前首席执行官和执行董事长。他本人是技术专家，是美国工程院院士，在著名的 Unix 操作系统中，一个重要的工具软件就是他的作品。作为克林顿和戈尔等美国民主党高级政客的私人朋友，施密特一直热衷于政治并且是民主党的大金主，在他的影响下，谷歌绝大部分政治捐赠都给予了民主党。从克林顿时代开始，施密特就扮演着每一位民主党总统科技顾问的角色，特别是担任了拜登总统的首席科技顾问，而他对美国科技和商业政策最大的贡献，就是给拜登政府提供了一份长达700多页的科技政策报告——《国家安全委员会的人工智能报告》。这份报告的共同执笔人除了他，还有亚马逊的首席执行官安迪·贾西、微软的首席科学官埃里克·霍维茨和甲骨文的首席执行官萨弗拉·卡茨等人。今天美国对中国人工智能发展的各种限制，也就是所谓的"小院高墙"政策，都因为这份报告；美国对 TikTok（抖音旗下的短视频社交平台）的限制，也是来自这份报告。

作为脸书的创始人，扎克伯格不仅有商业雄心，更有政治野心。一般认为，他早晚是要竞选总统的。自从特朗普成功地从一个商人变成总统之后，扎克伯格在几年内走访了美国各州。虽然扎克伯格宣称自己尚无竞选总统的打算，只是想在各州建设脸书社区，但是外界从他聘用希拉里的首席竞选策略师乔尔·博纳森以及后者的整个团队来看，扎克伯格应该是为他将来施展政治抱负做准备。

马斯克永远是各个媒体追踪的对象，如果一个星期看不到他的消息，就会是一件很不正常的事情。马斯克一方面被大家认为是乔布斯之后科技产业界的灵魂人物，另一方面他很多相互矛盾的语言和行为又备受争议。和扎克伯格一直试图掩饰自己的政治野心不同，马斯克直接利用他掌握的技术和资本左右政治，在这方面他做了很多事，其中有两件非常有影响力，也颇具争议。

第一件事是他斥资购买社交媒体推特公司。这家媒体公司曾经是特朗普的舆论阵地，但是后来特朗普的账号被封禁。虽然美国国会曾经举行听证会，质疑推特公司的这种做法，但是也无法改变现状。马斯克的做法很简单，直接买下它，在第一时间给特朗普恢复账号，同时解雇了所有管理层，以展示他的决心和改革愿望。不久，马斯克又开始限制推特上的左翼媒体，如CNN（美国有线电视新闻网）等。这些左翼媒体一直对特朗普持批评态度。

第二件事是在俄乌冲突中，马斯克给乌克兰提供卫星互联网（星链系统）服务，这在很大程度上帮助了乌克兰，使得乌克兰在地面通信设施被破坏后,依然能有效地进行军事通信,同时还通过卫星定位取得了战场上的主动权。但是当乌克兰进攻到俄罗斯控制的领土上后,马斯克又经常以乌克兰没有付费为由停止服务。这种时而支持、时而中断的做法让人一直无法洞察其真实的意图,但是他在政治和军事领域的影响力是显而易见的。

除此之外,近几年来人们十分关注的技术影响政治的事件是很多机器人在社交媒体上发言,试图影响各国的选举,这件事我们后面还会分析。总之,今天的科技精英和瓦特、爱迪生等人已经完全不同了,他们不甘于只在背后为人类的发展贡献技术,而是要通过技术这个媒介改变和管理世界。如果说在美索不达米亚和古埃及文明时期,能读写的知识精英在掌管国家并且成为既得利益阶层,那么今天的科技精英扮演了同样的角色,未来更会如此。

有些人会问,自己也是IT行业的从业者,或者打算让孩子学习相关专业,将来是否也会因此获利?答案是否定的。我前面谈到的科技产业的精英,不是指普通从业者。我们不妨看一个具体数字。今天在纳斯达克上市的公司的总市值高达23万亿美元,其中1/4的企业是由红杉资本投资的。[1] 考虑到它投资了苹果、谷歌和亚马逊等公司,它所投资的企业市值肯定不止纳斯达克总市

---

1 参见:https://www.weforum.org/organizations/sequoia-capital-group/#:~:text=Its%20expertise%20comes%20from%20nearly,25%25%20of%20NASDAQ's%20total%20value。

值的 1/4，就算是 1/4，也达到了约 6 万亿美元。而真正能从红杉资本投资中受益的，恐怕连 1 万人都不到。换句话说，在纳斯达克上市的那些公司再成功，和它们的绝大部分普通员工也没什么关系。如果大家注意一下美国 2022 年以来的就业市场，就会发现一个奇怪的现象：一方面，美国的失业率极低，几乎到了它有数据以来的最低点；另一方面，那些 IT 大厂总是在一轮又一轮地裁员。在 2024 年年初美国股市和科技公司赢利屡创新高之际，谷歌、脸书等大厂又开始裁员了。事实上，这些企业的普通员工并不属于真正掌握了改变世界的硬核技术的一批人，反而是技术进步的牺牲品。很多人，特别是被裁掉的人会愤愤不平，心想大家都是早九晚六地上班，凭什么有人能拿到千万美元的薪酬奖金，我却被裁员了。即便是在被裁掉的人中也存在不平等，有真正技术的人要么很快找到了新的职位，要么成功创业了，其他人则高不成低不就，仍在苦苦挣扎。这就是技术造成的个人之间的不平等。

技术造就国家之间的不平等

技术不仅会造成个人之间的不平等，而且会造成国家之间的不平等。从 20 世纪 90 年代开始的新一轮信息革命中，主要的技术都来自美国，于是美国迅速拉开了和西方其他发达国家之间的差距。2023 年 4 月的《经济学人》告诉大家这样一件事：1990 年，按市场汇率计算，美国的 GDP 占到了世界的 1/4；今天，美国依然占 1/4，看上去没有变化，但这主要是因为中国的 GDP 从可以忽略不计提升到了占大约 1/6。扣除这个因素，美国在全世界除中国之外所有国家中的 GDP 占比是大幅提高的。比如，今天美国占七国集团 GDP 的 58%，而 1990 年则只占 40%。[1] 在世界各国中，只有那些盛产石油和只有金融业的小国（比如卢森堡），人均 GDP 才可能超过美国。甚至美国最贫穷的密西西比州，人均 GDP 也超过了 5 万美元，比法国、英国和日本的还要高。1990 年，日本在进入衰退之前，人均 GDP 已经是美国的 1.5 倍了，今天则只有美国的一半左右。虽然美国在社会福利方面做得不如欧洲和日本好，但是改善的速度很快。1979 年，政府补贴占美国最贫穷人口收入的 1/3；2019 年，这一比例达到了 2/3。正因为如此，自 1990 年以来，美国最贫穷的 1/5 人口的实际收入增长了 74%，按美元计实际收入远高于英国的平均水平。

美国取得这些经济成就的原因是科技发达。美国比西欧和日本人均拥有更多的研究生。美国公司虽然只拥有 1/5 强的国际专利，却拥有一半以上的核心专利。虽然日本和欧洲都算是美国的盟友，它们可以自由地获得专利的使用权，但是光有专利未必能

---

[1] 参见：Briefing the American economy: America's economic outperformance is a marvel to behold, and to squander [J]. The Economist, 2023-04-15. https://www.economist.com/briefing/2023/04/13/from-strength-to-strength"America's economic outperformance is a marvel to behold。

复制出高科技的产品，真正掌握核心技术的那一群人在美国的公司里。这就是西方其他发达国家和美国的差距越来越大的原因。也可以说，这种现象是世界范围内的技术不平等。

作为这种现象的一名受益者，我自然不会贬低科技精英，更不会抹黑他们，也不会评价他们的巨大影响力和经济收益的好坏，只是告诉大家这个事实，以免很多人还醉生梦死。我在《智能时代》一书中讲，未来科技受益的人数恐怕只有总人口的2%。当时很多人觉得我是危言耸听，这些年下来，很多人已经接受了我的这个观点。事实上，2%估计也是一个已经放大了的数字。

元宇宙和虚拟世界

最近十年来,最重要并且将影响未来的发明有三个:区块链,基于深度学习的人工智能(以下简称人工智能或者 AI)以及虚拟现实。在讲述它们为什么重要、会对未来产生什么结果之前,我们先要讲清楚如何衡量一项技术发明的重要性。

发明的影响力

不同的科技成果和发明就其重要性而言,是有数量级差异的。有些是千年级的,也就是一千年才会出现几个,比如轮子和帆船,造纸术和印刷术,疫苗和免疫;有些是百年级的,比如蒸汽机、飞机、电子计算机和互联网;有些则是十年级的,比如固定电话、搜索引擎、手机;当然,绝大部分是一年级的,比如 CD(紧凑型光盘)和 DVD(多用途数字光盘)、混合动力汽车、移动支付等,每年都会出现很多新成果和发明,不是这种就是那种。

上述每一种发明，使用的时间通常比它们诞生的平均时间高出一个数量级。也就是说，一年级的发明，会使用几年到几十年。今天 CD、DVD 包括最先进的蓝光光碟 Blu-Ray Disc（BD），已经几乎绝迹了，此前的录音带、录像带，也是属于这个级别的发明，不过使用了几十年。那些十年级的发明，则可能会被使用上百年。比如固定电话使用了一个世纪多一点，手机能否持续这么长时间现在还不好说。至于轮子和帆船这些千年级的发明，已经使用 5000 年了，恐怕再用 5000 年也不成问题。

同时，每一种发明的影响范围也不同，通常可以分为地域内（或者领域内）和全球范围两种。轮子和帆船的影响力显然是全球范围的；磁共振仪则仅限于医疗领域，属于领域内的。

此外，发明还可以分为枝干型的和叶子型的。枝干型的发明可以衍生出很多新的发明，比如轮子、蒸汽机、内燃机就属于这种，有了轮子才有了车辆，有了蒸汽机才有了火车；叶子型的发明常常都是有特殊目的的，而且通常也是最终目的，不太可能再有基于这些发明的发明，比如 DVD 播放机、磁盘、传统的手机。

苹果能否帮助虚拟现实成为热点

在评估完技术发明的重要性之后，我们不难看出区块链和 AI 是两项在全球范围内具有重大影响力的十年级发明。相比之下，虽然 VR（虚拟现实）现在尚处于起步阶段，还没有成形的产品，但是其重要性不容忽视。这三项技术将为我们共同构建出一个极其丰富和逼真的虚拟世界，以至我们将来可能会难以分辨现实与虚拟的界线。当然除了这三项技术，自动驾驶和制药学领域的 mRNA[1] 技术同样具有重要意义，只是前一项我们把它放到了人工智能的范畴，后一项和我们这一节要讨论的内容无关，因此这两项技术我们就跳过不讨论了。

讲到虚拟世界，很多人会想到 2021 年脸书改名为元宇宙。[2] 这家巨无霸公司不仅只是提一提概念，而是投入了 100 多亿美元的真金白银去做元宇宙的产品，并且它还把公司的名称改为 Meta——这是一个源于希腊语的词根，就是 beyond（超越）的意思。为了避免在未来的竞争中落下风，微软公司也成立了元宇宙的团队。当然，脸书的运气不大好，赶上了全球公共卫生事件所导致的不确定性，加上它的技术储备还远没有到实现元宇宙的程度，不到两年这个项目就宣布失败了，公司还裁掉了 1.1 万名员工。随后微软也砍掉了自己的元宇宙部门，不过微软的投入连脸书的一个零头都不到，整个部门只有几百人。

就在大家觉得元宇宙的概念未必成立的时候，苹果公司点燃

1　mRNA，由核内不均一 RNA（核糖核酸）剪接而成，可作为模板指导翻译产生具有特定氨基酸序列的蛋白质的 RNA（定义来自术语在线）。——编者注
2　"元宇宙"一词最早出现自尼尔·斯蒂芬森在 1992 年出版的科幻小说《雪崩》中，2021 年，扎克伯格将 Facebook（脸书）更改为 Meta 后，大家就把"元宇宙"跟扎克伯格紧密连接起来。——编者注

了新的希望。2023 年 6 月，它宣布将推出第一款 VR 眼镜 Apple Vision Pro。和传统的 VR 眼镜不同，Apple Vision Pro 是一台强大的、不需要依赖其他计算设备、可以独立工作的高性能计算机，而且结合了可穿戴式装备，可以接收人体给它输入反馈信息。我找朋友帮忙，在这款产品还未上市前就试用了一下，可以讲它几乎颠覆了我过去对 VR 产品的不成熟的看法。公平地讲，这是苹果公司自智能手机之后推出的最亮眼的产品。

在介绍 Apple Vision Pro 的优点之前，我们先要搞清楚为什么过去所有的 VR 眼镜都无法真正实现虚拟现实的功能，或者说，为什么通过这些 VR 眼镜看虚拟世界和你用肉眼感知现实世界是不同的。

我们知道，人眼能够集中注意力看清的视角其实很窄，只有大约 1°[1]，也就是大家伸直胳膊竖起大拇指看到的大拇指的宽度。那么为什么双眼能够看清楚前方甚至超过 180° 范围内几乎所有的场景呢？其实你没有真正看到那么多东西，只不过是不断用眼球扫描前方，然后在大脑中合成出了一个场景。大家要想证实这一点，自己可以做两个简单的实验。大家可以闭上眼睛，然后让一个朋友在你前方不起眼，但是你能看到的地方放一个小东

---

[1] 我们观察物体时，从物体两端（上、下或左、右）引出的光线在人眼光心处所成的夹角，被称为视角。对正常视力（视力为 1.0 或者 5.0）的人来说，人眼能分辨出物体的视角极限值为 1°，也就是 1/60°。换句话说，就是无论什么大小、什么轮廓的物体，只要观察者的视角小于 1°，正常视力都不可能将它们分辨出来。——编者注

西，等你再睁开眼睛时，看看需要多长时间才能找到那个小东西。大部分人要花很长时间，这是因为你的目光要扫描周围的场景，再用大脑算出和以前场景不一样的那一点点区别，这需要时间。大家如果有条件，还可以现场去看魔术表演，大家会发现越是盯着魔术师的手，越看不明白他迅速做出的小动作。事实上，当他的动作比大家大脑合成图像更快时，大家是看不见他的动作的。既然大家看到的场景是大脑合成出来的，我们身体的动作对图像的合成就会有影响。比如一转头就会看到不同的场景，但是如果我们的身体运动得太快，场景变换得太快，我们就会头晕，于是我们的大脑就会做出调整，让我们看到的场景变化不要那么大。当你的身体在不自觉运动时，大脑会主动调整，这样你看到的场景就不会抖动。大家还可以通过回想自己开车和坐车时的感觉来证实这一点。通常，晕车的人，自己开车时不会晕，因为他知道自己的意图，身体做出了调整，但是坐车时他就容易晕，因为他不得不被动地做出各种调整。今天，大家使用 VR 眼镜一个普遍的抱怨就是，看 10 分钟就头晕，这里除了处理器速度不够快、画面不连续、像素不够高等硬件不足，更是因为 VR 眼镜没有很好的反馈机制，没有和大家的身体融为一体。因此，要想让 VR 眼镜长时间使用不头晕，就需要在我们的头上、身上装一些可穿戴式装备，把我们轻微的运动反馈给 VR 装备。但是，大家如果看一看今天的各种 VR 眼镜，其实都没有很好地考虑身体的反馈。在我看来，Apple Vision Pro 在接收人身体反馈方面比过去的 VR 眼镜有质的飞跃。当然，它的画面清晰度足够高、处理器足够快，使得反馈几乎没有延时。Apple Vision Pro 的标准配置是苹果的 M2 高性能芯片、R1 传感器处理芯片、5 个接收人体反馈的传感器、6 个麦克风和 12 个摄像头；显示屏是两个 3660×3200 像素的 Micro-OLED（微型有机发光二极管），分别在人的两只眼睛的前方，总像素为 2300 万，超过两台 4K 电视的分辨率，接近 8K 电视；显示屏刷新速度是每秒 90 帧，即使是快速运动的画面也显得很流畅。由于它本身使用的是苹果的操作系统，处理器和笔记本电脑相同，你可以用它替代自己的笔记本电脑，或者把它作为屏幕，把笔记本电脑的显示投射到这副眼镜中。

由于之前 VR 眼镜在市场上都不成功，苹果公司为了避免大家把 Vision Pro 看成又一款不会成功的 VR 产品，它在宣传时刻意避免使用 VR 或者 AR（增强现实）字眼，而是将该设备定位为"空间计算设备"，把虚拟世界与现实世界融为一体。Apple Vision Pro 有两个我很喜欢的功能。第一个就是它设置了一个虚拟的工作环境，我可以戴上这副眼镜，把我正在使用的计算机投射到眼镜的屏幕中。这个屏幕可以设置得很大；周围的环境可以是当时真实的环境，也可以换成其他环境。比如我可以把正前方设置成一个图书馆，这样就会感觉自己是在图书馆里工作；把左边设置成海景，工作一段时间后可以转过头看看海景；右边可以设置为家庭的环境，后面放上一些照片或者油画。总之，你想在什么环境中工作或者娱乐，就自己设置成什么。如果用它来看电影，你可以把屏幕放得很大，当你站起来走动时，你会觉得自己进入了屏幕中。第二个就是远程视频聊天。Apple Vision Pro 可以根据对方的长相，用人工智能重构出对方的三维模型，这样你感觉不再是和一张照片在聊天，而是和一个立体的人在沟通。如果双方都戴上这副眼镜聊天，把各自的环境给录进去，真实感受会非常强烈。至于眼镜的控制，它可以接收人体的各种输入，包括动作、手势、语音，特别是能够跟踪眼球，这样你在虚拟世界里就有了一部分现实世界的感觉，只是周围的景物或者聊天的对方不可触及。

　　Apple Vision Pro 在虚拟现实方面做得最成功的一件事，就是再现你曾经的生活场景。比如你戴着它去遛狗，把录像的功能打开，走过大街小巷时，周围的场景就全部被录制了下来，而且生成了一个 VR 模型。回到家中，你想再体验一下当时的场景，只需要戴上眼镜在房间里走就好了，你当时的经历会非常真实地重现，你会有身在其中的感觉。如果你在街上邂逅了一位让你动心的人，你想回忆一下当时的场景，它完全可以帮助你做到这一点。可以讲，这款产品在很大程度上起到了连接现实世界和虚拟世界的作用。

　　Apple Vision Pro 和手机一样是一个平台，如果能够把世界各地的风景做成它的应用，或者在体育比赛转播时进行 VR 转播，相信它会给你带来身临其境的感觉。目前它最大的问题是内容太少，特别是 VR 的视频内容极少，整个生态还没有构建起来，但是我们相信在未来这些问题都能够得到解决。大家回顾一下苹果手机刚出来时的情景，除了能听音乐、收发邮件、打电话聊天，做不了太多的事情，因为生态环境还没有建立起来。Apple Vision Pro 的情况和当时苹果手机刚上市时很相似，在短时间内有些尴尬，但是当它的生态建立起来之后，大家就会发现它是我们将现实世界和虚拟世界结合起来的入口。如果再把人工智能，特别是 3D 合成技术结合起来，你就可以和远方一个虚拟的人聊天了。比如，你想和某一位自己喜欢的明星聊一次天，或者一起吃饭，这件事在虚拟世界里是可以办到的。

这款产品作为苹果第一次涉足虚拟世界的创新之作，还有很多待改进之处，比如它对于我这样的近视眼人士就不太友好。另外，它要随身带一个相对较大的电源进行供电，这也给那些穿着无口袋时装的女性用户带来了不便。因此，它的第一个版本可能更多满足的是科技爱好者的好奇心，有点像苹果手机的早期版本。

我在"硅谷来信"中讲，绝大多数在商业上非常成功的产品，都是"第三眼美女"。"第一眼美女"是那些技术很好，但是还没做到位的产品，通常只有那些对技术特别喜爱的人会去使用它；"第二眼美女"是像苹果手机这样的产品，它的功能已经非常齐备了，只是价格太高；"第三眼美女"就是非常亲民的产品，大众都能用得起，因此能形成气候。苹果的产品通常都是"第二眼美女"，Apple Vision Pro 也不例外，毕竟最低配置也要 3500 美元，不是大众能够承受的。但是，如果苹果公司能证明它的想法可行，会有其他企业以低得多的价格将同类产品普及。

元宇宙是什么

有了现实世界和虚拟世界结合起来的入口，接下来更多的工作就是构建虚拟世界，也就是脸书所梦想的元宇宙世界。

元宇宙（metaverse）的概念最早出现在 1992 年的科幻小说《雪崩》中，作者尼尔·斯蒂芬森想象出一种通过编程实现的人类，而真实的人类和程序创造的人类生活在同一个世界里。此后随着互联网的发展，人们在网络上会呈现出另一个和现实世界中不同的自我。大家可能已经注意到这样一个现象，人在匿名状态下和现实世界里常常表现为两个不同的人。当对方不知道自己是谁时，人们更愿意把自己真实的一面表现出来。正是因为人们可能在互联网的虚拟世界中能够找回自我，或者以一种自己更喜欢的方式参与其中，很多人会沉溺于网络世界，而不是现实世界。元宇宙的想法，就是为了满足这样一些人的需求。它可以提供比现实世界更多的可能性，而且由于信息的复制几乎不需要成本，它不像现实世界那样有资源的限制，因此可以同时满足很多人的需求。理想的元宇宙可以让用户进行各种体验，参加各种活动，解决他们几乎所有的需求。比如，你可以到心仪的大学去上课，去很难到达的非洲或者南极游玩，和那些你崇拜的人见面。你甚至可以构建出一个虚拟的社会环境，在里面你可以实现自己的各种愿望。相比现实世界，元宇宙中可以包含更多的可能性，实现各种奇思异想，甚至一些超越物理极限的想法，比如你可以体验飞行。

元宇宙的设想，是符合自第二次工业革命开始之后用信息换取能量的总趋势的。从 19 世纪电报、电话、电影、留声机等被发明之后，过去人们需要去现场才能做的事情，包括会面、做生意、享受娱乐活动，现在都可以足不出户地完成了。当然后者的体验和效果赶不上亲临现场，但是，它们的成本更低，而且能让更多的人参与进来，其本质就是用信息替代能量。人类大量消耗能量的代价是极高的，而且使用过量之后，会对地球产生不可逆的结果，而信息的复制成本很低。因此，在第二次工业革命之后，人类人均消耗能量的增长速度是有限的，但是制造、传播和使用的信息量却是呈爆炸性增长的。在未来，当人们的很多需求可以在虚拟世界被满足时，人类对于现实世界的物质需求会相对降低，这对整个人类的可持续发展是大有益处的。

元宇宙不仅包括虚拟世界，也包括现实的物质世界，它需要将这两个世界结合到一处，这就如同过去的电话和今天的手机都是服务于现实世界一样。不过，元宇宙中会有一个独立运作的经济系统，它与现实世界的经济系统有三个相似之处，以及两个不同的特点。我们先来看看它们的相似之处。

首先，在元宇宙中每个人都会有自己的身份、头像，并且让他人能够感觉出自己的独特性。今天在社交平台上有很多人工智能创造的账号，它们不具有自己的独特性，因此算不上是"虚拟世界中真实的人"。元宇宙中的每一个人都会创作自己的内容，其中最简单的内容就是它在元宇宙中每天的活动。大家还会在上面从事经济活动，有经济活动，就会有交易，就需要货币。虽然在元宇宙中每一个人的身份是虚拟的，但是它们也构成了一个社会，因而也会有社会认可性的问题，即每一个身份都需要得到大家的接受和信任。当然，元宇宙平台本身需要做好安全性和保护隐私的工作。

其次，元宇宙是有因果、有记忆的。在现实世界里，一件事情的发生总是有原因的，而它发生之后，你不可能把它抹除。在元宇宙中也是如此，每件事情也有因果，对于这一点经常玩电脑游戏的人会深有体会。在游戏中，你打掉一个怪物，需要具备战胜它的条件，完成任务后，会得到相应的结果。在一个岔路口，你选择了一条道路，就要接受这个选择所产生的结果，也要接受不能得到另一个选择的结果。在元宇宙中，所有事件都是实时发生的，并具有永久的影响力。

最后，虽然元宇宙的资源会比现实世界多很多，但是资源的使用和转移也要符合逻辑。比如，你把一个虚拟物品给了张三，就不可能再给李四了。虽然在我们的印象中，电子化的东西是可以无成本复制的，但是在虚拟世界里，基本的逻辑还是要讲的，每一个虚拟的物品依然有它的独特性和不可复制性。很多人在现实生活中因为能力的限制办不成很多事情，就会梦想自己成为上帝之后变得无所不能。实际上，世界上的不可能性既包括物理上的，也包括逻辑上的。物理上的不可能性在虚拟的世界中可以消失，但逻辑上的永远不会消失。那么如何保证我们把一个东西给出去后，自己就不能再保留了呢？这就要用到区块链技术了。区块链技术不仅能保证每个物品的独立性，而且可以追踪它的来龙去脉。大家可能会问，为什么我们一定要在虚拟世界中遵循逻辑的原则？这是因为逻辑是维持宇宙和社会运行的最基本法则。没有了逻辑，所有的游戏就进行不下去了。比如虚拟物品之所以能够有价值，是因为它们的独特性，如果它们复制的成本是零，它们的价值就消失了，这样整个虚拟世界也就崩塌了。

接下来我们来说说元宇宙和现实世界的不同之处。

首先，元宇宙是去中心化的，它没有统一的中央管理机构。虽然开发元宇宙产品的公司存在，但是它的用户，包括企业和个人，在元宇宙中会经营自己的空间，而不是帮助那家企业营造社交平台。既然元宇宙是去中心化的，上面使用的货币也会是去中心化和虚拟的，而不是像现在腾讯发行的Q币那样，是由中心控制的。

其次，元宇宙生态系统包含了以用户为中心的要素，换句话说，人有很大的主动性。在现实世界里，世界已经被构建好了，大家只是参与，甚至每一个人的出生都是一件随机的事情。在元宇宙中，一个人如果不想生活在当下，他可以回到古代生活。今天，我们可以使用人工智能技术，在虚拟世界中复原古代人的生活。当然大家也可以生活在未来或者外星球。

元宇宙与我们的生活空间

讲完了元宇宙是什么，接下来的问题是我们是否需要这样一个元宇宙，或者说如果没有元宇宙，我们只在现实世界中生活是否也挺好。这个问题放在古代就是，如果我们不读万卷书，只行万里路是不是也可以；放在20世纪就是，如果我们只去戏院看戏，不看电影和电视，是否也能过下去。当然可以，但是对绝大部分人来讲，本身活动范围有限，对世界的了解就会非常少，能享受到的生活乐趣也要少掉一大半。

可能有人会说，如今飞机、高铁等交通工具如此方便，而且未来工作的时间会减少，个人自由的时间会增多，我们岂不是可以随心所欲地生活？然而，真实情况并非如此。我们只需稍微比较一下自己与父辈们在现实世界中花费的时间，就能得出答案。实际上，在现实生活中，很多事情我们难以实现，即使有可能，也会因为时间或勇气不足而无法付诸实践，还有一些事情则因为效率低下而难以完成。

那么，具体是哪些事情难以实现呢？比如，我们无法回到宋朝，也无法前往黑洞边缘旅行，这在现实中显然是无法实现的。

然而，在虚拟世界中，我们可以体验这些无法做到的事情。不过，在体验过后，我们很可能会发现，现实世界仍然是更好的选择，我们更愿意留在地球上生活。

那么什么事情是能力可及，仅仅因为没有时间做或者不敢做而没有做的呢？比如你是一个福尔摩斯迷，想像他一样去破几个案，但是你又不想真的去考警察大学当刑警，你就可以去虚拟世界实现自己的这个愿望。类似地，你可能想创业，但是真让你辞职单干你又下不了决心，你就可以在虚拟世界过过瘾。在过去，像剧本杀这样的体验游戏在某种程度上就是满足自己当侦探或者冒险的愿望，而大富翁游戏其实是美国人为了满足成为垄断寡头的创业愿望而开发的。大富翁游戏诞生于20世纪30年代经济大萧条之后很少人有胆量创业却心里又痒痒的时代。当然，这些游戏并不真实，玩家也很少会全身心地投入，玩赢了也没有多少满足感，输了安慰自己一句"这就是游戏"就过去了。但是在一个真正的虚拟世界里，场景要逼真得多，人们会全身心投入，认认真真地过好虚拟世界里的生活。

当然，还有很多事情是现实世界也能做，但是因为成本太高而无法实现的。比如，你在一家全国性的大公司工作，平时在北京上班，但经常要和上海的团队一起工作，过去你需要出差才能办成这件事，这样成本就很高。有了元宇宙，你可以在虚拟世界里完成这件事，每天戴一副眼镜就好了。类似地，现场看高水平的比赛，也属于成本极高的事情。比如2024年美国的超级碗橄榄球赛，开场前的票价被炒到了 1.2 万美元一张，这还是最远角落位置的球票。虽然大家可以在家看电视，但是感受和现场完全不同，说相差百倍完全不夸张。如果能够用 Vision Pro 看这场比赛，获得现场 50% 的感受，然后支付 1% 的价格，就很有吸引力了。

今天媒体上对于元宇宙的讨论，以及一些公司的产品路线都围绕这一类比较容易实现的应用，比如媒体上经常讨论的虚拟办公平台、模拟的 3D 办公环境等。再比如，脸书公司曾经的元宇宙办公协作平台项目 Horizon Workrooms 和微软 3D 数字环境下的沉浸式空间 Mesh，都是解决在虚拟场景中工作的问题；香港科技大学的 MetaHKUST（元宇宙港科大）项目，是一个元宇宙的教学平台，它是把课堂搬到了 VR 场景中。此外，在房地产和室内装修领域，有虚拟房屋参观的产品，不过平心而论，这些产品的体验完全无法取代现场看房。

在娱乐领域，近年来有些艺人，特别是结合游戏音乐的艺人举行了元宇宙演唱会，但还都属于早期的尝试，远不如现场的效果。当然，这些尝试都是在 Apple Vision Pro 出现之前，今后有了 Vision Pro 这个利器，上述应用的体验是否能做好，整个行业都很期待。

如果从十几年前 VR 受关注算起，元宇宙技术这些年几经起伏，发展并不算迅猛，但是由于人类需要一个虚拟世界实现在现实世界中难以实现的想法，或者减少现实世界中很多活动的成本，未来这必然是技术和社会生活发展的趋势。在时间点上，大家最可能先看到一些企业跟随苹果开发出类似的 Vision Pro，同时一些元宇宙的开发商和内容商会围绕 Vision Pro 开发应用、制作内容。在 10 年内，前面提到的虚拟办公、虚拟课堂、元宇宙音乐会、元宇宙电影、通过虚拟现实观看球赛的设想都会实现。接下来，元宇宙的社区会慢慢建立和完善起来，人们每天会花很多时间在虚拟世界里生活，就如同今天人们总是捧着手机一样。再往后，我们前面讲到的通过元宇宙去实现力所不能及的事情，或者实现自己在现实世界无法实现的梦想的事情，会逐渐发生。我希望在我的有生之年能看到这些。

元宇宙所涉及的关键技术，除了虚拟现实和增强现实，还包括人工智能、高速无线通信和区块链。到目前为止，这些技术每一项都还没有达到能够帮助人类实现梦想的水平，但是都在以很快的速度发展。具备技术条件，只是实现元宇宙的第一步，接下来还有两大问题需要解决。

第一，要在经济上做到有利可图。大家不难想象，如果打电话的成本比见面交谈更高，电话一定普及不了。元宇宙也是如此，如果它只是一个很贵的玩具，即便被热捧几年，也会黯然退场，只有当它能不断赢利时，形成正反馈，才会真正成为人们生活的一部分，就如同互联网是今天生活的一部分一样。当然，总会有人问，我们的数据真能值很多钱吗？我们真能在元宇宙中通过数据资产获得利润吗？答案是肯定的，因为今后任何和人工智能有关的应用都离不开数据，而在虚拟世界中这种依赖性更大。因此，数据一定能赢利，关键是要把虚拟世界的经济环境构建好。

第二，处理好所有与数据相关的法律和经济利益的问题。我们都希望现实世界是一个公平的社会，同理，也会希望虚拟世界是公平的，而且应该比现实世界更公平。为了实现公平，就不能让创建元宇宙社区的私营企业来管理，因为它们是要赢利的，而且它们和元宇宙里的人群是有利益冲突的。这就如同今天大型互联网公司利用数据霸权获得利益，同时损害消费者利益一样。至于如何管理好元宇宙，核心是管理好里面的数据，就如同今天管理好社会，核心是管理好钱一样。

互联网 3.0 和数据信托

目前获得较多认可的元宇宙数据管理的办法有两个。

第一个是所谓的互联网 3.0（Web 3）。关于互联网 3.0，至今也没有非常清晰的定义，因为不同的创业者对此的认识不同，而他们又不愿意放弃自己的定义去接受他人的。不过，互联网 3.0 有一个特征是大家都认可的，那就是它把用户放在平台公司前面，先要照顾前者的利益。我们怎么理解这件事呢？今天的互联网是围绕平台公司而不是用户构建的，比如中国几个头部的直播卖货主播，他们是在抖音或者其他平台上卖货的。如果有一天他们宣布离开抖音，那些顾客他们是带不走的，他们需要在新的平台上重新吸引顾客。在卖货方面，互联网 3.0 将是以那些主播为中心构建的，他们哪天离开某个平台，就会把顾客都带走。当然，要做到这一点有一个最基本的前提，即他们拥有自己的数据，而不是被平台所拥有。今天很多人热衷于讨论互联网 3.0 的技术细节，比如基于区块链和人工智能等，但那些都是如何实现的次要问题，首要问题应该是实现什么。

互联网 3.0 是一个大话题，这方面的阅读材料已经很多了，我们就不展开讨论了。

什么是数据信托

第二个是建立数据信托，并且由它来管理数据。什么是数据信托呢？要讲清楚这个概念，先要从什么是信托讲起。

信托（trust），过去也被译为托拉斯，是英国人发明的一种资产管理和传承的金融工具。简单来说，它像是一个大池子，各种各样的资产都可以往里装。比如你名下有若干股票、一些债券、两栋房子和一家店铺，你可以建立一个信托，把这些资产的所有权都放到信托中。这么做有三个好处。首先，它和你是两个不同的法律主体，信托的钱赔光了，你个人账上还有钱，不需要填补信托的窟窿。当然，你也不能拿信托的钱填补你的窟窿。其次，通过信托传承财富比较容易。通常你会把你的继承人（一般是子嗣）指定为信托的受益人，然后指定一个专业的财富管理团队，通常是投行管理信托的资产。这样等到你离开这个世界时，你留给继承人的资产会有专业的人士管理，不至于因为乱投资很快就亏光了。当然，大部分信托里的钱数量有限，因此投资银行通常会把各个信托里的钱凑在一起做成一个基金去投资，然后把利润按比例分给大家。最后，信托的条款是你制定的，它们完全体现你的意志，即使你不再管理那些资产，也会按照你设定的条款投资、分配和继承。从信托的这三个特点，大家可以看出两件事：第一，信托的设定人（受托人，也就是原先资产的所有者）、受益人和管理者是分开的；第二，信托中的资产怎么用是由受托人设定的，不是由管理者设定的。

有了关于信托的这些基础知识，我们就可以介绍什么是数据信托，以及它是如何运作的了。顾名思义，数据信托是由数据的所有者也就是用户设定的，设定之后，用户所有的数据就放到了信托中。大数据公司是数据的管理者，它们把每一个用户的数据集中起来去投资，比如腾讯扮演着管理者的角色，它会把大家的数据拿去给京东使用，京东要支付数据使用费，腾讯在扣除一部分管理费后，会把大部分利润分给用户。这就如同大家把钱放到银行中，银行集中起来去投资，投资回报以利息的方式分给大家，当然银行作为管理者会获得一部分管理费。至于数据信托的受益人，包括提供数据的人，以及他们的继承人，比如，你爷爷有大量有价值的数据，你是它的继承人，那些数据产生的利润你就有权利获得。

当然，不同的人数据价值也不同，并非每个人的数据都能够像我前面讲到的那个癌症患者的数据那样，值好几百万英镑。但即使是普通人，数据也有价值，而且能够产生新的价值，这就如同银行里大部分储户账上的钱并不多，但是不能因此就忽略他们的贡献，不给他们派发利息。今天，数据的使用者基本上是免费使用数据的。正是因为不收费，使用者就会滥用数据，甚至利用数据做损害数据提供者的事情，比如价格歧视。由于没有人从银行贷款是零利率的，因此未来，使用数据要付费，就像在银行贷款要付利息是一样的道理。有人可能会讲，如果使用数据都要付费，那么一些小公司或者个人想使用数据不就办不到了吗？今天不论什么人以什么理由去银行贷款，都需要付利息，银行不会因为你无力偿付利息，又需要钱，就贷款给你。因此，数据信托也不会因为你要创业，没有钱又需要数据，就把数据给你使用。松下幸之助说，如果企业的产品因粗劣或不符合大众的需求而毫无利润可言，那样既浪费了社会财富，又亏了自己，难道不是一种罪恶吗？同样的道理，如果使用数据毫无利润可言，不仅是占人便宜，还是一种罪恶，因为数据应该为好产品服务，而不是浪费资源做一堆没用的产品。

那么使用一次数据该付多少钱呢？这个应视使用的数据量和数据的独特性而定。我问过美国一些医学院的教授，他们普遍愿意为一次病例查询支付10~20美元的费用。斯坦福大学统计系教授王永雄院士也做过类似的调查，当被询问医学院的研究人员愿意支付多少数据使用费时，大家平均愿意支付15美元左右。王永雄院士讲，这样一来，一些有疑难杂症的病人每年可以分到1万~2万美元，能够支付医疗保险的很大一部分。更重要的是，在很多医生都来研究某个疑难杂症之后，那些患者的疾病就有可能会被治好。现在的问题是，虽然说病人的数据属于病人自己，但是它们其实都是被医院控制着，医院没有动力，也不敢把那些数据拿出去共享，而病人也不可能自己去兜售数据。这就如同你有几万元，不可能直接找到需要贷款的人一样。事实上，当使用数据真正开始付费的时候，它们才能被更好地利用。当然能够付费的前提是有一个数据信托。对大部分人来讲，一年的数据收益可能只有几百元，为此签一份很复杂的合同显然不现实。因此数据信托会给这些人准备好一个简单的信托文件，当大家愿意把自己的数据交到数据信托来管理时，就默认签了那份文件。最后，大家按照信托的条款分配利益就好了。

今天，大家觉得自己的那点数据值不了太多钱的主要原因，是大家在互联网上的经济活动有限，互联网还仅仅是为现实世界服务的一个工具。如果人们大量的经济活动是在虚拟世界中进行的，那么数据的价值就要大很多了，而且越活跃的人，数据的价值越大。这就如同在现实世界中，越是参与日常经济活动中的人创造的价值越大一样。当最终人们在虚拟世界花的时间、创造的价值超过在现实世界中时，每一个人最大的资产可能就是数据资产了，届时，每一个人都会重视对自己数字资产的管理。

数据信托成立的三个要素

至于如何建立数据信托，涉及三方面的工作。
首先，所有权的界定。

今天，这件事在欧盟和美国已经完成，欧盟的 GDPR（General Data Protection Regulation，一般数据保护条例）和美国的 CCPA（《加州消费者隐私法案》）已经确定所有权属于用户。今天你在欧洲或者美国上网，每一个网页第一次访问时都要让你设置数据使用的许可权，你可以设置成不让它收集你的任何数据。当然，很多人依然会糊里糊涂地把自己的数据无条件地提供给互联网公司，后者也会滥用数据。到目前为止，还没有一个很好的分享数据利益的办法。目前欧盟和美国的实际做法是通过罚款的形式从使用数据的公司收钱，然后再支付给用户。截至 2023 年，欧盟以违反 GDPR 的名义开出了多笔上亿欧元的罚单，包括对脸书 12 亿欧元的处罚、对亚马逊 7.46 亿欧元的处罚、对 WhatsApp 网络信使 2.25 亿欧元的处罚以及对谷歌 1.4 亿欧元[1]的处罚等等。除了开罚单，欧盟还要求大数据公司自己开发追踪数据使用的系统，这个系统就相当于每一家银行都有的、能追踪每一笔资金流向的系统。大数据公司宣称它们使用用户的数据来改善用户体验，但是那些公司使用数据都是一笔糊涂账，过去没有一家公司能说清楚数据是如何流动的，最后又是如何帮助到具体的用户的。现在，这些企业被要求说清楚它们是如何使用数据的，以便检查是否滥用数据。在美国，CCPA 规定，每次不当使用一个

---

[1] 谷歌被欧盟处罚过多次，这里所涉及的仅为 2021 年被处罚的 9000 万欧元和 2023 年被处罚的 5000 万欧元的合计数字。

用户数据，罚款2500美元，如果不当使用了10个用户的，就是10倍了。到目前为止，最高的判罚是对谷歌做出的，总罚金高达50亿美元，另外对脸书出卖用户数据一案做出的罚款也高达7.3亿美元，被出卖数据的用户会得到一定的赔偿。今天，如果你在加州，发现有网站滥用了你的数据，你可以去告它，当然也可以参与集体诉讼，你会时不时地收到一些小支票。虽然通过罚款的方式变相地支付给用户数据使用费不是一个好办法，但是在数据信托没有建立起来之前，这也是没办法的办法。更重要的是，它确定了数据的所有权归用户。

其次，需要通过技术手段保护数据。

我们前面提到把个人的医疗数据提供给医生进行研究的好处，但这样做也可能会产生一个问题：如果有人把那些数据拷贝走怎么办？我们如何确认那些数据是用于研究，而不是被用于其他用途，包括损害患者利益的用途？这类事光靠法律保护是远远不够的，还需要在技术上想办法。

如何保证数据在被正常使用的同时不被使用者"偷走"呢？这件事在过去很难办到，因为拷贝得到的数据和原始的数据没有区别。今天有了区块链，防止数据在使用时被拷贝成为可能。区块链有一个特点，你可以验证一个数据，而不需要拥有它。这就如同你可以验证一张存单的真伪，而不需要先得到那笔钱。区块链的这种不对称性，可以把数据的拥有者、管理者和使用者严格分开。只有将数据变得可以被广泛使用却不可复制时，才能维持它的价值。因此，埃里克·施密特博士在总结代表了区块链技术的比特币时讲："比特币是一项非凡的密码学成就，它创造出的在数字世界中不可复制东西的能力具有巨大的价值。"[1]

讲完了如何防止数据被盗用，我们再来讲讲如何利用区块链技术防止人们利用数据做坏事。今天一些人通过挖掘他人的个人隐私勒索钱财，或者做损害数据所有者权益的事情。前一件事还好调查，后一件事则很难查清楚。其实类似的问题在银行系统也遇到过，比如银行把钱贷给了犯罪分子，或者有人盗取了其他客户的钱财，存到了自己的账户里，或者从某台自动取款机取走了他人的钱。那么银行是怎么解决的呢？解决办法就是跟踪。在计算机化之前，银行靠纸质的单据跟踪一批钱的下落并不容易，而且成本极高，但是在银行普遍使用计算机后，这件事就很好解决了，因为每一笔交易都是可以跟踪的，而且几乎不要太多的成本。比如你的账号被盗走了1万元，而且你能很容易地证明那笔钱不是你花的，也知道那1万元转到哪里去了，那么这笔钱就能被追回来。因此，要想让数据不被盗用，最好的办法就是在技术上做到能监控每一次的数据流向，这件事用区块链去实现是相当容易的。区块链在本质上是一个电子账本，它的每一次传输和使用都能被记录下来，因此跟踪起来易如反掌。假如某个出行订票的

---

[1] 参见：https://www-newsbtc-com.translate.goog/news/google-chairman-eric-schmidt-bitcoin-architecture-amazing-advancement/?_x_tr_sl=en&_x_tr_tl=zh-CN&_x_tr_hl=zh-CN&_x_tr_pto=sc。

App（应用程序）利用你在过去几天查询机票价格和目的地的酒店的行为知道你要旅行，然后抬高票价，你就能很容易地找出它们做出这个判断的依据，然后告它价格歧视，因为它使用数据时就在区块链中留下了痕迹。今天你可能感觉受到了价格歧视，但是你很难证明这一点。因此，在未来的虚拟世界中，数据不仅是被加密的，所有者对它还具有可控性，而且它的使用是能被跟踪的。

讲到数据信托的法律和技术问题，这里还有一个二者结合的问题需要解决，就是如果数据的使用被随意授权，也会出现问题，甚至引发灾难。虽然数据的所有权可以通过区块链技术得到保护，但是如果有些人随意授权数据的使用，而有的人不管是出于自身安全的考虑，还是对授权本身兴趣不大，拒绝授权，那么前者的数据在统计结果中就会占优势，后者的数据特性就显示不出来。当然，如果大家为了争夺在虚拟世界中更大的发言权，就有可能选择低价，甚至免费大量授权，于是就会出现踩踏现象，导致所有的数据都变得不值钱，最终恢复到今天管理者和使用者以几乎零成本谋利的现状。对于这个问题的解决办法，也可以参照银行业控制贷款的解决办法。

我们前面讲到，今天数据之所以不值钱，是因为被随意复制和滥用失去了稀缺性。不受限制地复制数据或者授权数据的使用，和过去银行滥发钞票有相似性。

以美国的银行系统为例，在南北战争之前，各银行都是自己发行纸币。照理讲，当时采用的是金银本位，有多少贵重金属，只能发等价值的钞票。但是所有的银行都在超发,账上有一盎司黄金,可能发行了面值十盎司黄金甚至更多的纸币。当持有纸币的顾客将一部分纸币存回到银行时,银行又把那些存款以贷款的方式放出去,于是纸币的贬值就在所难免。特别是当经济出现问题时,纸币不仅无法换回等值的金银货币,而且储户可能连纸币都取不出。于是,银行就会破产,很多储户也会因为拿不回钱连带破产。由于居住在离银行较近的居民总是可以更早赶到银行取回自己的钱,后来美国就出现了一个金融史上的怪现象——全国不得不每年出版一份各银行纸币在不同地方价值的指南。打个比方,北京某家银行发行的纸币,在当地1元顶1元,而在上海可能只能当作0.8元花,到了广州就只值0.7元了。反过来也一样,上海某家银行发行的纸币在外地就不值钱了,而且越远的地方越不值钱。于是各地的商户和顾客,就要根据那份价值指南,来接收和使用各家银行发行的纸币。美国后来因为南北战争,不得不由财政部统一发行美元,各家银行发行货币的权力被收回,这种乱象才得到解决。

现在,全世界的银行都不用金银做抵押了,货币的发行是靠国家的信誉背书。从理论上讲,各商业银行不能向市场供应货币,但事实上,商业银行通过信贷,依然可以大量提供货币,以至于市场上可以"大水漫灌",货币的供应量要远超银行和个人的资产。这又是怎么回事呢?当一家商业银行接收了一笔存款,比如1万元,它可以把这些钱贷出去,比如贷给了张三。但是张三可能没有花这些钱，又存回了银行。银行看到张三存入了一笔钱，认为自己的资产增加了，又把它贷给了李四，李四又把钱存回到银行。这样，1万元可以贷出去很多次，银行就向市场供应了很多货币，或者说注入了很多的流动性。其结果就是钱变得不值钱，而且一旦大家都开始取款，就会发生挤兑。那么这个问题是如何解决的呢？国家监管银行的部门，会通过法律的形式，要求银行将部分现金放着不能动，它们被称为准备金。比如国家要求银行的准备金率是8%，银行每1万元的贷款总额，就对应账上800元的准备金。国家也会根据市场所需要的流动性，提高或者降低准备金率，让商业银行提供或者收回货币。只要银行不悄悄地超越准备金率所允许的贷款上限，在正常时候是不会有问题的，但是，绝大部分银行为了短期牟利，会悄悄多往外贷款，这也就是大家经常在新闻中听到的一个词——准备金率不足的原因。这种时候就会有金融风险，于是国家就要出手惩罚这些银行。

总结一下，银行滥发钞票、随意贷款的问题，是靠技术手段和法律手段结合起来解决的。在技术上，是通过统一发行货币，发明了准备金这个工具；在法律上，是严格限制各银行违规操作。对于数据资产的使用，也需要这样管理：在技术上，要有很多工具限制它的使用范围，比如通过区块链，限制同时访问某项数据的人数，如果同时访问人数过多，需要一个人访问结束，才能接受新的访问；在法律上，要对规避监管的行为做出处罚。

最后，要解决谁来管理信托、如何继承数据资产的问题。

今天，人们对于由谁来管理信托提出了三种设想。第一种是由政府监管，这种想法是英国人提出来的，英国也是最早提出数据信托的国家。由政府管理的好处是管理者具有公信力，坏处是政府有可能干涉大家在元宇宙中的生活。第二种是由私营企业管理，一些美国人持这种看法，比如著名的科技作家凯文·凯利。这种想法也有问题，因为管理数据的私营企业虽然独立于目前的大数据公司，但是无法保证它们在获得权力后不成为新的数据垄断者。几年前，谷歌等私营企业尝试成立独立的、私营的数据信托，但是由于大家对那些新的私营公司的信任并不比对谷歌等公司更好，这件事便不了了之了。事实上，在虚拟世界中的垄断可能比在现实世界中的垄断更可怕。当推特封掉了特朗普的账号后，当时那位还没有卸任的美国总统向民众直接传递信息的渠道就被堵上了99%。于是，就有了第三种设想——建立一个类似于美国工会的组织，由它们代表数据的所有者和使用者谈条件，并且规范数据使用者的授权行为。我们不妨称之为工会式的数据信托。

工会式的数据信托是如何运作的呢？我们不妨看看美国工会是如何运作的。美国工会有三个特点。第一，工会的管理者通常是精通法律、善于谈判的律师，而且他们的利益（提成）只来自工会成员，不来自资方。第二，工会代表所有的成员和资方谈判，而所有的成员不能单独或直接地和资方进行妥协。换句话说，工会成员放弃了自己和资方直接沟通的权利。第三，一旦和资方的协议达成，所有成员不能拒绝接受。以这种方式管理数据信托，也需要遵守这三个原则。信托的管理者是独立于任何其他商业机构的，它们从信托的收益中提成。数据所有者放弃了自己直接把数据提供给使用者的权利，以免大家竞相降价损害所有数据所有者的权益。在信托的管理者和使用者达成协议之后，数据的所有者必须接受，不能觉得价格低就拒绝接受。当然，如果数据的所有者不满意信托的管理者，可以解雇他们另选新人，这就如同你可以解雇你的基金经理或者律师、会计师一样。

到目前为止，第三种方案可能是最好的，但是它依然需要时间的检验，而且很多细节要在实施中慢慢完善。当然，有人特别是拥有大量有价值的数据的人会想，为什么我不能绕过数据信托直接和使用者谈条件呢？答案是，对绝大部分人来讲，他们做不了。今天，在欧洲的 GDPR 和美国的 CCPA 实施之后，大家上网时随处可见极其细致的个人信息保护条款，但是，极少有人会认真阅读，因为消费者并不能完全理解这些条款和规则，即使能理解也懒得花时间去研究。因此，有一个类似律师的代理人为大家做具体的事情是很有必要的。将来当一个人从数据中收获了 10 元钱时，他给这个代理人 2 元钱，就是一件对双方都有好处的事情。

最后谈谈数据的继承问题。我们知道任何资产都是可以继承的。在未来，数据作为一种资产如何继承是一个很重要且不能回避的问题。这个问题不解决，既无法保证数据所有者的权利，也无法实现虚拟世界里的社会公平。在现实世界里，资产会由指定的继承人来继承，但是在绝大部分国家都要交一笔很高的遗产税。而对于知识产权，则会在其创造者去世后，维持 50 年或 70 年的产权，然后它们就属于公共领域的精神财富。对于隐私和机密，通常会在若干年后解密，这样可以让后人有知情权，最大化社会的福祉。这些做法都是人类经过上千年的文明演化形成的传统。在未来的虚拟世界中，这些做法可能会被保留，或者在变通后得到保留。但同时，为了保证虚拟社会的整体利益，大家还会达成元宇宙中的数据资产继承方案，它可能会涉及一些在现实世界中不存在的问题。比如在现实世界里，一笔钱不可能不减少地同时给两个继承人，如果要分给两个人，每个人只能获得一半，但是在虚拟世界里，有些数据你可以同时给两个人，这时每个人该拥有和原先所有者同样的权利，还是各有一半的权利，就是一个新的问题。这类问题，需要在构建元宇宙的过程中慢慢发现、慢慢解决。

未来的世界是什么样的，我们谁也无法准确预言，但我相信有一件事是必然发生，而且正在发生的，那就是虚拟世界的重要性日益显著，而围绕这个目的重构经济也势在必行。在现实的商业社会中，最重要的资源是资本；在未来的元宇宙中，重要的资源除了资本，还多了数据。如何将现在零散的、管理混乱的数据变成可以投资的资产和可赢利的资本，是未来一定要解决的问题，也是商机所在。

人类不要太把自己当回事

谈到人类的未来,就不得不谈谈全球变暖问题,或者说气候变化问题,这是当今一个热门话题。今天世界各国和大多数人将这个问题当作人类面临的最具挑战性的问题,虽然依然有少数人,包括一些学者质疑气候变化的说法,认为这是危言耸听,但至少主流学者和各国官方都承认这个问题很严重,并非杞人忧天。

地球真的因为人类活动而变暖了吗

我们先来介绍一下这个问题是如何被人类关注到的。

人类记录环境温度的历史只有 200 年左右,而德国物理学家华伦海特发明水银温度计并且提出华氏温度的历史也不过 300 年,那么今天人们是如何得知地球在过去不同时期的温度的呢?换句话说,我们凭什么说今天全球在变暖,而非处于地球冷热交替的循环周期(也被称为米兰科维奇旋回)的正常范围呢?

人们得出这个结论,首先是自己直观的感受。这些年来大家能感受到气温在逐渐上升,比如在我小时候,北京冬天出现 -20℃的天气是常态,每年总有一段时间能达到这个温度,大家对此都不奇怪。但是近年来北京的冬天很少这么冷,如果遇到这样的天气,大家就会觉得了不得了。类似地,过去北京夏天的气温到三十五六摄氏度就了不得了,现在动不动就到40℃以上。当然,一个地区的气候变化不代表全球气候变化,而且这种气温的升高也可能是因为冬天暖气烧得足、夏天空调用得多(空调会降低室内温度而使室外温度升高)造成的,或者是其他原因造成的。但如果全世界各个地方的平均气温都在上升,这就有问题了。根据历史数据,全球气温的上升始于第二次工业革命之后,也就是1860年。第一次工业革命时只有英国参与,工业化排放的温室气体对气候没有太多影响;从1850年开始到2023年,全球气温升高了1.35℃,而且气温升高还呈加速趋势。1850年后的很长一段时间,气温升高的速度每10年不到0.1℃;1982年后,增加到每10年升高0.2℃以上。[1]

100多年升高1.35℃,是否处于正常的波动范围呢?虽然地球的气温曾经有过20℃上下的起伏,比今天不到两个世纪升高1.35℃高得多,但是那是在近千万年的时间内完成的。今天地球

---

[1] 参见:https://www.climate.gov/news-features/understanding-climate/climate-change-global-temperature。

温度变化的速率,从过去 100 万年 1℃到现在 100 年 1℃,显然不正常。在过去的两个多世纪里,无论是太阳还是地球都没有明显的异常,唯一的变化就是大气中二氧化碳的浓度增加了 50%左右,从 280ppm[1] 增加到 420ppm。[2] 因此,要找气候变化的原因,最直接的就是工业化所导致的温室气体浓度增加。那么,科学家是如何得知过去没有温度计时的气温以及二氧化碳浓度的呢?主要是根据南极洲和格陵兰岛冰原深处采到的冰芯[3]进行判断的。研究发现,在人类进入文明社会之后到工业革命之前的 6000 年里,二氧化碳浓度一直比较稳定,只是近一个多世纪才增加的。目前地球大气中大约有 3 万亿吨二氧化碳,而人类每年排放的温室气体等同于 500 亿吨二氧化碳,是非常可观的。[4]

  鉴于上述事实,我们可以认为是人类活动导致了地球气候的极速变化。当然,也有学者猜想,是不是我们把气候变化和温室气体浓度的因果关系搞反了?他们认为,海水中溶解了大量的二

---

1 ppm,即每 100 万个干燥空气分子中含有的二氧化碳分子的数量。——编者注
2 参见:Kevin Krajick, Renee Wall. A New 66 Million-Year History of Carbon Dioxide Offers Little Comfort for Today:A Massive Study Sharpens the Outlook on Greenhouse Gases and Climate [OL].[2023-12-08]. https://uni-tuebingen.de/en/university/news-and-publications/attempto-online/newsfullview-attempto-en/article/a-new-66-million-year-history-of-carbon-dioxide-offers-little-comfort-for-today/。
3 冰芯是两到三米长、直径 10 厘米的圆柱体,它形成于几百万年前,记录着当时降水和气候的信息。
4 参见:Jones et al.(2023). OurWorldInData.org/co2-and-greenhouse-gas-emissions。

氧化碳，总量比大气中的二氧化碳高出了一个数量级（大约是20倍），或许是因为海水温度升高，让一些溶解的二氧化碳挥发到大气中了。至于为什么海水温度升高，或许有别的原因。这种看法虽然在逻辑上说得通，但是不属于今天的主流看法，我们就不讨论了。今天大多数学者还是认为，是温室气体浓度剧增导致气候变化，而不是反过来。

如果地球气温持续升高，比如将来的某个时间点比今天高了4℃~5℃，世界会变成什么样呢？首先我们会感觉很不舒服，特别是在夏天。其次，很多动植物因为无法适应如此高速率的气候变化会灭绝。比如今天大堡礁海底珊瑚的面积因为海水温度升高而迅速萎缩；接下来，南极洲和格陵兰岛的冰川会融化，从而导致海平面上升。从1880年开始，全球的海平面已经上升了0.25米，升高4℃~5℃有可能导致海平面上升两三米。今天世界上大约有一半的人口生活在距离海岸线80千米的范围内，很多海岸城市的海拔都很低，比如上海平均海拔只有4米左右。海平面上升两三米，很多人的家园就会被淹没。如果地球上的冰川都融化了，不仅会导致海平面上升超过10米，而且由于地球上少了反射太阳光的冰，温度会加速升高。

人类需要自救

今天，很多人会把解决气候变化问题上升到拯救地球或者拯救文明的高度，以显示人类的无私。其实地球在历史上经历了很多次比今天更恶劣的气候，它的生态圈也没有因此消失，反而因为一些生物的退场，给其他在演化过程中被压制的生物腾出了发展空间，一个典型的例子就是在 6600 万年前的白垩纪与古近纪之间发生的恐龙灭绝事件。当时一颗巨大的、直径约 10 千米的小行星撞到了地球上，导致了一系列的灾难，包括非鸟恐龙[1]和翼龙在内的 3/4 的物种因此灭绝，但正因为此，才给予了哺乳类动物主宰地球的机会。今天哺乳类动物的祖先其实在大约 2.3 亿年之前就和恐龙的祖先一同演化发展起来了，但是由于后者起步快了一点儿，逐渐抢占了优势生态位，哺乳类动物只能依赖在树林环境中昼伏夜出，生活在恐龙的阴影之下。等到非鸟恐龙和翼龙灭绝后，现代哺乳类动物的祖先才得以利用新生代早期的生态位空缺的机会逐渐崛起，并最终重新压倒鸟类恐龙的后裔——今天的鸟类，以及幸存的其他爬行类动物，成为绝大多数陆地生态系统中的优势种群。

如果恐龙时代太阳系里来了一批外星人，他们站在上帝的视角俯视地球，恐怕会认为恐龙会逐渐演化成这个星球上最智慧

---

[1] 近年来，恐龙被定义为三角龙和现生鸟类的最近共同祖先的所有后代。三角龙属于鸟臀类，现生鸟类起源于蜥臀类，也就是说起源于最近共同祖先之后，两类恐龙沿着不同的道路分别演化。科学家现在研究认定，除了鸟类，在中生代末期灭绝了的那些恐龙不包括鸟类。现在为了区别鸟类和已经灭绝的恐龙，生物学界又有了一个新名词——非鸟恐龙，即指除了鸟类的所有其他恐龙。实际上，非鸟恐龙就是传统概念中的恐龙。——编者注

的动物。如果当时恐龙有智能的意识，它们会讲："地球完蛋了，我们要拯救地球。"它们不会知道，少了当时演化得最好的物种，地球上出现高等文明的机会反而更大。地球经历了将近46亿年的沧海桑田，一直没有毁灭，被毁灭的总是某个物种而已。因此，在气候变化问题上，地球也一定不会毁灭，被毁灭的可能是人类。

说到人类被毁灭，大家一定觉得这是天塌下来的大事，因为地球上，甚至整个宇宙，都不再有高等文明了，还有很多人想把地球的文明和人类画上等号。但是我们不得不说，这种想法太自恋，也太把自己当回事了。没有了人类，用不了几百万年，地球上又会出现新的高等智慧生物，而且大概率比人类更高等，对环境的适应性也更强。当然，可能有人会觉得，放眼望去，地球上这些现存的哺乳动物的智力和人类都差得很远。那是因为地球上有了人类，它们无法演化，只能被动适应环境。如果真的没有了人类压在它们头上，它们能演化成什么样还真不好说。在我们熟知的哺乳动物中，无论是从染色体的数量还是从基因中碱基对的数量来看，超过人类的就有好多。也就是说，它们在多样性方面比人类更有潜力，如果能大量繁殖，它们有可能通过变异和自然选择演化成更高等的生物。这就如同在恐龙时代，大家不会看好被恐龙压一头的哺乳类动物一样。今天，相比人类，我们看不起的老鼠其实生命能力和适应能力比人类一点儿也不差，它们基因的复杂程度和人类差不多，有些还比人类更复杂。人类灭鼠灭了几千年，至今也无法将它们消灭，可见它们对环境的适应能力有多强。此外，一些灵长类动物基因的复杂程度也超过人类。当然，演化的过程可能需要几百万年，但是相比地球剩余的 50 亿年左右的寿命，几百万年的时间只是一瞬间而已。

因此，今天是人类拯救自己的时刻，不是拯救地球的时刻。地球不需要拯救，没有了人类，地球照样存在，而且可能环境还会变得更好，新的文明还会产生，甚至能达到更高的高度。因此，人类不要太把自己当回事，今天我们自诩为万物之灵，是因为我们的祖先无意中做对了事情。如果我们做错了事情，就会有更高等的智慧生命取代我们。人类今天连地球都没有完全飞出去，却已经觉得自己很了不起了，放在宇宙的维度看，人类现在所做的比建造蜂巢、蚁穴的昆虫也强不了太多。当然，我们这里说的是极端情况，就是人类的贪婪会让自己毁灭。更可能的情况是，人类没有毁灭，但是因为把环境破坏得太厉害了，以致修复的成本极高，高到把几个世纪的文明成就都毁掉了。

人类的自私和短视让自救变得非常困难

人类是一种非常自私的物种。虽然文明已经发展了几千年，但人类至今并不愿意为了整体的福祉而约束自己的贪婪和私欲。今天，要想终止全球气候恶化，道路是现成的、已知的，就是减少化石燃料的使用，用可再生能源取代它，同时再将发展的速度稍微放慢一点儿。但是这件事很多国家明知道该做却不去做，它们给出的理由是，一些发展中国家认为，英国等先发展工业的国家之前污染了地球一个多世纪，虽然它们今天停止了污染，开始治理了，而我们这些国家工业化起步晚，因此要先污染100年，最少50年再说，这样才显得公平。发展中国家的这种诉求有没有道理呢？有一定的道理。比较合理的做法是，早先发展起来的发达国家拿出一些钱来帮助发展中国家发展绿色能源产业。但是在历史上谁排放温室气体多是一笔旧账，永远无法算清。同样是发达国家，日本和韩国起步较晚，排放温室气体的时间不长，而且它们在开始工业化时，已经比当初西欧国家温室气体排放得少很多了。于是各国吵了几十年，到今天也拿不出一个大家都愿意遵守的解决办法。很显然，面对今天这种危机的局面，不是大家讨论公平不公平的时候，而是拿出行动救自己命的时候。

打一个比方大家就都明白了。上帝为一群人建造了一艘巨大的方舟，它漂浮在茫茫无边的大海上。人群中有人因为无知，拆下了造船的木头，自己做家具，点火烧饭。当然，大船一开始还不会漏水，因为这是一个漫长的过程。后来有更多的人开始拆船上的木头做家具，享受着舒服的生活，但船开始出现了漏水的迹象。于是大家讨论是否该停止这种破坏船的行为，先前做家具、用木头烧火的人觉得不能再这么做了，要马上停止，要在船上种树修补方舟，要用太阳能取代烧木头取火。后来才开始做家具的人讲，我还家徒四壁，等我把家具打完了再停止破坏，另外，用太阳能太贵，不如直接烧木头。结果是，虽然一些人在堵漏洞，但是窟窿还是在不断扩大。虽然最后船不一定会沉，但是住在水位线以下的人恐怕是难以逃生了。

今天人类的行为大抵如此。很多时候，谁是谁非的事情是吵不出一个结果的，每个人站在各自不同的角度，都能找到自己行为的合法性依据，但是站到更高的位置俯视，大家该怎么做是清清楚楚的。今天，逆转气候变化的问题是人类的自救，而不是对地球或者其他物种的恩赐。至于该怎么做，人类也很清楚，无非是减排，或者设法将大气中的二氧化碳收集回来，没有第三条道路可走。相比之下，二氧化碳的回收要更难一些，成本也更高一些，目前还处于研究和实验阶段。于是在今后的十几年甚至几十年里，剩下的道路就是用核能、太阳能和风能，取代化石燃料发电，并且尽可能提高电在能源消耗中的占比。除了长距离的运输行业，比如飞机和远洋轮船，以及一些重工业产业，尽可能不使用化石能源。如果能做到这一点，就能大大降低温室气体排放。人类在这方面已经积累了几十年的经验，现在，摆在人类面前的问题不是怎么做的问题，而是能否下决心做的问题。

可再生能源取代传统能源离不开储能

有人可能觉得太阳能发电的效率太低、成本太高，这其实是几十年前的老印象了。今天太阳能发电的效率已经很高了，成本已经可以做到低于传统的热电了。在美国使用太阳能发电，每发1千瓦时电，成本不到10美分，而采用化石燃料发电的成本要超过10美分。今天使用太阳能发电最大的问题是，白天有太阳的时候用电量很低，等到傍晚之后用电高峰时，却没有供电了。使用风能发电也会遇到类似的问题，它不仅供电不稳定，而且通常有大风的地方没人住，有人住的地方不会有大风。因此，今天推广可再生能源遇到的最大问题是储能问题。我们需要投入多少资金才能够解决储能的问题呢？

目前，全世界每年的发电量大约是30万亿千瓦时，也就是说平均每个人每年要消耗3600多千瓦时的电，平摊到每一天，就是10千瓦时左右。很多人觉得，我们日常生活中没有用那么多电，其实这里面包含了工农业用电，大家只要在消耗工农业产品，就变相地用了电。假如全部采用太阳能和风能发电，至少要将电储存半天，这是储能的下限。但是如果遇到连续阴雨天，或者很长时间风力不足的情况，就需要储存更多的电量才能保证电力的供应。据美国能源部前部长、诺贝尔物理学奖得主朱棣文教授的估计，需要储存4天的用电，这是上限。我们就算取下限，即每天储存半天的用电，每天就需要存储410亿千瓦时的电。目前市场上锂电池中锌的价格大约是存储1千瓦时的电为150美元[1]，如果再算上电池管理和电网改造的钱，不会低于200

---

[1] 源于statista.com 的估计，中国、美国和欧盟的价格有所不同，150美元是平均价。

美元。[1] 因此，总投资不会低于 8 万亿美元。

8 万亿美元是什么概念呢？2022 年，全世界传统能源市场不超过 9 万亿美元。更要命的是，由于锂电池有充放电次数的限制，通常只有 1000~2000 次，不会超过 3000 次，这样满打满算也只有 8 年的寿命。换句话说，不考虑平时的维护成本，仅换电池，一年就要额外耗费 1 万亿美元。这还只是下限的估计，如果按照朱棣文教授给出的上限估计，平均一年要耗费 8 万亿美元储能。如果真想让电能完全取代石油、天然气和煤在工业上的用途，发电量还要翻一番，这样光储能一年就要耗费 2 万亿~16 万亿美元。相比全球的 100 万亿美元的经济总量，这个负担虽不是完全承受不起，但也的确不轻。

当然，可能有朋友会想，是否将来技术发达了，电池的成本能大幅度下降，或者电池的能量密度能大幅提高？很遗憾，这两件事都不可能。用斯坦福大学教授、著名材料学专家崔屹的话讲，在这个领域没有摩尔定律。目前，日常使用最多的电池是锂电池，近年来由于需求增加，锂矿的价格飙升，电池的成本不降反升，锂电池中另外几种大量使用的金属镍、钴、锰，在地球上的储量并不丰富，而且只有很少的国家有这些矿藏。大家如果

---

1 以特斯拉为例，其电池成本是 200 美元左右。参见：https://www.cbtnews.com/replacing-a-tesla-battery-costs-and-options-explained/#:~:text=Estimates%20suggest%20that%20the%20batteries,%2413%2C500%20and%20labor%20costing%20%242%2C299.27。

关注科技媒体，可能会读到科学家研究钠电池取代锂电池的报道——这不是因为钠电池更好，而是为了降低成本。钠电池在能量密度上要比锂电池差很多，而且因为技术不成熟，充电次数也少很多。但是地球上钠的储量极为丰富，海水里全是钠。当人类不得不用钠电池取代锂电池时，只能说明锂电池不够用了。蓄电池的能量密度是有化学极限的，这主要是由宇宙中各元素之间的电位差和各种元素自身的密度决定的，今天的锂电池，离这个极限已经很接近了。根据崔屹教授讲，和电子产品的性能每两年就能翻一番不同，电池能量密度的提高速度是每年1%~2%，而且还不能持续。最终在目前的基础上再提高20%是有把握的，提高50%就没把握了，提高100%就超越极限了。

如果不能做到电池的成本大幅度下降，唯一能做的就是增加蓄电池的充放电次数，把它们的使用寿命从七八年延长到几十年。崔屹教授领导的斯坦福团队近年来发明了一种新型充电池，它用的是更传统的镍锰氢电池技术。这种电池虽然能量密度只有锂电池的一半多，但是充放电次数却可以高达3万次，也就是说从理论上讲，七八十年给储电设备换一次电池即可，这样成本就能大大下降了。能量密度较低的电池不适合用于电动汽车等需要移动的产品上，因为那样会降低运输工具的有效载荷和续航里程，但是对于不需要移动的储电站来讲问题不大。这种电池相比锂电池还有一个优势，就是安全性高，不容易起火。不过和锂电池一样，第一次投资的8万亿美元是省不了的。这么一大笔投资，现在世界上没有一个国家愿意投。

为了说服各国采用清洁能源，并且大力投资储能，特斯拉公司发布了一份研究报告《宏图计划3》(Master Plan Part 3)，为大家算了一笔账。这份报告认为，20年投入10万亿美元发展太阳能发电和储能，就可以停止用化石燃料发电，然后这20年可以节省14万亿化石燃料的费用，还能挣4万亿美元。而将10万亿美元分到20年内，每年才5000亿美元，占世界GDP的0.5%，各国还是拿得出这笔钱的。虽然特斯拉公司高调发布这份报告，但是全世界对此的反响并不热烈，也没有哪个国家以它为制定政策的依据。因此，如果你没有听说过这份报告也不奇怪，因为关于它的报道，除了发布当天，就不再有热度了。为什么各国对特斯拉公司的建议没有兴趣呢？因为这份报告的估计太乐观了，比如，它对于储能的成本是根据一天用电量的1/3计算的，但事实上太阳能发电到了下午4点之后，基本上就产生不了多少电量了，除非是夏天直射的一个月时间。而从下午4点到晚上12点是一天的用电高峰期，要用掉一半的电量，而不是1/3。如果考虑到这个因素，成本就需要增加50%。另外，如果按照20年逐年投资，考虑到储能设备的寿命只有7~8年，前1/3的设备在20年后已经换了两次了，中间1/3的换了一次，只有最后1/3还能工作。因此20年下来投资又会增加一倍，总的算下来是30万亿美元，不是10万亿美元。换句话说，每年的投入要占到全球GDP的1.5%，而且相比使用化石燃料还是亏损的。不仅如此，现有的电网已经根据现有的发电方式都优化了，改造完全适应清洁能源的电网，工作量也是巨大的。于是这样一来，各国自然没有动力在短时间里用清洁能源替代传统能源，大家就只能按照自己财力能够支持的速度在缓慢发展。不过，气候变化并不等人，按照目前各国的努力程度，全球的气候问题将会加速恶化。

如果我们把眼光放得更长，站在历史高度来看这个问题，这笔钱虽然不少，但还是应该投的。如果能够采用比锂电池更廉价的电池，比如我们前面讲到的能充放电 3 万次的电池，同时把投资的周期拉得很长，比如拉到 30 年，在经济上是完全能承受的。目前全世界每年花在军费上的钱，大约是 2.3 万亿美元，占世界 GDP 的 2% 左右。如果能拿出一半的军费解决能源行业清洁化的问题，大规模减少温室气体排放的任务就能完成。但是，人类历来是宁可把钱花在军费上，宁可为了一点儿土地大动干戈，也不愿意把钱花在和平发展上，古代如此，近代如此，今天还是如此。

环保和高速发展是矛盾的，人类需要懂得放弃

人类是一个很奇怪的物种。世界上绝大部分物种只围绕一个目的生存发展，甚至为这个目的做出牺牲。比如，雄性螳螂在完成交配后，就会牺牲自己，让自己成为雌性螳螂的食物；狼群在出行时，打头的总是年老体弱的狼，它们准备抵挡天敌的第一次进攻，而年轻强壮的公狼，在后面保护着母狼和小狼。但是人类的逻辑却是"既要……又要……"既想自己占有更多的资源，拥有好几套房子、很多物质财富，又指望不破坏环境。这两个条件放在一起，一定是无解的。今天很多专家学者、政府官员侃侃而谈，试图找出一条能够在高速发展的同时还是低碳的、长期可持续的道路，这就是在缘木求鱼。人类要想长期可持续发展，就要牺牲一些眼前利益和发展速度，为改善地球的生态投资。如果一味追求高速发展，追求物质享受，那么地球最终会给人类好好地上一课。

在人类历史上，很多文明都消失了，包括著名的美索不达米亚文明、美洲的玛雅文明等。还有一些文明，不得不放弃过去的文明中心迁往其他地区，比如很多在西域丝绸之路上繁荣一时的城市，后来都消失了。这些文明衰落、消亡或者迁徙的主要原因不是外敌入侵，也不是一两个昏君所致，而是长期开垦，让原本的文明中心不再适合文明的发展了。比如，美索不达米亚曾经是人类文明的摇篮，那里在一万年前被誉为"新月沃地"，但是今天大家看到的是一片荒漠。虽然那里的人们发明了水利灌溉系统，让降水量不算丰富的地区出现了上千年繁荣的农业经济，但是没有哪一片土地能够经受得起几千年的开垦。在美洲大陆，很多城市都是被放弃的，因为印第安原住民在一个地区开垦很多年后，那里的田地就会变得荒芜，无法维持大量人口生存了。

不过，在历史上，文明并没有因为某一个族裔退出历史舞台而终结。苏美尔人曾经创造了这个星球上最辉煌的文明，相比他们，当时其他的部落和族裔都是野蛮人。在当时来看，如果苏美尔人凭空消失，似乎地球文明也就消失了。事实上，当初比他们落后的部落，后来发展出比他们更高级的文明。但是，作为一个族裔，苏美尔人的消失仍让今天的人为之叹息。

今天整个人类的处境和当时的苏美尔人有相似之处，一方面人类创造出了之前难以想象的文明，另一方面地球也被过度开垦了，长此以往是难以持续的。但不同的是，今天的地球人无处可逃，不要指望移民到火星之类的星球上去。最终最坏的结果可能是，地球上的人消失了，就如同苏美尔人消失了一样，而新的物种创造出更高级的文明。如果说当初苏美尔人和后来生活在美索不达米亚的其他人无法懂得可持续发展的重要性，导致了文明的终结，只能让后人遗憾，那么今天人们明知未来的危险、未来该怎么做，却因为自己的短视不去做，就只能说是愚蠢了。

未来的社会大概率会变得更好，但不排除会变得更坏，甚至有走向毁灭的可能性。

并不存在 B 计划

今天，每当这个话题出现在媒体上，就会让很多人兴奋不已，那就是登陆火星。

为什么要尝试去火星，人们给出了三个层次的理由。

第一个层次的理由是，满足人类探索未知的好奇心和喜欢探险的欲望。我们有理由相信，如果人类的远祖没有好奇心和探险的欲望，他们就不会走出非洲，不会发现新大陆，也不能够掌握飞行技术。基于这种想法，很多人会觉得，今天的太空探索和第一批渡过大河、横跨海峡的人类勇敢的尝试是相似的。当然，在探索外太空的同时，也会开发出很多新的技术。

第二个层次的理由是在第一个层次基础之上的。一些人认为人类早晚要像科幻电影里描述的那样，殖民整个银河系，甚至向其他星系传播文明。

第三个层次的理由就是所谓 B 计划，也就是说，万一地球毁灭了，人类要有一个备选的星球逃生。今天持这种看法的人越来越多，特别是看到全球气候变化问题似乎无解的时候。

接下来我们就讲讲这三个理由是否成立。

把适度的财力和人力投入太空探索是必要的

第一个理由是成立的。尽管有人质疑人类为了满足好奇心和探险的欲望，耗费很多资源探索宇宙，而没有更好地解决地球上的问题，有点本末倒置，但解决地球上的问题和探索宇宙并不矛盾，后者甚至可以帮助到前者。在这个层次上，最著名的对话当数1970年赞比亚修女玛丽·尤肯达和时任美国NASA（美国航空航天局）马歇尔太空飞行中心科学副总监恩斯特·施图林格博士之间的一次通信。当时，由于美苏在全球的对峙，非洲大陆成为牺牲品，很多人吃不饱饭，同时那个时候也是美苏太空竞赛的高潮阶段。于是尤肯达修女就给当时负责火星探索项目的施图林格博士写了封信。她在信中问道，目前地球上还有这么多小孩子吃不上饭，为什么还要在火星项目上花费数十亿美元。施图林格博士很快给尤肯达修女回了信，他在信中讲了三层意思。

首先，施图林格博士表示他经常收到类似的来信，说明和尤肯达修女有同样疑问的人不在少数。他感谢这位修女为帮助同胞所做的工作。不过，他也指出，人类的饥饿问题是一个政治问题，是人类自己年复一年的辩论和争吵，甚至连妥协之后的援助方案也迟迟无法落实的结果，和太空探索无关。

其次，施图林格博士讲，探索太空的工程更有助于解决人类目前所面临的种种危机。为此，他讲述了 400 年前发生在欧洲的一个故事。当时德国某小镇上有一位有钱的伯爵，他支持一个怪人磨玻璃镜片。人们得知伯爵在那些无用玩意儿上花费金钱之后都很生气，他们讲："我们还在受瘟疫的苦，而他却为那个闲人和他没用的爱好乱花钱！"伯爵听到后不为所动，表示"我会尽可能地接济大家，但我也会继续资助这个人和他的工作，我确信终有一天会有回报"。后来这个怪人把研磨好的镜片装到镜筒里，用它来观察细小的物件，这就是后来的显微镜。因为有了显微镜，医学得到了快速的发展，很多人的疾病因此得到了救治。施图林格博士用这个例子解释了进行宇宙探索的必要性。只有不断探索知识，才能更好地服务于人类。事实上，今天我们用到的很多东西，比如尿不湿、记忆床垫等最初都是为了太空探索制造出来的。此外，硅光电池、无线通信、数码成像等很多技术，也受益于太空探索。

最后，施图林格博士讲太空探索的花费相对于人类每年创造的产值其实是很低的（0.3%），而它产生的科研成果正在被用于解决粮食问题，比如卫星技术可以预报天气、防灾减灾，保证农业生产。

概括一下施图林格博士的观点，人类的好奇心和探索欲望帮助人类发展进步，而太空探索是其中重要的一部分。

今天，人类在探索外太空方面花的钱其实并不算多。NASA

2023年的经费只有区区254亿美元，即使加上私营机构的投入，一年也不到500亿美元，不到美国GDP的千分之二；在20世纪60年代美苏争霸时，这个比例是千分之四。但这些经费取得的科研成果还是相当可观的。

太空环境比我们想象的要险恶

第二个层次的理由则很难成立，因为包括人类在内的地球上稍微复杂一点的物种，都无法在脱离地球环境之后长期生存，更难以繁衍后代。很多人把探索火星看成殖民太阳系，乃至殖民银河系的第一步，甚至将它和过去人类第一次跨过大河、跨过海峡相比。这种对比忽略了一个基本事实，就是在跨过大河之后，有同样的甚至更好的生存环境，但是到了地球之外，那就是死地了。

今天，人类不要说到外太空去生活了，海拔稍微高一点儿都受不了。全世界有5000多个城市人口超过10万，其中只有11个城市海拔在3000米以上——绝大部分在秘鲁和玻利维亚。[1] 有人可能会觉得技术发达了，就能够在其他星球上模拟出类似地球的环境。这其实近乎不可能，因为就算在那里建一个封闭的空间，有着和地球一样的空气成分、大气压和湿度，也改变不了那

1　参见：https://en.wikipedia.org/wiki/List_of_highest_large_cities。

里的重力加速度。人只要在那样的环境稍微生活时间长一点，就会生各种病。即使有办法营造一个和地球有完全一样重力加速度的环境，少数人长时间待在一个封闭的空间中也会发疯的。就以普通人也能短暂生活的南极为例，在南极考察站的一些科研人员曾经因为太孤独被逼疯了，开始破坏考察站。再比如，在2020—2022年全球公共卫生事件期间，很多人因为被隔离，精神上就出了问题。2024年，《美国新闻与世界报道》公布了前一年（2023年）最好找工作的职业，在前100个职业中，和心理咨询有关的就占了5个，之前学心理学的可没有什么好的工作机会。[1] 这说明疫情把大家限制久了，心理上就会出毛病。总之，人类的脆弱性远超人们的想象。

当然，有人会觉得将来可以改造自身，然后殖民到类似于地球的其他星球上去，比如某个星球的文明只能在海洋里发展，就把人类的基因改造一下，让人变成鱼。这确实是一种奇思妙想，但这种想法今天没有什么科学依据，人类也没有在这个方面做任何尝试。这在很大程度上是不敢，因为一旦搞出什么不受控制的怪物，可能直接把现有的文明就毁灭了。因此，这种想法我们暂时不考虑。

排除了改造人类的可能性之后，人类唯一能做的就是到太空去找一个和地球类似的星球。我们会在下一节中讲到，这样的星

---

[1] 参见：https://money.usnews.com/careers/best-jobs/rankings/the-100-best-jobs。

球很难找到，而且是否存在还很难说。我们先假定它存在于银河系。虽然银河系中有很多恒星，但是银河系很大，恒星之间彼此的距离其实是很遥远的。就算在距离地球 1000 光年的地方有一个地球 2.0，这个距离相比银河系的尺寸已经很短了。如果我们把银河系缩小成北京市区大小，1000 光年就相当于 300 米，这是很近的距离。但是就算飞船能够以 0.9 倍的光速飞行，也要飞 1000 多年，这大约是 50 代人的时间。这还不算在飞行时要承受一年甚至几年的加速时间，在加速时间里，人基本上只能被绑着不动，这样肌肉就会完全萎缩。就算这些问题都能够解决，在飞船上繁衍 50 代人可不是一件容易的事情，相当于从北宋就开始繁衍直到今天。今天地球上找不到任何一个村落，在不与外界接触的情况下独自从 1000 年前繁衍到现在。把一行人送上 1000 光年也到不了目的地的飞船，这里面除了技术上的问题，还有很多伦理问题，这些我们后面会讨论。

让人类用肉身殖民外太空，不仅难以实现，而且也没有必要，因为用机器人去做这件事不仅省时省力，而且能比人类做得好很多。这就是人类在 1972 年最后一次登月后，没有再继续做这件事的主要原因。至于今天有人因此而怀疑当时是否做成了，是很拙劣的阴谋论，这里我们就不费太多笔墨去反驳了。NASA 和美国其他有关机构早已解释了很多次，不继续载人登月是为了把有限的资源用于探索更辽阔的外太空，既包括对太阳系内其他行星的探测，特别是火星，也包括对太阳系以外的探测。事实上，美国在结束阿波罗计划的当年（1972年），就成功地发射了人类第一颗飞越太阳系的探测器——"先驱者"10号。1977年，又发射了迄今为止飞离地球距离最远的"旅行者"2号，今天它已经距离地球将近200亿千米了。最后飞离太阳系的探测器是"新视野"号（又被译为"新地平线"号），它是在2006年发射的，它最重大的发现之一是证实了冥王星所在的柯伊伯带的存在。那里过去被认为是太阳系的边缘，有大量的矮行星、小行星和彗星。"新视野"号还在那里发现了氢元素构成的一道（薄）墙。这些探测器能完成很多人类完成不了的任务，比如"新视野"号有效载荷质量只有30千克（包括燃料的总质量是478千克），它以每小时8万多千米的速度飞行，能够在零下200多摄氏度的环境中工作。[1]

如果人类真的想在太空殖民，最简单的办法是派机器人去完成相应的任务，就如同今天NASA发射了很多火星探测器前往火星进行科学考察一样。宇宙中的所有元素和地球上的都一样，宇宙中的化学规律和地球上的也都相同，如果真的有类地行星，我们完全可以让机器人在上面采矿，制造各种机械，甚至构建一些基础设施，然后人类可以不断地把越来越先进的机器人送上去。那些机器人对太空辐射的抵抗力要比人类强得多。利用这种方式，人类在太空的扩张要比把人送过去快得多。对人类来讲，

---

[1] 参见：https://en.wikipedia.org/wiki/New_Horizons。

重要的是输出文明，而不是肉身移民。

火星不可能成为B计划

第三个层次的理由不仅不靠谱，而且违反基本的逻辑。

先说说不靠谱的地方。2018年年底，我在伦敦拜访了英国皇家学会前主席、霍金的同事马丁·里斯教授。里斯教授对人类因为地球被破坏了而殖民火星这种事情很不以为然。他和我讲，地球上最糟糕的地方、最不适宜人生活的地方，也比火星上最好的地方不知道好多少。即使人类发动了核战争，核污染随处都是，核冬天到来，或者遭遇地球被小行星撞击导致恐龙灭绝般的灾难，地球上的环境也依然比火星好太多。里斯教授还讲，把火星改造成适合人类生存的地方，难度比治理地球污染大上万倍都不止。

火星上的环境会有多么恶劣呢？火星表面平均温度为 $-63℃$，而地球表面的平均温度为 $15℃$，二者相差了70多摄氏度。由于火星表面的大气压不到地球的1%，因此它的保温效果极差，四季、早晚温差都很大。在冬季，火星两极的最低温度为 $-133℃$，而到了夏季，在赤道附近中午最高温度可以达到 $27℃$。由于太阳到火星的距离是地球的1.5倍，因此它表面获得的太阳光照强度不到地球的一半。地球上大部分植物在那里是无法生长的，即便是在温室里。

由于火星内部已经没有了地质活动，也几乎没有磁场，大气层又太稀薄，因此各种太空辐射会直接照到它的表面。即使有防护，比如修建了一个掩体，掩体内接收的太空辐射量也是人类受不了的。今天，人类的太空站距地面的高度只有 400 千米左右，依然在地球磁场的保护范围内，但即便如此，宇航员在里面工作 6 个月接收的辐射量也依然是地球人全年平均接收辐射量的 70~100 倍。他们回到地球上时身体都会有严重损伤，要恢复很长的时间。火星上的太空辐射量大约是太空站位置的 5 倍，所以即使防护得再好，人在上面也难以长期生存。因此，英国兰开斯特大学的环境学教授、《没有 B 星球》(*There is No Planet B*) 一书的作者迈克·伯纳斯 – 李对前往火星的想法嗤之以鼻。他说："（住在火星上，）你还不如住在铀矿底下，这是一种消磨时间的可怕方式。"就算人类用厚厚的铅建造了一个密闭的空间，里面仿照太阳光进行照射，人住的时间长了也会不舒服。火星的重力加速度只有地球的 40%，因此人会处于一种半失重状态，一段时间后很多生理机能都会受到影响。

因此，派少数人到火星上探险，证明人类能够飞行那么长的距离或许没有问题，但是，等到地球毁灭的那一天，把整个人类移民到火星上则完全不可行。

说完了 B 计划不靠谱的地方，我们再说说这种想法逻辑上的谬误。

假如有一个人手里拿着一把好牌，却打了个稀烂，然后他和你讲，给他一把坏牌，他能打好，你信不信？当然没有人会相信。今天，地球的环境就是老天爷给人类的绝顶好牌，任何B计划都相当于一把烂得不能再烂的牌。绝顶的好牌打不好，却总想着能够把烂牌打好，这在逻辑上就说不通了。但是，在生活中很多人是不讲逻辑的，他们不想着如何把自己手中的好牌打好，却想着这把好牌打不好以后，是不是能再给他一次把坏牌打好的机会。

地球这个环境对于人类这种智慧生物来讲是独一无二的，想办法保护好它才是正解。今天有人担心到了50亿年之后，太阳自身要毁灭，觉得要早做准备，这有点儿杞人忧天。50亿年之后，人类是否能够逃离太阳系而生存，不是现在要考虑的问题。不过，按照人类目前对宇宙未来的认识，就算逃脱了太阳毁灭时的灾难，也逃不脱宇宙因为不断膨胀所带来的厄运。再过10亿年，我们除了本星系内的星体，可能再也看不到任何其他星系了；等到再过几十亿年，本星系内的星体一个个熄灭，天空就会只剩下一片漆黑。如果不出意外，人类和人一样，即便走出了地球，最终也难逃死亡的命运。当然那一天还非常遥远，在此之前，大家一起维持好地球的环境，让每一个人的生活更幸福，让社会变得更公平，才是真正有意义的事情。在此之后，自然和自然的法则都将消失，一切也都变得不重要了。

最后我们对未来的太空探索做一个总结。出于好奇心去探索，并且在这个过程中将新技术用于改善人类的生存状况是完全必要的。在具体的做法上就是以更安全、更经济的方式去探索，比如让机器人去探索，远好于把大量的人送到外太空去。太空探索是必要的，是为了让我们更好地了解宇宙、了解自己，而不是给自己找退路。

外星人长什么样

和太空探索密切相关的一个问题,就是是否有外星文明,甚至我们探索外太空也是为了回答这个问题。对于这个问题,恐怕每一个人都想过。据我的了解,在排除宗教信仰后,大部分人认为答案是肯定的,只有少数人认为外星文明不存在。对此我又做了进一步的了解,我发现认定外星文明存在的人,都坚信一个前提假设,就是地球并不存在特殊性,除此之外,他们拿不出任何具有说服力的理由,而认为外星文明不存在的人,则有很多理由。

适合高等生物生存的行星其实很少

我们先来看看地球是否有特殊性。所有认为地球没有特殊性的人,都会谈到一个德雷克公式,$N=Ng \times Fp \times Ne \times Fl \times Fi \times Fc \times FL$。它是由美国天体物理学家法兰克·德雷克在 1961 年提出的，被用来推测"可能与我们接触的银河系内高等外星文明的数量"。

公式中每一个变量是什么意思呢？N 代表的是银河系内可能和人类联系的外星文明的数量。它等于银河系内恒星的数目（Ng），乘以恒星周围有行星的平均数量（Fp），乘以行星系中类地行星的比例（Ne），乘以能够产生生命的行星比例（Fl），乘以能够演化成高等智慧生命的概率（Fi），乘以高等智慧生命的文明水平达到能够进行星际通信（也就是高等文明）的概率（Fc），最后再乘以高等文明在行星生命周期中的占比（FL）。

这个公式有一个致命的错误，就是认定上述变量彼此之间都是独立的、无关的，而且是随机发生的，因此才能用乘法。如果它们是由某种特定规律所决定的，这个公式就完全没有意义了。我们先假定这个公式的前提条件成立，然后用这个公式估算一下银河系内适合高等文明生存的行星的数量。

在银河系中有 1000 亿~4000 亿颗恒星，我们取中值 2500 亿颗。NASA 估计这些恒星周围有 1000 亿颗行星，也就是有行星的平均数量是 Fp=0.4。太大的恒星和太小的恒星周围都无法诞生生命，因为前者的辐射太强，周围即使有行星，行星上的原子也无法形成大分子；后者太弱，要么提供不了足够的光和热，要么活动很不稳定，也无法孕育生命。像太阳这样不大不小的恒星（G 型主序星）只有 10% 左右，也就是说，不会超过 250 亿颗。如果考虑到有 1/3 的恒星都是双星或者多星系统（《三体》中描述的就是三星系统），它们周围行星的运行轨道不稳定，也无法孕育生命，所以，有可能孕育生命的恒星不超过 160 亿颗，于是我们把 Ng 设定为 160 亿比较合理。

目前人类只发现了大约 5000 多颗行星，这些行星都不是被直接观察到的，而是根据凌日现象和恒星摆动间接推算出来的。在这 5000 多颗行星中，只有 55 颗是类地行星，比例只有 1%，也就是 $Ne=0.01$。这样，银河系内的类地行星只有大约 1.6 亿颗。图 4-1 是 NASA 对已经发现的所有行星进行的分类，纵坐标是它相比地球的大小，可以看出绝大部分行星是像木星或者天王星那

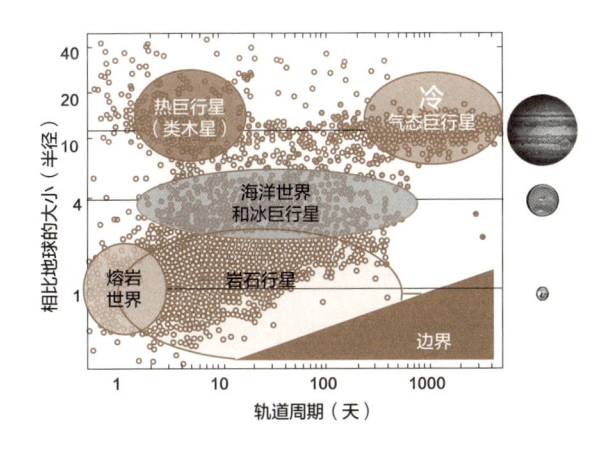

图 4-1 银河系内行星的数量

数据来源：NASA；Ames 研究中心；Natalie Batalha；Wendy Stenzel（https://www.space.com/37242-nasa-kepler-alien-planets-habitable-worlds-catalog.html）

注：NASA 开普勒任务（图中"岩石行星"区域）和其他调查所描述的行星，将广泛的行星分为几种不同的类型。未来的系外行星勘测将揭示在图中标记为"边界"的角落中距离恒星更远的小行星。

样的气态和液态巨行星。横坐标是公转的天数，天数越小，说明离恒星越近；天数越大，说明离恒星越远，它们都不符合诞生生命的条件。从图 4-1 中可以看出，和地球大小差不多、离恒星不远不近的，只有两三颗。

公式中接下来的参数就没有人知道了。不同的人有不同的估计方式，大部分人的估计都过于乐观，比如估计每个参数为 1/10（0.1），这样银河系内就会有 1.6 万个和我们水平差不多的文明。但如果我们把这些参数估计为 1%（0.01），那么银河系内就只有我们这样一个文明。

今天大家经常会看到这样一些新闻：在木卫二上发现了水，可能有生命。于是就有人马上联想到那里是否有文明。这其实混淆了生命和文明的概念，它们完全是两回事。诞生能够自我复制的有机分子的难度要比出现单细胞生物小得多；出现单细胞生物比出现真核细胞生物的难度又要小得多，接下来还要出现多细胞生物，有器官分工的生物，有中枢神经的生物，再一级级演化，最后才能出现高等生命，比如猴子。高等生命也未必能创造文明。也就是说，有生命和出现文明还差十万八千里呢。至于木卫二，平均温度在 -200℃ 上下，就算有液态水，也是在厚厚的冰层下，无法出现高等生命。和中国读者对这类的报道很兴奋所不同的是，美国读者可能是过去见得太多了，完全无感，他们的第一反应就是，NASA 可能又没钱了。

如果我们把搜索范围从银河系扩展到整个宇宙，是否会有高等文明的存在呢？整个宇宙有大约2000万亿亿（2×10^{23}）颗恒星，是银河系的万亿倍。如果我们还用德雷克公式做一个估算，岂不是有万亿个文明？这里我们先不要急于下结论，因为如果那些我们不知道的参数是百万分之一，宇宙中恒星的数量就不够拥有两个高等文明了。大家不要觉得百万分之一是个很小的数字，得诺贝尔奖的人数大约只有千万分之一，得奥运冠军的人数也只有百万分之一左右。那么如果宇宙中产生高等文明的概率如此之小，为什么我们又如此幸运呢？正如我们前面所说，德雷克公式本身就是一个错误的公式，宇宙中是否能诞生文明不是一道概率题，不能用简单的乘法计算。打一个比方，大家连中10次六合彩大奖的可能性如果按照概率计算几乎为零，但是，如果你能被主办者选中，次次作弊，连中10次就是一个必然事件了。人类的出现也是如此，宇宙中似乎有一种冥冥的力量，就是要让它演化出一种高等文明来。

地球文明是一个奇迹

我们知道宇宙中有四种基本的作用力，包括万有引力（也就是重力）、电磁力、强核力和弱核力。重力我们都不陌生。电磁力大家至少听说过，电荷或者磁场同性相斥、异性相吸，就是电磁力的表现。至于强核力和弱核力大家可能比较陌生。强核力能解决一个问题，就是把质子聚拢到一起形成各种元素的原子核。质子都带有正电，照理讲应该相斥，但强核力的存在将它们聚拢到一起，形成各种元素的原子核。没有强核力，就没有元素的多样性，宇宙中只有氢气，也就不会有生命。弱核力与核裂变有关，如果没有弱核力，质子可能聚在一起，越聚越大。这样四种力的组合非常完美，似乎就是为了方便产生生命的。更让科学家惊奇的是，这四种作用力的比例也极为完美。我们知道万有引力有一个万有引力常数，电磁力也有电磁力常数，强核力和弱核力也是如此，这些常数完美地匹配，如果错一点点，哪怕是 $1/10^{20}$，这个宇宙要么会灰飞烟灭，不能形成星球，要么聚拢在一起，成为一个大黑洞，自然也不会诞生生命。10^{20} 是什么概念？地球上大约有 750 亿亿（7.5×10^{18}）粒沙子，如果宇宙的这些常数是这么多粒沙子，只要有一粒沙子出错，宇宙就不存在了。宇宙诞生时所遵守的物理学定律和化学定律，似乎就是为了确保能够出现孕育文明的星球的。

在否定了能够用概率推算出是否有外星文明之后，我们依然会问，既然地球孕育出了高等文明，宇宙是否还孕育出了其他高等文明呢？换句话说，宇宙是不是为多个文明而诞生的？这不仅在今天是一个谜，或许永远都是一个谜。对于这个谜，人们有各种猜想、各种假说，但最终都指向对于费米悖论的解释。费米是 20 世纪最著名的物理学家之一。1950 年，他在一个非正式场合提出了一个问题：如果银河系存在大量先进的地外文明，那么为什么连飞船或者探测器之类的证据都看不到？当然有人会说，几千、几万年的星际旅行太难了。但是如果生命是普遍存在的,为什么我们探测不到电磁信号?反过来,如果没有其他外星文明,那么为什么能够孕育出我们的文明呢?

对于费米悖论的解释无非是从肯定或者否定外星文明的存在入手。肯定外星文明存在的人,需要解释的是为什么我们没见过其他文明。常见的解释有6种,前三种是说外星人来过了,我们不知道,而后三种说的是他们存在,却没有来。我们先看前三种。

第一种解释,外星人来过,又走了。证据是金字塔等古代宏伟建筑就是他们建的。对于这种证据的反驳,我在"世界文明史"课程中已经讲过,这里就不再赘述了。概括来讲,很多人会因为一件事自己做不到,就觉得别人也做不到,这是一种错误的逻辑。事实上,古代文明在有些方面的水平并不比今天低多少,在调动全国资源方面也比今天更有效。比如今天考古发现,当年参加建造金字塔的工匠,一天可以分到1.3升左右的啤酒,而今天中国一般的打工族一天也就挣6杯星巴克咖啡,菲律宾和印度工人只能挣3杯而已。因此,不要因为自己建不成金字塔,就觉得古埃及人也建不成,当年古埃及的文明水平比大家想象的要高。

第二种解释,外星人就在我们身边。大家可能听说过有关蜥蜴人的说法,说马斯克、扎克伯格等人都是外星的蜥蜴人,或者是被蜥蜴人控制的代理人,他们替外星人统治世界。这种说法毫无根据,它利用普通民众无法想象为什么有的人能够在短期内获得巨大的财富、具有全世界的影响力,就把原因归结为外星人。

这种说法看似在逻辑上能自洽，却违反了奥卡姆剃刀[1]原理。牛顿在他著名的《自然哲学的数学原理》一书中开篇就讲到，但凡能用简单逻辑解释的现象，就不需要用复杂逻辑来解释。很显然，马斯克和扎克伯格等人比普通人更聪明，也更勤奋努力，加上他们原本的资源就多，运气也好，因此取得了普通人无法取得的成就，这是一个更简单的解释。

第三种解释，我们就是外星人，地球上的原始生命来自外太空。这个观点倒不是哪个"民科"[2]提出的，而是由提出了DNA（脱氧核糖核酸）双螺旋结构的弗朗西斯·克里克最早提出的。他认为，外太空的彗星和小行星上存在有机分子，这些有机分子在地球形成几亿年后随着陨石落到了地球上。且不说这种可能性有多大，因为陨石表面的有机分子并没有生命，而哪怕是再简单的生命，也无法长期暴露在宇宙射线中。所以，即便这种说法是真的，它也偷换了把外太空生命等同于外太空高等文明的概念。

这三种解释都有一个共同点，即没有十足的证据。接下来，我们来看看后三种解释，即认为外星人存在，只是没有造访过地球。

第一种解释，外太空高等文明没有能力到地球上来。这比较好理解，因此这也是目前最被广泛接受的理论。由于宇宙恒星之

---

[1] 奥卡姆剃刀：在所有符合实验数据的模型中，简单的模型优于复杂模型（定义来自术语在线）。——编者注

[2] 民科可以理解成民间科学爱好者，指那些游离于科学共同体之外而热衷于科学研究的人员。——编者注

间的距离非常遥远，目前我们发现的太阳系之外的类地行星离我们的距离都在几百光年以上，真的要进行星际旅行，需要飞船的速度至少要达到 5% 光速以上，这是人类目前所知的任何推进技术都做不到的。即使能做到，星际之间的距离如此遥远，飞行 100 光年，也需要几十代人才能完成星际旅行。那么会不会在某种文明中，生命的寿命特别长，比如 10 万岁？如果寿命这么长，文明整体的发展速度就会特别慢，其原因我们在后面会讲到，因此不可能有单体生命特别长而文明进步特别快的情况出现。

今天，人们能想到的长达数千年的星际旅行有两种方式：一种是只运输冰冻胚胎，驾驶飞船的是机器人，等飞船到了目的地再孵化；另一种是建造一个太空方舟，它也被称为世代飞船，上面有大量的居民，他们可以在方舟上一代代地繁衍。这两种想法其实都有很多漏洞。第一种想法的漏洞是，到目的地之前，是无法得知胚胎是否能适合当地环境的。第二种想法的漏洞更多，一个族群如果没有基本的个体数量是无法自行繁衍的，另外这种做法的道德风险也很高。当一个文明要花上万年时间让一大批人去一个完全未知的星球，而且这些人几乎可以肯定是一去不复返的，这种道德成本不是任何高等文明愿意支付的。因此，即便要进行外太空探索，也一定是先发送无人飞船，而不是把智慧生命直接送上去。也就是说，如果有外星文明来我们这里，第一批到达的应该是机器人，而不是肉身的智慧生物。当然，迄今为止我们也没有看到外星机器人。不过，总的来讲，宇宙星体之间的距离太遥远，使得外星文明无法到达我们这里的说法有一定的道理，是目前比较能站得住脚的理论。

第二种解释，外太空文明有能力做这件事，但是没有意愿做。当然，没有意愿做的原因不是所谓的黑暗丛林法则，而是真的没有必要去做。

所谓的黑暗丛林法则其实在高等文明中是完全站不住脚的。以今天人类不算太高的文明水准来看，国际秩序也早已不是丛林法则了。此外，所谓的因为害怕对方消灭自己而不敢去探测对方的想法，完全是对现代信息技术不了解。让原始人在黑暗丛林里去寻找他人，他们需要打个火把，当然也就暴露了自己，但是，当代军人可是靠夜视镜去发现目标的，自己不必发出任何光亮。今天，人类要想对外发射无线电信号而不被发现是一件极其容易的事情，只要用类似码分多址技术在红外或者可见光的全频率发射加密的信号就可以了，人类再根据自己设置的密码解密即可。从信息论的角度讲，存在完全无法解密的密码，当然这种密码只能用一次。对探索外太空来讲，一次用一个，用完即销毁就好。今天很多科幻作品想象的星际通信还是按照固定频率，有规律地发射信号，这是因为不了解科技。

高等文明不愿意到处扩张的一个原因是，随着文明程度的不断提高，智慧生物对物质的追求其实是相对减少的，这让他们没有意愿，特别是没有经济上的动力去获取更多其他星系的资源。这种想法多少是以今天西方国家在文明达到一定水平后很多民众的想法为依据的。比如欧洲有很多富裕小国，它们的发展对自然资源的依赖性不强，因此没有意愿扩张。

第三种解释，星际文明的马尔萨斯人口陷阱。这个理论的假设是，如果外太空文明有能力也有意愿不断扩张，那么结果就是最终扩张的速度会超过能够发现的资源的速度，于是就陷入了马尔萨斯人口陷阱。然后这个文明就会爆发战争，要么把自己毁灭，要么再也无力向外扩张。大家如果看好莱坞各种星球大战的科幻片，其基本的假设都是文明发展到扩张很容易，但发展到资源有限的阶段就会战争不断，文明被不断毁灭。

这个理论其实是以地理大发现之后殖民时代的思维来考虑高度发达的文明，和黑暗丛林法则有点类似，有点像原始人去思考文明人的动机。今天的世界已经不是大航海时代的思维方式了，要说比我们文明程度更高的外星人，思维认知水平比我们还差很多，显然是矛盾的。

这后三种理论，要么认为外星生命没有能力来到地球，要么没有意愿来，至于是哪一种，也都没有十足的证据，只能算是假说。

当然，解释费米悖论还有一种办法，就是直接否定有其他高等外星文明的可能性，其中最有代表性的就是 20 世纪 90 年代美国经济学家罗宾·汉森通过总结学者们对诞生高等文明研究的成就，提出了大过滤器理论。根据这个理论，宇宙中想要发展出有星际殖民能力的文明，需要穿过下面九大过滤器：

1. 合适的恒星系统，包括合适的恒星、宜居住的行星、有机物等。今天人类寻找的地球 2.0，包括火星，可能连这个条件都还没有满足。
2. 可自我复制的分子（例如 RNA）。
3. 简单的原核单细胞生命。
4. 复杂的真核单细胞生命。
5. 有性生殖。
6. 多细胞生命。
7. 会使用工具的智慧生物。
8. 有星际殖民潜力的文明。
9. 星际殖民。

到目前为止，人类也只是通过了第七个大过滤器，正在试图通过第八个。

这里面每一个大过滤器，都可能筛选掉 99.99% 的备选星球，剩下的恐怕连万分之一都不到。九个大过滤器过滤后，宇宙中的恒星系根本不够用。回顾一下前面讲到的德雷克公式，那个公式所讨论的还只是如何通过第一个最多第二个大过滤器。

外星文明如果存在，或许是无形生命

最后我们用逆向思维，来设想一下假如存在一种特别高级的文明，其中的生命应该以什么样的方式存在。这也是几年前我和马丁·里斯教授讨论的问题。

里斯教授认为，有形的生命都不会长久，都有极限，而那些极限恐怕要比星际旅行的时间短很多。

对于文明和生命，最重要的是信息，如果存在一种神一样的文明，它的载体不需要有血有肉，完全可以是一些更能持久的信息载体，只要它们能够复制和传播信息，能够自我发现新的规律，就会不断地把文明发展下去。当然，从有形生命到无形生命可能是一个漫长的过程，比如一个高等智慧的物种为了适应新的行星上生活环境的需要，把自己的基因重新编码，变成一个新的物种了。今天，地球上的生物是靠缓慢的变异来适应各地不同环境的，这是因为各地区的环境相差其实不太大，而且变化是连续的，慢慢适应是来得及的。但是如果让人生活在两倍地球重力加速度的星球上，可能就得把人变得又矮又壮，甚至变成爬行动物了。这是从有形生命到无形生命的第一步。接下来，高等智慧生命会发现维持机体新陈代谢的一大堆器官可能都没用了，真正重要的是大脑，于是前者就被人工装置取代。再往后，或许能发现比生物大脑更好的信息载体，这时肉身也就渐渐消失了。里斯教授讲，那时的高等智慧生命，和我们这种靠肉身繁衍的生命已经具备完全不同的形态了。他反问道，难道它们还会对我们这样落后的文明有兴趣吗？就如同你不会对蚂蚁的洞穴感兴趣一样。里斯教授接着讲，只有当离我们不远的地方有一个尚处在有形生命阶段，认知和我们差不多的文明，同时对对方感兴趣时，我们才可能"看到"所谓的外星人。但是这个概率实在太小了。或许人类再发展几百万年，摆脱了肉身，也就不会再对那些有形生命感兴趣了。同样的道理，假如真有一个文明比我们先进几百万年，它们都不具有我们可比的形态了，我们和它们也就毫无交集可言了。对于外星文明和我们的关系，里斯教授的态度是，它们的存在与不存在和我们无关。即便我们最终能感受到外星文明的存在，也看不到实物外星人。我非常赞同里斯教授的观点，如果存在比我们高级得多的外星人，它们是雾、是风、是幻，总之不是我们的样子。

虽然里斯教授的看法只是一家之言，但是考虑到文明在虚拟世界的探索速度其实要高于在现实世界的发展速度，最终，非物质形式的文明可能真的会在我们的星球上慢慢占据主导地位。

讲到外星文明，很多人担心它真的存在并且对我们存在恶意，会奴役我们。这里面有一个逻辑错误，以地球上不算太高的文明来说，我们都知道吃人是一件不文明的事情，也不会去做，但是3000多年前，这个现象还普遍存在呢。如果外星文明真比我们高等几万年，在文明之光的照耀下，会比我们更文明。如果他们还停留在弱肉强食的阶段，也发展不出什么高等文明。很多人以自己的阴暗心理揣测别人，心中有魔鬼，看到的皆是魔鬼。

另外，所谓的外星文明奴役我们，其实并非最可怕的情况，最可悲的情况恐怕是，多年后我们发现在这个宇宙中我们真的很孤独，我们是唯一存在的生命。1968年，美国宇航员威廉·安德斯在乘坐阿波罗8号执行环月飞行时，以月球表面为背景拍摄了一张地球照片，被称为经典之作。我们生活的这个蓝色星球，如此地美丽，又如此地孤独，而我们唯一能做的，就是善待地球，过好我们在地球上的生活。

永生之谜

永生是很多人的愿望,但是从来没有实现过,而且恐怕永远也不会实现——不仅不可能,更是没必要。

从古至今,长生不老一直是人类的梦想

在中国历史的长河中,秦始皇可能是有记载以来最早公开追求永生的人。这一追求与他一贯的性格特点紧密相连。他是一位缔造了中国2000多年帝制、无所不能的君王,众多前所未有的伟大成就均出自他手。因此,挑战一件前人未曾实现的事情——永生,对他来说,似乎也在情理之中。然而,历史的进程告诉我们,他的这一追求最终可能只是付出了高昂的智商税。历朝历代的皇帝,都怀揣着无法实现的长生不老之梦,并为了讨个吉利,坚持让人们尊称他们为"万岁"。杨秀清因为称呼中缺少了"一千岁"而不满,坚决要求洪秀全给他补上,结果当年便匆匆离世。其他追求长生不老的君王，往往也因此而折损了寿命。汉朝最长寿的汉武帝，晚年沉迷于长生不老，结果不仅未能延年益寿，反而导致家破人亡。唐太宗算是中国历史上最英明神武的皇帝了，如果只选一个好皇帝的代表，恐怕要选他，但最后他也死于丹药。中唐的宪宗本是一位中兴之主，可40来岁就开始吃长生不老的偏方，最后丹药中毒，不能上朝，被宦官害死。即使宦官不害他，他也活不了多久。他的儿子唐穆宗即位后，惩办了为宪宗炼制丹药的方士，但是轮到自己时，也糊涂起来，重蹈覆辙，30岁就吃丹药中毒而死。唐朝把一些在位很短的皇帝都算上，只有21位皇帝，死于丹药的就有5位之多，这还不算一大批吃了药没死的。

纵观整个中国历史，大大小小的皇帝有400多位，活过60岁的不到50人，平均寿命不到40岁，比百姓长不了多少。有人说那是因为中国皇帝的妃子太多了，一个个纵欲而亡。其实，在全世界范围内，即便是在一夫一妻制的社会里情况也都差不多。如果大家翻看一下欧洲历史上曾经最富有、最有权势的美第奇家族的家谱，就会发现他们的人均寿命和中国的皇帝差不多。人类寿命得以延长，是工业革命和现代医学诞生之后的事情，大致翻了一番。我的一位朋友每到春节就要赶到庙里去烧第一炷香祈求健康长寿，我说你应该去祭拜瓦特、弗莱明和弗洛里。他问我为什么，我说大家烧了2000年的香，也没多活多少年；有了工业革命，寿命就涨了一倍；自从弗莱明、弗洛里和钱恩等人发现了青霉素，人类的寿命又延长了 10 年。

或许是因为人们越活越长，过去很多绝症能够治疗了，今天很多人又燃起了长生不老的渴望。当然，大部分人知道这不切实际，但是所有人都会希望自己多活几年，甚至几十年。

我很认真地关注长寿的问题，是在 2013 年。当时谷歌成立的医疗子公司 Calico（加利福尼亚生命公司），致力于用信息科学技术帮助传统医学解决人类的衰老问题。谷歌还聘请了世界知名的生物系统专家阿瑟·李文森博士担任这家公司的首席执行官。李文森博士曾经是世界上最大的生物制药公司基因泰克的首席执行官，在接受谷歌任命时，他依然担任着基因泰克的董事会主席以及当时全球市值最高的公司——苹果公司的董事会主席，可谓是整个工业界最有权势的人物之一。这件事我在《智能时代》中有详细的描述，这里就不再赘述了。简单地讲，Calico 和李文森博士的想法是通过 IT，特别是大数据和人工智能，实现个性化治疗，治愈各种疑难杂症，然后找到导致人类衰老的原因，减缓衰老的过程，实现人类的长寿。在此之后，我也投资了一些类似 Calico 的公司，包括人类长寿科技公司和圣杯公司（旨在通过血液检测进行癌症筛查），我在"硅谷来信"中介绍过这些企业，这里也就不赘述了。总之这些公司在使用 IT 帮助医学进步方面非常成功。

不过，需要指出的是，Calico 的目标是让人长寿，不是永生，但是到了媒体上，标题就变成了《谷歌能让人类不死吗？》。我后来每次给人们做介绍未来科技的报告，总有人问我关于硅谷地区一些人正在进行的有关永生的尝试，我一开始还解释，后来被问烦了，就会反问："你的房贷还完了吗？你孩子上学的问题解决了吗？如果没有，先把眼前的事情做好，不要考虑70岁以后的事情。"

几年后，当我对长寿的问题有了更多的了解时，我发现它和世界上其他事情一样，都有两面性。换句话说，人活得太长可能未必是好事。事实上，李文森博士几年后再讲述Calico远景时，已经悄悄地把追求长寿的目标变成了追求老年人的高质量生活，因为后一个问题更重要。为什么这样讲呢？我先讲发生在我身边的一个具体的例子。

低生活质量的寿命延长，对人类来讲是个灾难

我过去有一位同事，她已经不算年轻了，还需要照顾自己95岁的母亲，虽然那位老人住在养老院，但是身体不断地出状况，甚至总给养老院惹麻烦，因此她就得经常去善后。那位老人虽然身体不好，但活到了105岁。生前老人总是讲，上帝为什么要让她活那么长，因为她活得已经很没意思了。但讲归讲，她的生命力一直很强。但是，那10年把我的同事折腾得疲惫不堪。她过去常说，等她母亲百年之后她就能过自己的生活了，世界上很多地方她还没有去看呢。但是她母亲过世后两年，她也因为劳累过世了。这个例子虽然是特例，但是今天老龄社会的各种问题不仅是巨大的社会负担，让西方国家在经济上不堪承受，也影响了年轻一代的生活质量。

在过去 40 年里，人类的人均寿命增加了 10 多岁，但是健康生活的时间并没有增加，只是增加了 10 多年需要被照顾的时间而已。我过去以为美国人不照顾老人，养老的问题全推给了社会，后来发现情况不是这样的。稍微传统一点儿的美国家庭也要照顾老人，只不过他们不会像中国的儿女那样自己动手送汤喂药，而是要么把他们送到养老院，要么请看护到家里来。即使如此，家里真要有一位患阿尔茨海默病或者患绝症的老人，麻烦也很多。我的不少同龄人都处于自己已经不年轻、家里还有一个高龄老人需要照顾的年纪，我经常会听到他们讲一些看似匪夷所思的事情。比如某人接到养老院打来的电话，说他家老人把护理人员打了，让他去处理；某个同事和我们讨论工作时，接到一个陌生电话，说他家老人走丢了，要去处理；某一天一个同事讲，这两天家里老人要做手术，他的手机得随时开着，等待医生不断地给他打电话做决定；等等。这些朋友和同事时不时流露出，家里琐事其实很耽误工作。这还是在美国，子女们不需要看护老人，而且社会养老制度比较健全的情况下，放在中国，年轻一代不得不承担更多的义务。

至少从目前来看，老龄社会是全世界的趋势。今天，美国 65 岁以上的老人有 5800 万，占美国人口的 1/6。为了照顾他们，美国有全职的家庭护理人员（包括管理者）400万，这还不算1500万医护人员中相当多的是在为老人服务。今天，美国医疗保险的总开销已经占到GDP的20%，而且还在增加，以至于社会不堪负荷，政府不得不举债。相比之下，军费的开销才占3%，要少得多。在人们的印象当中，美国的军费是个天文数字，但相比医疗保险，就只是一个零头。美国每年会新增很多债务，一项重要的花销就是为了填补医疗保险的窟窿。

相比美国，日本和北欧国家的老龄化问题更加严重。日本65岁以上的老人占人口的近30%，西欧和北欧国家普遍超过20%，它们的负担比美国还要重。中国目前65岁以上的老年人口有2亿多人，占总人口的14.9%（截至2022年年底），还没有进入深度老龄社会，大家可能体会不深，但若是真的到了美国的老龄化程度，甚至日本的程度，很多社会问题都会出现。

今天，在人们生活的观念里，早已不把传宗接代放在首位了，而更愿意追求自己生活的快乐，以及在社会上所得到的认可，也就是事业成功的感受。人们生儿育女养育后代的动力大减，因为这样可以换取自己更高的生活质量，减轻生活压力。可以讲，这种做法在某种程度上摆脱了基因对人的控制。但是，儿女可以不生，麻烦能够省去，父母却是事实的存在，养老的问题无法逃避。任何一种养老方式，其实都是以年轻人投入巨大的成本为代价的。西方国家和中国的差异无非在于，后者是自己的子女投入时间和精力相对较多，前者是其他人的子女投入了全部时间和精力。近几年中国流行一个词——专职儿女，就是指专门照顾父母的孩子，他们不上班，靠吃父母的积蓄过活，但是解决了父母的养老问题。美国那几百万的家庭护理人员，其实就相当于专职儿女，只是因为他们看护的是别人的父母，因此要按市场价拿工资。今天，世界上绝大部分家庭是三代人，如果人均寿命达到 100 岁，就是四代人，要么年轻人同时养两代老人，要么一群 60~80 岁的老年人去养比他们更老一辈的 90~100 岁的人，无论哪一种生活都不会轻松。

针对这种现状，李文森博士指出，目前真正的任务不是简单延长人的寿命，而是要让人健康地活到生理极限的年龄，比如 115 岁。所谓"健康地活到"，就是指去世前的一年，还能够做自己想做的事情，就如同五六十岁的人一样，不需要任何人照顾。我和美国不少医学院的教授谈到人的长寿问题，他们都表达了同样的观点。约翰·霍普金斯大学医学院的一位教授和我讲，自工业革命一来，人均寿命翻了一番还多，但是人的生育年龄并没有同步增长，否则今天的男性到了 80 岁、女性到了 60 岁，还应该能正常生育。因此，人类寿命的延长只有青春期和中年期的延长，才是真正有意义的。今天，虽然因为人们摄入的营养比过去更丰富，中老年人显得比过去的同龄人精神，但是相比二三十岁时，他们的精力和器官功能在衰减是不争的事实。比如，人的听力在 20 岁后就开始衰减，视力从 40 岁后就快速衰减，至今也没有好的方法延缓它们开始衰减的时间。美国 50 岁以上的人大多需要长期服用降压、降脂类药物，以预防心血管疾病和癌症。所以，是这些措施延长了人的生命，而不是身体变得更年轻了。今天，大约一半以上的90岁以上的老人都患有不同程度的阿尔茨海默病，剩下的或多或少患有各种慢性疾病，那样的生活其实是非常痛苦的。美国做过很多类似的调查：是愿意健康地活到80岁，然后体面地离开这个世界，还是健康地生活70年，然后在病床上躺20年？几乎所有的人都选择前者。

如果李文森博士梦想的情况能够实现，大家都健康地活到115岁，甚至更长，而且在六七十岁时的生育能力还和二三十岁时差不多，那么对人类是好处大还是坏处大呢？这还真不好说。好的一方面就是个体生命的延长，让人能做更多的事情，更能享受生活。但是，凡事都有两面性，有一利就必有一弊。

个体的永生，意味着人类的死亡

大家不妨试想一下这样一个场景：每个人都能活3000岁。今年，你22岁大学毕业后，进入大秦云梦县文史馆担任文书，你是那里最新的员工。最老的员工，也就是你的大老板叫喜，是你们的科长，他生于秦昭王四十五年（公元前262年），比你年长2000多岁。你们小小的文史馆居然有200多名员工，每个人都相隔一代。在文史馆中，比你大1800岁的人今天还是科员呢。由于后来的人比较多，你估计再熬2000年也未必当得上副科长。

由于大家活得很长，有的是时间，因此大家的工作总是今天拖明天、明天拖后天。由于科技进步慢，你们在100多年前才用上纸张，之前喜写了不少日记，都是刻在竹简上的。

当然，你们的皇帝秦始皇还活着，因此秦朝的法律还在使用。你的朋友赵喜良运气不太好，被秦始皇派去修长城了，他的女朋友杞梁小姐一个人在家孤苦伶仃。每年过年回到家里，你要从你的太太太太太爷爷开始拜年。由于大家出门坐的是牛车，你一天也拜访不了几个祖宗。好在你的生命足够长，今年拜不完，明年接着来。你在大学里和芈小姐恋爱多年，但她不敢嫁给你，因为你们家有无数的婆婆、太婆婆，她这个媳妇几千年也熬不出头。

由于社会发展缓慢，人口一代代不断繁衍而没有自然死亡，田地的收成早就不够大家吃了，因此每一两百年，就可能暴发一次大灾荒，死去一大半的人。但是，由于秦的政权特别稳固，而且国家机器变得越来越强大，因此每次死去的都是底层百姓。

这恐怕就是人活得太长之后的结果。

几年前我和凯文·凯利做了一次对谈，下面有一个听众问他：科技是否能让人永生？凯文·凯利讲，永生将是一个非常糟糕的结果。他说，如果作为个体的人不死，人类就死了。他还说，世界上只有一种细胞有可能不死，那就是癌细胞，但癌细胞一旦壮大，整个机体就会死亡。他说得没错，包括人类在内的动物的寿命都被限定在几代的范围内是很有道理的，因为地球上的物质资源有限，人类社会的社会资源也有限，走了一代老人，才能给新人腾位置。同时，正是因为生命的短暂，才让我们只争朝夕地努力工作，这样一来整个人类进步就快了。

在计算机科学中，有一个被称为生命游戏的算法问题，它模拟生物的繁衍，是这个专业学生用来练习计算机技能的必答问题。这个游戏的规则很简单，生物太密集的地方或者太稀少的地方，都会导致生物的死亡，密度合适的地方才能生存和繁衍。如果把这个游戏改得稍微复杂一点，限定一下生命的长度，调整一下繁殖的周期，同时将单性繁殖改为两性繁殖，根据参数的不同设定，就会得到不同的生物分布图。用计算机模拟一下就会发现，如果生命的周期特别长，生物分布图就会很稳定，不会有什么变化，多样性也很差。但是如果把生命的周期缩短，生物分布图的变化就特别快，而且会出现各种多样性。人类社会也大抵如此，大家不难想象，如有两个独立发展的社会：一个社会中每个人都活3000岁，另一个社会中每个人都活100岁，那么后一个社会一定发展得比前一个更快。我在《硅谷之谜》一书中讲述了硅谷地区能够快速发展的一个重要原因，就是它逼着那些经营不善的公司快速死亡，这样好把宝贵的资源释放出来给予新的、更有活力的公司。相比之下，日本的经济之所以几十年才走出衰退，就是因为它保留了太多的僵尸企业。今天，即便是在同一个地区，人员构成年轻、迭代速度快、人员流动快的初创企业，活力也比一家由工龄二三十年的老员工构成、每天早九晚五工作的百年老店强得多。

20 世纪 60 年代，美国科幻小说家约翰·坎贝尔写了一本小说《黄昏》，描述了一个个体生命无限长的社会的情景，讲述了人类几百万年后进入暮年的情况。小说呈现的是一个当代人穿越到百万年后看到的一切。这位穿越者首先看到的是一座无人运行的城市，这座城市设计得无比合理、运行得如此完美，所有工作都由高级智能的机器人来完成。但穿越者没有见到一个活人，整座城市早已失去了运行的目的。穿越者花了很多时间终于在旧金山找到了活着的人，这些人中没有老人，当然也很少有孩子，如果有一个孩子，那就是整个社会的大喜事。造成这个结果的原因是，人类在上百万年前就消灭了各种疾病，消灭了对人体有害的物种，最后连对人类有益的物种也慢慢消亡了，而每一个个体却有着几乎无限的生命。正是因为每一个人的时间是无限的，大家没有意愿做事情，整个社会靠机器来运行，因此是死一般的寂静。大家在科幻作品中看到过各种文明消亡的例子，但是还有一种消亡的方式大家可能都没有想过，就是每一个个体活得太长了。

当然有人可能会说，那是科幻小说，现实生活其实也是如此。我生活在一个非常宁静但房价很高的小城。由于房价高，一般的年轻人肯定无法在这里买房子；由于环境好，老家族一住就是一辈子，甚至两三代人。我所住的这条街更是如此，大家都在这里住了很多年。邻居们彼此都很熟，关系融洽，有点世外桃源的味道。但是近十几年来我发现了一个大问题，就是这里没有新生儿出生了。我刚搬来的时候,我的孩子都还不大,她们是这条街上年纪最小的一批。当时还能看到孩子们在街上或者在自家院子里玩耍,到了感恩节,一位长者还会把孩子们召集起来搞派对。但是10年后,就几乎看不到孩子们玩了。现在当我的孩子都离开家后,这条街上我就很少再看到20岁以下的人了,每天都是一群老人在散步和遛狗。2000年的时候,我看到这样一则新闻,说当时因为互联网泡沫,股市过度繁荣,在纽约找房子非常难,最有效的办法就是看讣告。当时我还没体会到这意味着什么,只是当笑话看,后来看看我身边发生的事情,就能理解这里面的凄凉了。事实上,今天在很多的大都市里,真的是走一个人才能给一个新人腾出社会上的位置。所以当我读了小说《黄昏》之后,就会觉得它反映出了某种社会现实。的确,个体活得太长不是好事情,因为他一直霸占着某些宝贵的资源,而且也正是因为活得太长,所以失去了繁衍后代的动力。

几年前,我的一位朋友在多年未见面之后突然来造访我,并且带上了他的儿子。几周后,他的儿子告诉我,这位朋友已经走了,我这才知道他那次是来向我道别的,他已经患有绝症好几年了。这位朋友是一位基督徒,据他的儿子讲,老人走的时候很平静,只留下一句话,"死亡是一个人对社会的最后一次贡献"。我在多年前和他谈论硅谷的奥秘时说过,一个企业的死亡,是它对社会做的最后一次贡献,因为它把资源释放出来了,可以让社会做更多事情。他说,人也是如此,看来他看透生死了。我们都知道在生物界有一种现象叫鲸落。巨大的鲸鱼死后沉到海底，它所提供的营养能让周围一大群物种受益。人也是如此，个体的死亡是他对世界做出的最后一次贡献，成就了后人，也帮助了文明。

对一个人来讲，重要的不是能活几千年、几万年，而是能过自己想要的生活，并且对文明有所贡献。如果像奴隶一样活着，活得长可能反而是一种痛苦。人的生命如果有意义，长一点和短一点也没有太大的区别。对于一个不断为社会提供价值的人，大家都会希望他活得长一点。比如，巴菲特在七八十岁之后，还总有人希望听他对经济的见解，他活得长一点就有价值；相反，如果是一个昏君或者暴君，大家会巴不得他早点死。在历史上，被暴君统治的民众都生活在绝望中，而他们唯一的希望，就是知道暴君终将死去。从这个角度上讲，上天给每一个人安排了生命的极限，也是一件合理的事情。

在虚拟的世界中，灵魂将会永生

世界上万物有生就有死，同时也正是因为有死亡，才会有新生。不仅社会中的个体需要由新人取代旧人，在历史上，政权、国家和文明也是如此，时间太长了就会暮气沉沉，缺乏朝气，就会被新生的后来者所取代。我在"世界文明史"中讲过，为什么拜占庭帝国在持续了千年后会灭亡，因为它太老了，问题越来越多、越来越无解,而它的消亡其实是一件好事情。

讲回到人类的永生,在一种情况下永生是有意义的,那就是在虚拟世界中精神的永生。结合我们前面讲的虚拟世界的场景,当未来的人类把大部分时间都花在虚拟世界中时,虚拟世界中有什么人比现实世界中有什么人更重要。当现实世界中的人死去的时候,他在虚拟世界里依然会存在。当一个人一生的活动都被记录下来后,人工智能会根据这些信息完整地重构他,并让他在虚拟世界里得到永生。甚至对于那些信息比较完整的古人,我们也能将他们复活,将来大家和孔子对话、和牛顿对话将不再是梦想。一个人生命的价值,最终将体现在他们在永恒的虚拟世界中的价值。一个人一生做的事情多、有意义,将来他在虚拟世界里就永不会消失;一个人一生交的朋友多,善待他人,他在虚拟世界中的人气就旺。当然,在虚拟世界里,大部分人可能不会有人关注,就如同今天在YouTube(油管)和抖音上,99.99%以上的视频几乎没有人看一样。因此即便是虚拟世界中有近乎无限的人,受关注的也只是极少数。

苏格拉底在临终前告诫身边的弟子,灵魂是不死的,因此在活着的时候,要关爱自己的灵魂,不要做坏事。在物质世界中,是否真能灵魂不死是个无法证实,也无法证伪的伪命题。但是在虚拟世界中,一个人的灵魂是可以不朽的。或许当人们都知道自己的灵魂在虚拟世界中可以永存,在想要做坏事时会有所忌惮,这对世界何尝不是一件好事。

后 记

脉络纵横：历史、现实与未来

乔治·奥威尔讲："谁控制了过去，谁就控制了未来。"对个体而言，谁了解了历史上发生的事情，谁就知道未来会往什么地方走。但是，以什么眼光看待历史是个大问题，史观出了问题，就会让自己陷入历史的循环。

当我们把目光放得比较长远，过滤掉历史中的噪声，就会发现自从有了人类历史（大约 300 万年），前面 299 万年都是一部生物演化的历史，人类和其他生物没有多少差别，无非是逐食物而居。最后的一万年人类逐渐开启了文明，并且在大约 6000 年前进入有考古证据支持的文明的状态。这里面的关键词只有一个——农业。在随后的 6000 年里，人类又没有太多的进步了。其间，人类尝试了各种政治制度，创造了今天我们看到的所有宗教，足迹遍布了六大洲，去寻找各种适合生存发展的地理环境。

但遗憾的是,进步真的很慢,在今天的人看来那就是在不断循环。接下来的工业革命改变了这一切。因此,人类在自身的历史中只做了两件有意义的大事:一是开始农耕,然后开启文明;二是通过工业革命创造了今天的文明。理解了这一点,就知道今后该怎么做了。

相比地球的历史,人类还很年轻,经常做错事,而相比人类的历史,文明的历史又极为短暂,因此今天人类的文明水平依然很低。从人类的能力来讲,按照苏联天文学家尼古拉·卡尔达舍夫的标准,今天人类的文明连一级文明都算不上,也就是说人类还没有能力利用地球上的所有能量。再往上,还有二级文明,即利用恒星系统的所有能量,以及三级文明,即利用银河系的能量!人类的认知水平和道德水准,更是不敢恭维了,今天各种各样的冲突,甚至战争就是实证。几乎所有人都知道战争不是一件好事情,永远没有赢家,但是战争从来没有停止过。即便在一些地区停战了一段时间,也会有人再次忘记伤痛,试图通过这种手段来解决并不复杂的问题。今天,人类在军费上所花的钱,要比在清洁能源上的投入多得多。

即使在没有战争的地方,人类的自私和尔虞我诈也表现得淋漓尽致。可以讲,这是人性的缺点或者弱点。当我们决定从自身开始克服这些缺点和弱点时,我们需要知道它们普遍存在。很多时候,人类的贪婪、自私,以及对他人劳动的占有欲表现得很隐蔽,而且是用正义、道德和理想包装起来的。这些被包装出来的思想在历史上严重损害了人类整体的福祉，在今天依然危害着世界。这就是哈耶克讲通向地狱之路原本是想通往天堂的原因。事实上，各个文明在很多的历史转折关头，都会做出最坏的选择，然后再花几百年的时间来修复，今天也不例外。

在历史上，无数人看到了社会不合理的现象，并且试图改变它们。他们有的著书立说，有的付诸实践，但结果通常是把问题变得更糟，把小问题变成大问题，把大问题发展成灾难。直到近代，人们才认识到，人类社会是一个太复杂的系统，任何巨大的改变几乎都会带来灾难，于是才诞生了看上去一点儿也不高大上的保守主义思想和经验主义做事方法。保守主义所要守护的是自然的法则和"上帝"的秩序，它不是不进步，而是反对巨变。在行动上，它总是对社会进行修修补补，而不会推倒重来。几乎每个人在年轻的时候，都不喜欢保守主义的做法，而是喜欢大刀阔斧地干一番。只有当人历经沧桑时，才能体会到保守主义的精妙之处。对保守主义的坚守，是人类在近代能够不断进步、很少出现古代那种巨变的重要原因。今天，在西方逐渐放弃保守主义原则时，它开始在中国人的心中生根发芽。

在全球工业化开始之后，人类创造的物质生活资料就一直供大于求，因此人类所需要的物质财富是相对有限的，要想让经济不断发展，就需要在非物质产业上寻找答案。未来的社会将是现实社会和虚拟社会的结合体，而且人类在后者的发展空间更大。

在当下人类遇到的最大问题是环境问题和人口老龄化问题。对于如何解决环境问题，也有两种看法和做法：一种是保守主义的，就是一点点地修补我们的地球，它需要一个漫长的过程，需要我们不断地投入；另一种是革命性的，就是去建造一个地球2.0，这和很多人对待社会问题的想法是一样的——既然当前的社会不好，我们就推倒重来。这种想法显然很荒唐，但是很多人却自认为有情怀。虽然很多事情可以推倒重来，但唯有地球不行。其实，这个世界需要的不是情怀，而是日积月累地修修补补。

对于环境问题，我们谁都逃脱不了责任，一旦搞坏了地球的环境，毁灭的不是地球，而是人类自身。地球会存在下去，甚至没有了人类或许还能演化出更高等的生命，但是人类不会再有第二次机会。

对于老龄化问题，我们在书中没有展开讨论，只是把它放到了长寿的一节顺带提及。其实，老龄化问题和环境问题对人类的威胁同样是巨大的。人均寿命的增长是一把双刃剑，绝大部分人只看到对自己好的一面，而忽视了老龄化问题将使社会失去活力。而个体的永生对社会来讲，更是会产生毁灭性的结果。因此，对人类来讲，需要的是健康地生活更长的时间，而不是单纯地延长寿命，更不是追求个体的永生。永生对人类来讲，或许只有在虚拟世界中才是有意义的。

汉朝的乐府诗《古诗十九首》中写道："人生不满百，常怀千岁忧。"今天的人类寿命依然不满百，却心怀银河系外的事情、50亿年后的事情。或许我们应该多想想身边的事情、地球上的事情，用保守主义的做法对我们的社会进行渐进式的改革，对我们的环境修修补补，等待着人类逐渐成熟，在虚拟世界中留下我们的足迹，才是更现实，也更有意义的事情。